计算机应用基础

主　编　林　梧　刘　兵
副主编　段姣娥　刘红艳　钱　铭
编　委　李　强　王　敏　唐瑞敏
　　　　宋玲燕　李志刚　黄　珍　韩　林

国防工业出版社

·北京·

内 容 简 介

本书在编写上根据 2013 年 1 月教育部考试中心新颁布的《关于全国计算机等级考试体系调整的通知》(教试中心函〔2013〕29 号)要求,操作系统讲述 Windows 7, MS Office 版本使用 2010 版。

本书在编写上力求做到突出应用、兼顾考级训练。内容划分为七大模块:信息化社会的学习与交流、计算机基础知识、Windows 7 操作系统、Word 2010 文字处理、Excel 2010 电子表格、PowerPoint 2010 演示文稿、多媒体软件应用。系统地介绍了计算机应用基础的相关知识。

本书适用于中、高职的"计算机基础"课程教学,可以作为等级考试(一级 MS Office)辅导教材,还可以作为初学者的自学教材及社会培训教材。教材所设计的任务与社会上的实际工作岗位需求紧密结合,通过任务的学习,可以掌握工作岗位所需的实用技能。

图书在版编目(CIP)数据

计算机应用基础/林梧,刘兵主编. —北京:国防工业出版
社,2017.8 重印
ISBN 978 - 7 - 118 - 09297 - 4

Ⅰ.①计…　Ⅱ.①林…②刘…　Ⅲ.①电子计算机 -
中等专业学校 - 教材　Ⅳ.①TP3

中国版本图书馆 CIP 数据核字(2014)第 037846 号

※

国防工业出版社出版发行
(北京市海淀区紫竹院南路 23 号　邮政编码 100048)
北京京华虎彩印刷有限公司印刷
新华书店经售

*

开本 787×1092　1/16　印张 19½　字数 452 千字
2017 年 8 月第 1 版第 5 次印刷　印数 7501—8000 册　定价 38.00 元

(本书如有印装错误,我社负责调换)

国防书店:(010)88540777　　发行邮购:(010)88540776
发行传真:(010)88540755　　发行业务:(010)88540717

前　言

　　本书适用于中、高职的"计算机基础"课程教学,也可以作为自学教材和社会培训教材。在编写上根据 2013 年 1 月教育部考试中心新颁布的《关于全国计算机等级考试体系调整的通知》(教试中心函〔2013〕29 号),操作系统升级为 Windows 7,MS Office 版本升级为 2010。

　　依据新颁布的全国计算机等级考试"一级 MS Office 考试大纲"要求,紧跟教学改革,全面培养专业能力、方法能力、社会能力三位一体的职业能力。注重理论结合,依据实际应用需求,选择教学实例,理论学习与技能训练相辅相成。突出职教特色,再现工作场景、取证考点,引入任务引领项目驱动编写模式。力求好教易学,文简图多,版式活泼,强调"做中学",满足教与学的双向需求。

　　本书在编写上力求做到突出应用、兼顾考级训练。全书划分为七大模块:信息化社会的学习与交流、计算机基础知识、Windows 7 操作系统、Word 2010 文字处理、Excel 2010 电子表格、PowerPoint 2010 演示文稿、多媒体软件应用。系统地介绍了计算机应用基础相关知识。

　　在编写形式上,以任务为驱动,通过【任务介绍】、【任务要求】、【任务解析】等模块,引导学生明确知识目标,学习与任务相关的知识和技能,并适当拓展相关知识,强调在操作过程中的技能培养。另外,通过【通级知识练一练】模块,使用全国计算机等级考试(一级 MS Office)的典型题型进行模拟训练,使通过等级考试(一级)更加简单。

　　本书由林梧、刘兵担任主编,段姣娥、刘红艳、钱铭担任副主编,另外,参与本书编写工作的人员还有李强、王敏、唐瑞敏、宋玲燕、李志刚、黄珍、韩林等。

　　由于时间紧,加上水平有限,在各知识点的分解及阐述上有不尽完善的地方,希望大家阅后能给予批评指正。

编者

2013 年 9 月

目　录

模块一　信息化社会的学习与交流 ················· 1

　　项目一　使用浏览器 ··························· 1

　　　　【任务1】了解浏览器 ························ 1

　　　　【任务2】IE浏览器的常规设置 ················· 4

　　　　【任务3】浏览新闻网页 ····················· 6

　　项目二　搜索资源 ························· 10

　　　　【任务1】搜索学习资料 ···················· 10

　　　　【任务2】搜索图片资料 ···················· 13

　　　　【任务3】下载文件 ······················ 14

　　　　【任务4】论坛的使用 ····················· 17

　　项目三　交流信息 ························· 21

　　　　【任务1】使用QQ交流信息 ·················· 21

　　　　【任务2】申请电子邮箱 ···················· 26

　　　　【任务3】在线收发电子邮件 ················· 28

　　　　【任务4】Outlook邮箱设置 ·················· 31

　　　　【任务5】使用Outlook邮箱收发电子邮件 ··········· 32

模块二　计算机基础知识 ···················· 36

　　项目四　了解计算机基本知识 ···················· 36

　　　　【任务1】了解计算机的发展历史 ················ 36

　　　　【任务2】了解计算机的应用领域 ················ 38

　　项目五　了解计算机系统的基本组成 ················· 41

　　　　【任务1】了解计算机的硬件系统 ················ 41

　　　　【任务2】了解计算机的软件系统 ················ 47

　　项目六　了解数制及信息编码 ···················· 51

　　　　【任务1】了解计算机中的数制 ················· 51

　　　　【任务2】数制间的转换 ···················· 53

　　　　【任务3】了解常见的信息编码 ················· 54

　　项目七　汉字输入 ························· 58

　　　　【任务1】使用智能ABC输入 ················· 58

【任务 2】使用五笔字形输入 ……………………………… 60

项目八 了解计算机安全知识 …………………………… 69

【任务 1】了解计算机病毒 …………………………… 69

【任务 2】杀毒软件的使用 …………………………… 71

【任务 3】了解信息活动规范 ………………………… 73

通级知识练一练（一） ………………………………… 77

模块三 Windows 7 操作系统 …………………… 84

项目九 认识 Windows 7 ……………………………… 84

【任务 1】启动与退出 Windows 7 …………………… 84

【任务 2】操作 Windows 7 桌面上的图标 …………… 87

【任务 3】窗口的基本操作 …………………………… 89

【任务 4】任务栏的使用 ……………………………… 91

【任务 5】使用与设置"开始"菜单 …………………… 93

【任务 6】使用 Windows 7 的帮助 ………………… 95

项目十 文件管理 …………………………………… 97

【任务 1】管理文件和文件夹 ………………………… 97

【任务 2】删除文件及"回收站"的使用 …………… 103

【任务 3】磁盘格式化 ………………………………… 104

【任务 4】使用资源管理器 …………………………… 106

项目十一 Windows 7 常用设置 ……………………… 107

【任务 1】设置显示属性 ……………………………… 107

【任务 2】管理 Windows 7 用户 …………………… 109

【任务 3】了解计算机系统配置 …………………… 110

【任务 4】安装与卸载程序 …………………………… 111

【任务 5】设置输入法 ………………………………… 114

项目十二 附件应用 ………………………………… 115

【任务 1】使用系统工具 ……………………………… 115

【任务 2】使用系统还原功能 ……………………… 116

【任务 3】使用科学型计算器进行数制转换 ………… 119

通级知识练一练（二） ………………………………… 120

模块四 Word 2010 文字处理 …………………… 124

项目十三 认识 Word 2010 …………………………… 124

【任务 1】制作文档《望庐山瀑布》 ………………… 124

【任务 2】修改文档《会议通知书》 ………………… 131

【任务 3】查找和替换 ………………………………… 135

项目十四　设置文档格式 ·· 137

　　【任务1】设置字符格式 ··· 137

　　【任务2】设置段落格式 ··· 140

　　【任务3】设置项目符号和编号 ··· 144

项目十五　图文混排 ·· 147

　　【任务1】插入图片 ··· 147

　　【任务2】绘制图形 ··· 149

　　【任务3】艺术字的操作 ··· 150

　　【任务4】文本框的操作 ··· 152

　　【任务5】首字下沉的设置 ··· 153

　　【任务6】在文本中插入剪贴画 ··· 154

　　【任务7】插入页眉、页脚和页码 ··· 156

　　【任务8】插入和编辑数学公式 ··· 159

项目十六　表格的使用 ·· 161

　　【任务1】课程表的制作 ··· 161

　　【任务2】表格数据的计算 ··· 165

　　【任务3】文本与表格的相互转换 ··· 167

项目十七　打印输出 ·· 169

　　【任务1】页面设置 ··· 169

　　【任务2】设置背景和边框 ··· 171

　　【任务3】添加分栏和分隔符 ··· 173

　　【任务4】打印预览与打印 ··· 175

　　通级知识练一练(三) ··· 177

模块五　Excel 2010 电子表格 ·· 182

项目十八　Excel 2010 基本操作 ·· 182

　　【任务1】启动与退出 Excel 2010 程序 ···································· 182

　　【任务2】工作簿文件的操作 ··· 187

项目十九　管理工作表 ·· 191

　　【任务1】工作表的基本操作 ··· 191

　　【任务2】数据输入 ··· 193

　　【任务3】填充数据 ··· 195

　　【任务4】单元格基本操作 ··· 199

　　【任务5】行与列的操作 ··· 203

项目二十　工作表格式化 ·· 208

　　【任务1】单元格格式化 ··· 208

　　【任务2】使用条件格式 ··· 211

项目二十一　数值计算 ·· 213

　　【任务1】自定义公式 ··· 213

　　【任务2】函数使用 ··· 217

项目二十二　数据处理 ·· 226

　　【任务1】数据排序 ··· 226

　　【任务2】数据筛选 ··· 228

　　【任务3】数据分类汇总 ·· 231

　　【任务4】创建图表 ··· 233

　　【任务5】创建数据透视表 ······································· 237

　　通级知识练一练（四） ·· 239

模块六　PowerPoint 2010 演示文稿 ······························ 244

项目二十三　PowerPoint 2010 基本操作 ····························· 244

　　【任务1】启动与退出 PowerPoint 2010 程序 ··············· 244

　　【任务2】演示文稿的编辑与浏览 ······························ 248

项目二十四　修饰演示文稿 ·· 253

　　【任务1】应用幻灯片主题 ······································· 253

　　【任务2】应用幻灯片母版 ······································· 255

项目二十五　编辑演示文稿对象 ··· 261

　　【任务1】制作公司简介演示文稿 ······························ 261

　　【任务2】制作汇报型演示文稿 ································· 268

项目二十六　设置幻灯片放映 ··· 278

　　【任务1】设置幻灯片动画 ······································· 278

　　【任务2】设置幻灯片放映 ······································· 280

　　【任务3】打包演示文稿 ·· 282

模块七　多媒体软件应用 ·· 284

项目二十七　了解多媒体的基础知识 ··································· 284

　　【任务1】了解多媒体的有关知识 ······························ 284

　　【任务2】ACDSee 的使用 ······································· 286

　　【任务3】千千静听的使用 ······································· 295

　　【任务4】暴风影音的使用 ······································· 297

项目二十八　获取多媒体素材 ··· 300

　　【任务1】获取音频素材 ·· 300

　　【任务2】获取图片素材 ·· 301

　　【任务3】获取视频素材 ·· 302

模块一　信息化社会的学习与交流

项目一　使用浏览器

【学习要点】
　　■任务 1 了解浏览器
　　■任务 2 IE 浏览器的常规设置
　　■任务 3 浏览新闻网页

【任务 1】　了解浏览器

◆任务介绍

　　经常上网的同学都知道,上网时的大部分时间都是在浏览器里进行操作。从搜索一个资料到浏览 QQ 空间的内容,再到收发邮件、浏览论坛的内容等,这些基本的操作都是借助于浏览器完成的。能够熟练地使用浏览器不仅是计算机基础课程的一个重要内容,也是我们日常生活所必需的基础技能。我们平常所用到的浏览器种类繁多,但是基本操作方法和功能都十分相似,本任务我们就以微软操作系统自带的 IE 浏览器为例子,熟悉浏览器的界面、布局,了解浏览器的功能,熟练掌握浏览器的基本操作。

◆任务要求

　　熟知 IE 浏览器如何开启、关闭;掌握浏览器的布局结构;掌握按钮的图标及作用,并且熟练地根据网址访问网页(站)。

◆任务解析

　　一、启动 IE 浏览器

　　IE 浏览器是捆绑在 Windows 操作系统中的自带软件,在计算机中安装了 Windows 操作系统之后,IE 浏览器就已经安装在计算机中,执行以下操作可以启动 IE 浏览器,如图 1-1 所示。

　　方法 1:单击如图 1-1 所示开始菜单中的 IE 图标打开 IE 浏览器。

　　方法 2:直接单击 ![按钮] 按钮右侧的快速启动栏按钮中 IE 快捷图标 ![图标],打开 IE 浏览器。

　　方法 3:通过双击桌面上的 IE 图标 ![图标] 直接打开 IE 浏览器。

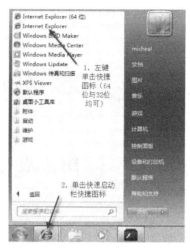

图 1-1　启动 IE 浏览器

二、访问默认主页

每个网页(站)都有一个在网络上唯一的网络地址，称为"网址"，IE 浏览器就是通过这个地址来访问网页(站)的。IE 浏览器可以设置一个默认的访问网址，当启动 IE 浏览器时，自动打开该网址所代表的网页(站)，如图 1-2 所示(本浏览器默认主页为 www.2345.com)。

图 1-2　自动打开默认主页

三、输入地址访问网页(站)

在地址栏输入要访问的网址，按<Enter>键，就可以打开相应网页，如图 1-3 所示。

◆技巧存储

关闭 IE 浏览器：

刚才讲解的都是如何打开和使用 IE 浏览器，当我们打开了 IE 浏览器之后怎么样才能关闭 IE 浏览器呢？其实大多数浏览器只要单击窗口右上角的"关闭"按钮就可以关闭，我们也可以通过按<Alt+F4>组合键来完成此操作。

图 1-3 输入网址

◆知识拓展

一、IE 浏览器的界面

IE 浏览器的窗口界面由标题栏、菜单栏、工具栏、地址栏、内容显示区等部分组成，如图 1-4 所示。

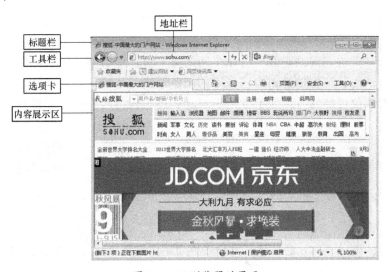

图 1-4 IE 浏览器的界面

二、浏览器的工具栏

IE 浏览器提供了非常实用的工具栏，工具栏图标分布在地址栏的左右和下面，如图 1-5 所示。

图 1-5 IE 浏览器工具栏

3

在工具栏的帮助下，可以迅速地在访问的多个网页之间来回跳转，可以很快地跳转到已经打开的其他网页，可以打印网页，具体的解释见表 1-1。

表 1-1　IE 浏览器工具

	后退图标，主要用在连续访问网页时返回到上一级刚刚访问的网页
	前进图标，在使用了后退图标之后想要进到刚才打开的网页时使用
	停止访问，停止访问当前正在访问的网页
	刷新，当页面显示不正常时用于刷新当前的页面内容
	主页，直接访问 IE 浏览器设置的网页主页
	搜索，打开网页搜索功能
	收藏夹按钮，用于打开和关闭收藏夹
	打印，在有打印机的情况下用于打印当前的页面
注：图标的颜色有两种，彩色和灰色的，只有图标的颜色处于彩色时才能使用，灰色时不能使用	

【任务 2】　IE 浏览器的常规设置

◆ **任务介绍**

能够打开网页访问网站是我们开始上网的第一步，能够熟练地应用浏览器不仅要求能够访问网页，而且还要能够对自己使用的浏览器进行个性化及安全需求等设置。合理地设置浏览器不仅仅能够方便我们使用浏览器，还是保持我们计算机系统稳定的一个重要保障。

◆ **任务要求**

熟知 IE 浏览器如何开启，关闭；掌握按钮的图标及作用，并且熟练地访问特定的网页。

◆ **任务解析**

一、主页设置

当我们打开浏览器时，会默认打开一个网页，通常我们把这个默认的网页称作主页，一般主页里都包含搜索引擎和常用的链接。

任何一家网络公司都想让别人把他的主页设置成自己公司的网站地址，这是一个推广自身非常好的方法，可以提高知名度和流量。设置主页的方法如图 1-6、图 1-7 所示。

操作步骤：

(1) 打开 IE 浏览器。

(2) 单击"工具"菜单，弹出下拉菜单，并选择"Internet 选项"，如图 1-6 所示。

(3) 弹出"Internet 选项"对话框，如图 1-7 所示。

(4) 单击"地址"右侧的文本输入框。

(5) 填入自己需要设置的主页(http://www.hao123.com)。

(6) 单击"确定"按钮。下次打开浏览器时打开网页就是 www.hao123.com 了。

图 1-6 启动 IE 浏览器

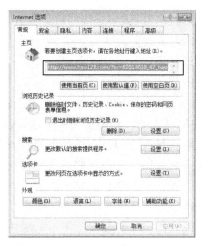

图 1-7 "Internet 选项"对话框

二、IE 缓存文件设置

访问网页本质就是从服务器上下载网页的内容，存储在自己计算机上，然后打开来浏览。在这个过程中肯定就会有网页内容占据计算机的磁盘空间，如果把这些内容放置在系统盘(C 盘)，就可能会影响操作系统的运行速度，因此我们要学习设置 IE 缓存文件。

设置了 IE 主页之后可以在同一个对话框中调整 IE 缓存位置，把 IE 的缓存设置到 C 盘以外的其他盘，如图 1-8 所示。

图 1-8 缓存设置窗口

操作步骤：

(1) 按照调整浏览器主页地址的方法打开"Internet 选项"。

(2) 单击 Internet 临时文件下的"设置"按钮。

(3) 把使用磁盘空间(图中红色区域)设置成 100MB。

(4) 单击"移动文件夹"弹出"浏览文件夹"对话框，如图 1-8 所示。

(5) 更改为一个新的文件夹。单击"确定"按钮，完成设置。

◆技巧存储

缓存大小设置：

设置缓存的大小是根据自身硬盘空间大小来设置的，如果计算机硬盘空间大，则可以把缓存的容量设置大些，缓存大有利于提高访问网页的速度，但是可能会占据较大的磁盘空间。

◆知识拓展

IE 的安全设置：

1．自动完成设置

IE 提供的自动完成表单和 Web 地址功能为我们带来了方便，但同时也存在泄密的危险。默认情况下自动完成功能是打开的，我们填写的表单信息，都会被 IE 记录下来，包括用户名和密码，当我们下次打开同一个网页时，只要输入用户名的第一个字母，完整的用户名和密码都会自动显示出来。当我们输入用户名和密码并提交时，会弹出"自动完成"对话框，如果不是你个人的计算机，这里不要单击"是"按钮，否则下次其他人访问就不需要输入密码了！如果你不小心单击了"是"按钮，也可以通过下面步骤来清除：

(1) 选择"工具/Internet 选项"。

(2) 单击"内容"，在"个人信息"项目中，单击"自动完成"按钮。

(3) 在弹出的"自动完成设置"窗口中，单击"清除表单"和"清除密码"按钮即可。

若需要完全禁止该功能，只需清除 Web 地址、表单及表单的用户名和密码前的勾即可。

2．安全级别设置

IE 的安全区设置可以让你对被访问的网站设置信任程度。IE 包含了四个安全区域：Internet、本地 Intranet、可信站点、受限站点，系统默认的安全级别分别为中、中低、高和低。通过"工具/Internet 选项"菜单打开选项窗口，切换至"安全"标签页，建议每个安全区域都设置为默认的级别，然后把本地的站点、限制的站点放置到相应的区域中，并对不同的区域分别设置。例如网上银行需要 Activex 控件才能正常操作，而你又不希望降低安全级别，最好的解决办法就是把该站点放入"本地 Intranet"区域，操作步骤如下：

(1) 通过"工具/Internet 选项"菜单打开选项窗口。

(2) 单击"安全"标签页，点选"本地 Intranet"。

(3) 单击"站点"按钮，在弹出的窗口中，输入网络银行网址，添加到列表中即可。

【任务3】 浏览新闻网页

◆任务介绍

浏览新闻，关注我们身边发生的事情是我们经常做的事情。从国家发展改革的大事到自家小区附近发生的小事情，我们都可以通过浏览新闻网页来了解。在浏览器上浏览新闻是我们上网经常做的操作，哪些网页能够给我们提供最新的、可靠的新闻内容呢？

◆任务要求

通过本次任务，能够知道常用的大型新闻网站，可以根据自己的需要浏览自己所关心的新闻网页，查看新闻中的图片或者视频信息，查看与话题相近的新闻内容，并且能够对新闻写出自己的评价。

◆任务解析

一、打开常见的新闻网页

常见的新闻网站有很多，几乎我们所看到的门户网站都是新闻网页，比如说新浪、搜狐、雅虎、凤凰网、新华网等。这些门户网站搜集大量的新闻信息，而且对新闻做了具体的分类，并且更新很快。新闻的分类主要根据人们的喜好：有年轻人喜欢的数码、IT、体育，也有中年人关注多一点的社会、军事；有男人喜欢的球赛，也有女人喜欢的服装等。下面我们来看看目前位列国内最著名的新闻网页之一的新浪网，如图1-9所示。

图 1-9　新浪网首页

操作步骤：

(1) 打开浏览器，在地址栏中输入：www.sina.com ，按<Enter>键，打开如图1-8所示的新浪网首页。

(2) 观察网页中间的部分，网页已经把我们所关心的内容进行了分类。

(3) 任意单击一个自己所需的查看分类，查看自己所要看的新闻信息。

二、查看新闻具体内容

新闻网页主要是以图片和文字为主。查看图文并茂的新闻信息，可以让我们感觉到新闻的真实性。随着视频技术的发展，以视频为主的新闻发展得非常迅速，我们查看新闻时可以选择图片新闻、文字新闻，还可以通过观看视频来了解新闻内容，如图1-10、图1-11所示。

图 1-10　"新闻网页"展示窗口　　　　　　图 1-11　具体新闻网页内容展示

操作步骤：

(1) 单击网页上面的任意一条自己感兴趣的新闻链接，进入到新闻的主要内容目录，如图 1-10 所示。

(2) 单击右边的链接，可以查看当前新闻的最新消息，如图 1-11 所示。

提示：

(1) 网页内容较长，可以拖动右侧或者下面的滚动条来调整文字的展示内容。

(2) 或者直接把鼠标放在右下角，当鼠标变成斜箭头时拖动网页，改变其大小。

三、评论新闻内容

我们对发生的事情总是有自己的看法想表达出来，比如说上面网页上所展示的新闻内容，我们怎么样来表达我们对这则新闻的评论呢？操作步骤见图 1-12。

图 1-12　评论新闻网页

操作步骤：

(1) 单击新闻网页右下角的"我要评论"超链接(图 1-11)。

(2) 在图 1-12 所示文本区域中写下自己的评论，在用户名处填入自己的用户名和密码(需要自己申请)。

(3) 单击"登录并发表"按钮即可。

四、保存网页内容到指定目录

如果觉得某些文章内容很好，自己比较感兴趣，可以把它保存到自己计算机上。保存网页是一个基本的操作，我们常规的有两种做法，第一种就是保存网页的路径，把网页放入到收藏夹中，以后使用就可以直接单击链接打开网页；第二种就是把网页存放在本地计算机上，这样即使脱离了网络也可以很方便地打开。

我们打开的网页不是存储在本地计算机上，都是放置在远程服务器上。我们要打开时通过网络把网页上的信息传递到自己计算机上，如果脱离了网络，我们想要打开的网页就暂时无法打开。还有另外一种情况需要注意，存放在远程服务器的网页内容也是会更改的，或许网页的内容直接被删掉，或许更改了信息，这样就造成了我们查看网页的时间有限制，想要永久保存，就需要保存到自己本地计算机中。有些浏览器提供了一种简单的保存方法，把网页以一整张图片的形式保存，这样就可以通过看图软件打开。

8

1. 把网页放入到收藏夹中

收藏夹用于收集我们喜欢和常用的网站地址，把它放到一个文件夹里，想用时可以方便快捷地把放入收藏夹中的网页打开。操作步骤见图1-13。

操作步骤：

(1) 打开网页后，单击工具栏中的"收藏夹"按钮，弹出左侧收藏夹。

(2) 单击"添加"出现"添加到收藏夹"对话框，如图1-13所示。

(3) 单击"确定"按钮就把网页保存到了收藏夹中。

2. 把网页保存在自己的计算机上(见图1-14)

操作步骤：

(1) 打开网页后，单击"文件"菜单，选择"另存为网页"。

(2) 弹出图1-14所示对话框，单击左侧桌面，文件名不更改，网页类型和编码都不需修改。

(3) 单击"保存"按钮。

图1-13　添加收藏夹　　　　　　　图1-14　保存网页对话框

◆ **技巧存储**

经常清理缓存给计算机瘦身：

当我们浏览了大量新闻网页之后，网页中可能存在很多缓存文件，这时我们要把这些文件进行处理，清理掉了缓存文件之后计算机的反应速度可能会得到一定的提升。

调整网页文字大小：

在浏览网页时，为了方便我们的阅读，有时需要把网页中的文字放大或者缩小，我们只需要按住<Ctrl>键，然后滚动鼠标的滚轮，就可以放大或者缩小网页中文字的大小。

项目二 搜 索 资 源

【学习要点】
- ■任务 1 搜索学习资料
- ■任务 2 搜索图片资料
- ■任务 3 下载文件
- ■任务 4 论坛的使用

【任务 1】 搜索学习资料

◆**任务介绍**

目前已经进入了信息时代，各种媒体承载着各种各样的信息。特别是具有海量内容和交互性的网络信息，更是在帮助我们解决日常生活问题方面起到了很大作用。很多问题都可以通过网络来寻找解决方法，网络上存储的信息已经成为我们解决问题的一把利剑。

◆**任务要求**

通过本次任务知道什么是搜索引擎，了解常见的搜索引擎网站，能够简单地搜索一些学习的参考资料。

◆**任务解析**

使用浏览器来查找学习资料。虽然我们接触了浏览器，但是还是不会搜索资料，在哪里搜索，怎样搜索，搜索的内容在哪里呈现，怎样打开，怎样保存，都是我们这次任务所要学习的。

一、搜索相关资料

搜索资料的第一步就是根据你要搜索的内容，对内容进行合理的处理，类似于"计算机的产生与发展历程"这类简单的陈述性语句就可以直接搜索。我们经常使用百度搜索引擎来搜索资料，只需要把资料内容输入到搜索引擎中就可以实现搜索，如图 2-1所示。

操作步骤：

(1) 打开百度搜索的主页。

(2) 在中间的文字输入区域中输入搜索的内容。

(3) 单击"百度一下"按钮，或者直接回车。

二、浏览、筛选资料网站

当我们完成了上面的步骤之后，会弹出一个新的浏览器窗口，如图 2-2 所示。这个窗口会展示出所有与搜索的内容相匹配的资料。网页上的资料条目很多，但并不是所有

图 2-1　打开百度搜索引擎

的都是你想要的，也并不是所有展示出来的内容都是正确的，这个时候需要我们进行甄别，一般搜索出来的前几条内容大家都要查看一下，大部分网站认同的资料才是可信度相对比较高的。

操作步骤：

(1) 观察弹出来的新网页，并且寻找与所查找内容最相近的资料，如图 2-2 所示。

(2) 我们发现第一个网页标题的内容与我们所有查找的信息完全吻合，单击网页链接，进去查看。

三、查看网页的内容

单击了第一个问题链接之后，我们就进入到了另外一个页面，下面我们就要查看这个页面的具体内容，看看网页内有没有对我们所搜索的内容给出答案，如图 2-3 所示。

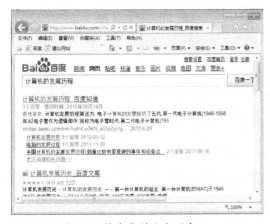

图 2-2　搜索资料内容列表

图 2-3　"计算机发展历程"网页

操作步骤：

(1) 单击最大化按钮，或者调整浏览器右侧和下面的滑块到方便我们阅读的位置，查看网页的具体内容，如图 2-3 所示。

(2) 阅读了网页的内容之后发现内容正好是我们要查找的信息,记录下来我们需要的学习内容。

(3) 单击右上角的关闭按钮,关闭网页。

◆**知识拓展**

什么是搜索引擎:

搜索引擎指自动从因特网搜集信息,经过一定整理以后,提供给用户进行查询的系统。因特网上的信息浩瀚万千,而且毫无秩序,所有的信息像汪洋上的一个个小岛,网页链接是这些小岛之间纵横交错的桥梁,而搜索引擎,则为用户绘制一幅一目了然的信息地图,供用户随时查阅。

1. 常见的搜索引擎简介

通常情况下我们使用最多的搜索引擎是百度、谷歌和腾讯公司的搜搜等,如图 2-4 所示的是谷歌搜索,图 2-5 所示是腾讯搜搜。

图 2-4 谷歌搜索   图 2-5 腾讯搜搜

2. 搜索引擎的使用技巧

"我们生活在信息的海洋里,却淹死在海水之中"。很多人知道因特网上存在很多可用的资料,但是缺乏合理的搜索方法,使得这些资料很难被找到,呈现在人们的眼前。合理地掌握搜索的技巧,可以让你成为搜索的高手,在很短的时间内,找到自己所需要的资料。

1) 选择适当的查询词

搜索技巧,最基本同时也是最有效的,就是选择合适的查询词。选择查询词是一种经验积累,在一定程度上也有章可循。

2) 查询词表述准确

搜索引擎会严格按照您提交的查询词去搜索,因此,查询词表述准确是获得良好搜索结果的必要前提。

一般情况下,只要对问题作出适当的描述,在网上基本上就可以找到解决对策。

例 1:浏览器主页 被修改;例 2:冲击波病毒 预防。

【任务2】 搜索图片资料

◆任务介绍

我们知道，除了文字资料，我们经常还需要用到图片、动画、声音、视频等资料。例如，上网查看有关画家梵高的信息，并且查找梵高的自画像。

◆任务要求

通过本次任务能够搜索到指定资源的图片，用合适的方法下载下来，并且存放在指定的地方。

◆任务解析

上个章节我们学习了简单的搜索，掌握了一些搜索的技巧，但是搜索出来的都是文字性的资料，想要搜索图片形式或者别的指定类型的文件还没有接触。但仔细想想，肯定是利用搜索引擎搜索，或许直接在后面加上"图片"两个字就可以，是这样的么？

一、选择搜索引擎搜索图片

搜索图片资料也是搜索内容的一种，我们必须要借助于搜索引擎，如图 2-6 所示。

操作步骤：

(1) 打开百度搜索引擎页面。

(2) 选择"图片"类型标签，如图 2-6 所示。

(3) 在表单区域内输入图片的名称或者关键字，如"梵高自画像"。

(4) 确定约束条件，选择"全部图片"。

(5) 单击"百度一下"按钮。

二、浏览搜索结果

单击"百度一下"按钮或者回车之后就可以显示出所有标题中含有"梵高自画像"的图片，这些图片全部都是以缩略图的形式显示在网页上，但是缩略图不是我们真正需要的图片，而且网上有关于"梵高自画像"的图片很多，到底哪一张是我们真正需要找的，也要仔细甄别。对于图片类型的文件，有的大，有的小，有的显示得精细，有的模糊，我们要多看几张，选择自己需要的图片，如图 2-7 所示。

图 2-6 搜索"梵高自画像"

图 2-7 搜索结果

13

操作步骤：

(1) 拖动右侧和下侧的滑块，可以方便查看其他的图片。

(2) 看到的图片都是缩略图，如果想看大图，我们可以单击任意一个缩略图。

三、查看原图页面

操作步骤：

在搜索结果页面单击某张缩略图，弹出原图页面，如图 2-8 所示。

四、保存(下载)图片

操作步骤：

(1) 右键单击原图页面中的图片，在弹出的快捷菜单中选择"图片另存为"命令，弹出"图片另存为"对话框，如图 2-9 所示。

(2) "图片另存为"对话框中的"保存在"确定保存的位置，"文件名"中确定保存的文件名，"保存类型"中选择保存的图片类型。

(3) 单击"保存"按钮。

图 2-8 梵高自画像原图页面

图 2-9 梵高自画像保存

【任务 3】 下 载 文 件

◆任务介绍

　　网络上具有丰富的资源，几乎大部分的电影、电视、音乐等信息资源都可以在网络上找到，我们经常要利用这些资源，但是如何把网络上的资源存储在自己计算机上呢？前面我们学习了如何把图片存储在计算机上，但是视频文件、音乐文件，还有一些软件该怎么做才能下载到自己计算机上呢？

◆任务要求

　　通过这次任务，我们要知道什么是下载、什么是下载软件以及下载软件的作用。掌握使用 IE 下载文件的方法，知道如何安装迅雷软件，并且能够使用迅雷软件下载资料。

◆任务解析

　　迅雷软件是一个常用的下载软件，要使用迅雷软件下载首先必须要找到迅雷软件的安装文件进行安装。迅雷软件的安装文件又需要我们到迅雷软件的官方网站上去下载，在安装迅雷软件之前下载迅雷源文件。我们通过 IE 浏览器来进行下载，首先做的任务就是使用 IE 浏览器下载迅雷软件。

一、搜索并下载迅雷软件

我们要到迅雷的官方网站去寻找迅雷安装软件，但是我们暂时并不知道迅雷官方网站的地址，需要搜索到迅雷的官方网站，见图 2-10。

操作步骤：

(1) 启动浏览器，通过百度搜索"迅雷官方网站"。

(2) 单击第一条记录："迅雷软件中心"(图 2-10)。

(3) 弹出官方主页(图 2-11)。

注意：并不是我们每次搜索的第一条信息都是我们所需要的，但我们可以在搜索结果页面中寻找到我们要的合适信息。

图 2-10　启动 IE 浏览器

图 2-11　迅雷软件中心

操作步骤：

(1) 进入"迅雷产品中心"页面后，找到下载图标按钮。

(2) 单击"下载"按钮，出现提示对话框，如图 2-11 所示，单击"保存"按钮，在"保存"对话框中选择保存位置进行保存下载。

二、使用迅雷软件下载

迅雷软件安装好了，下面就可以使用迅雷来帮助我们下载东西了。与 IE 浏览器下载相比，迅雷下载的优越性首先在于它具有断点续传功能；第二，迅雷自身具有丰富的资源库，在迅雷资源库里可以下载到很多共享的资料和软件；第三，迅雷可以帮我们查看下载的资料，提醒我们资料是否重复下载；第四，迅雷与很多大型的软件公司合作，比如华军、太平洋等，这些网站为迅雷提供了专用的链接，方便了我们的下载操作。

下面我们就利用迅雷软件来下载一部名字叫作《大片》的电影。

操作步骤：

(1) 在迅雷软件中点击迅雷看看，如图 2-12 所示。

(2) 在条件输入框里输入"大片"，按<Enter>键或单击"搜索"按钮，显示搜索内容，如图 2-13 所示。

图 2-12　迅雷看看主页

图 2-13　搜索结果显示

(3) 选择合适清晰度、合适大小的信息条，单击免费下载，弹出下载页面，如图 2-14
所示。

(4) 在下载页面中单击"免费下载"按钮，弹出质量选择页面，选择合适的质量，如
图 2-15 所示的提示窗口，单击"立即下载"按钮。

图 2-14　下载页面

图 2-15　下载提示

(5) 下载状态显示如图 2-16 所示。

图 2-16　下载状态窗口

◆知识拓展

一、下载方式

通常，我们有两种下载软件的方法。

1．用浏览器直接下载

用浏览器直接下载是指用浏览器内建的文件下载功能进行下载。

2．使用断点续传工具下载

断点续传工具，无论任何时候出现了下载中断，用户都可以重新启动这类工具，继续将上次没有下载完的文件从断点处开始继续下载。迅雷软件就是这类工具中具有代表性的一种。老版的浏览器没有断点续传功能，如果不使用这类工具，下载文件总是让人提心吊胆。即便新版的浏览器已具备断点续传功能，专业的断点续传下载工具的优势仍然是浏览器下载方式所不能相比的。

二、下载工具简介

1．BT 彗星

比特彗星(BitComet，简写为"BC")是一个用 C++语言为 Microsoft Windows 平台编写的 BitTorrent 客户端软件，也可用于 HTTP/FTP 下载，并可选装 eMule 插件(eMule plug-in)通过 ed2k 网络进行 BT/eMule 同时下载。它的特性包括同时下载、下载队列、从多文件种子(torrent)中选择下载单个文件、快速恢复下载、聊天、磁盘缓存、速度限制、端口映射、代理服务器和 IP 地址过滤等。

2．网际快车(FlashGet)

网际快车简称快车(FlashGet)，是互联网上最流行、使用人数最多的一款下载软件。采用多服务器超线程技术、全面支持多种协议，具有优秀的文件管理功能。

3．电驴(eMule)

eMule 是世界上最大并且最可靠的点对点文档共享的客户端软件之一。

4．BT

BT 全名为 BitTorrent，是一个 P2P(点对点)下载软件，克服了传统下载方式的局限性，具有下载的人越多，文件下载速度就越快的特点。因此，吸引着众多的网民使用。

【任务4】 论坛的使用

◆任务介绍

网络论坛简称论坛，又名 BBS，英文全称为 Bulletin Board System(电子公告板)，是网络上的一种电子信息服务系统。它提供了一块公共电子白板，每个用户都可以在上面留言，可发布信息或提出看法，内容丰富，交互性强。用户在 BBS 站点上可以获得各种信息服务，发布信息，进行讨论、聊天等。由于符合了人们能够发表言论和讨论一个共同话题的形式，体现了一定的言论自由，论坛最近几年发展得特别迅猛，用户群非常大。

◆任务要求

通过本任务，了解什么是论坛及怎样使用论坛，例如在论坛上申请自己的账号、密码，查看论坛中的内容，搜索自己想知道的论坛信息等技能。

◆**任务解析**

在能够熟练地使用论坛之前，我们必须要知道论坛其实就是网页的一种，只是这种网页有自己特定的功能，我们要先找到这样的网页，查看一下，随意单击一下，然后根据论坛的提示，看看我们能在论坛里做些什么。

一、注册论坛账号

几乎所有的论坛都免费提供一些信息给浏览者，但是论坛的有些功能只有注册成为用户才可以使用，例如"搜索"、"查看特殊的资源"等功能。首先我们打开一个常见的论坛，然后根据提示申请成为论坛的用户。常见的论坛有很多，我们可以通过前面所学的搜索引擎进行相关知识搜索，下面就省略这一步，直接打开"网易论坛"来进行观察。

操作步骤：

(1) 打开网页，输入地址：bbs.163.com。

(2) 观察打开的网页，单击右侧红色区域内的注册按钮，单击进入。

(3) 进入到图 2-17 所示页面之后输入相关的信息，如电子邮件、密码、密码保护问题。

(4) 输入右侧的验证码，单击下方的"立即注册"按钮，如图 2-18 所示。

(5) 进入自己刚刚申请时填入的邮箱，进入连接验证就可以完成申请用户。

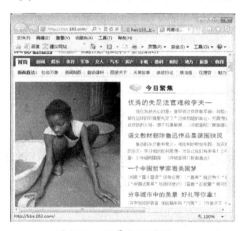

图 2-17　网易论坛首页

图 2-18　网易论坛注册页面

在论坛里，我们称别人发表的文章为"帖子"，帖子的内容可能是一个争议、一项调查或者一个观点，我们既可以对别人发表的帖子进行阅读、评价，也可以自己发布一个帖子。帖子的内容可以是任何合法的话题，或者一个争论的问题，也可以是自己对某个问题的理解寻求的帮助信息。阅读帖子、发表评论和发布新帖是论坛使用的三项最基本操作。

二、读帖和回帖

在进入论坛之后，我们可以看到页面上展示了很多帖子列表。这些帖子要么是最新发表的，要么是帖子的人气旺、参与的人数多，我们可以选取感兴趣的帖子进行阅读。

(1) 使用刚才申请的账号和密码登录论坛。

(2) 观察论坛页面的布局，论坛已经把话题归类放置好。

(3) 先阅读帖子的标题，然后点开自己关注帖子的链接。比如点开"最近焦点"中第一条帖子的链接，如图 2-19 所示。

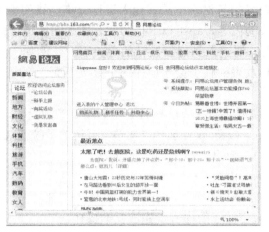

图 2-19　网易论坛个人首页

如果首页展示中没有自己需要打开的链接话题，可以单击左侧分类中的信息大分类，进入到与分类有关的内容，如单击体育，可以进入到全部都是体育话题的版面。

(1) 弹出了如图 2-20 所示的网页，网页展示了帖子的完整内容。

(2) 单击右侧和下侧的滑块，可以查看帖子下面的内容，也可以看到别人对这个帖子的评论。

(3) 在帖子内容的最下方，找到"回复本帖"的链接，单击链接进入，对帖子内容发表评论。

通常，查看了别人的帖子要对别人的帖子进行一个简单的回复，简称"回帖"。这样可以让更多人关注这个帖子的内容。

(1) 单击中间白色的空白区域，写下自己的评论内容，如图 2-21 所示。

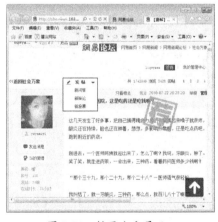

图 2-20　帖子全文展示

图 2-21　回复帖子

(2) 单击下面的"回复本贴"按钮，回复的内容就可以展示在页面上。

一个帖子如果经常被人查看、回复，这个帖子就可能会出现在论坛的首页显示，在

19

帖子排列的列表中也会排在最前面，这就是人们常说的"顶置"帖子。

三、发帖

如果我们有一些内容想与论坛中的其他人进行分享，我们也可以建立一个自己的帖子，在帖子里写上相关的内容，还可以上传与此有关的图片进行修饰。

在发帖之前，我们先要进入到想要发帖的分类版面，例如"文化"大分类下的"心情故事"小分类，这样发表的帖子会出现在这个分类下面。

操作步骤：

(1) 进入"文化/心情故事"分类的栏目下，如图 2-22 所示。

(2) 直接单击"发帖"按钮(或者选择"发帖"旁边的下拉箭头，选择"新问答"、"新辩论"或者"新投票")，弹出如图 2-23 所示窗口。

(3) 在标题栏填写标题内容。

(4) 在"帖子内容"区域填写帖子的具体内容和添加辅助图片等。

(5) 单击 发出 按钮提交帖子的内容，完成发帖操作。

图 2-22　进入论坛

图 2-23　填写帖子内容

◆技巧存储

帖子内文字编辑：

在回复帖子中，为了让自己的内容更加受到别人的关注，可以利用回复栏上面一排工具栏中的"编辑"工具对文章内容的段落、字体进行适当调整。

快速注册：

通常很多网站都提供了自己的邮箱，可以通过邮箱直接进入网站的论坛。

项目三 交流信息

【学习要点】
■任务 1 使用 QQ 交流信息
■任务 2 申请电子信箱
■任务 3 在线收发电子邮件
■任务 4 Outlook 邮箱设置
■任务 5 使用 Outlook 邮箱收发电子邮件

【任务 1】 使用 QQ 交流信息

◆任务介绍

网络 QQ 是基于 Internet 的即时通信软件，在 Windows 操作系统下运行，是十分灵活的网络寻呼工具，它支持显示用户在线信息，能够即时传送信息、即时交谈、即时发送文件，搜集资料。如果对方开通了 GSM 手机短消息，即使离线了，用户也可及时将信息传递给对方。另外每个 QQ 用户都可以拥有一个空间，在 QQ 空间里有网络日志、相册、留言板等功能，用户可以在自己的空间里写日记、发表作品，存放相片、图片或留言。只要加为 QQ 好友的都可以登录空间看到空间里的内容，并可以对空间中的作品、相片发表自己的评论或留言。

据有关的调查资料显示，接触或参加"网络 QQ 聊天"的大学生高达 93%。正是网络 QQ 聊天的流行性和 QQ 工具本身所具有强大的交互功能，网络 QQ 在生活中具有重要的实用价值，本次学习任务就是要学会如何使用 QQ 软件。

◆任务要求

通过本次任务要学会如何在网络上下载 QQ 软件，会自己申请 QQ 号码，登录 QQ，并且添加自己的好友，加入群。学会利用 QQ 软件来交流信息，如发布图片、截图、语音聊天等。

◆任务解析

工欲善其事，必先利其器，说到底，QQ 是一个软件，是一件交流的工具，我们在使用这个工具之前必须要下载得到这个软件，下载软件的方法类似于前面下载迅雷软件的方法，可以直接进入到其官网去下载，安装软件也类似于迅雷软件的安装。申请 QQ 号码其实就是在网站上注册，注册后会自动产生一个号码，这个号码就是自己的代号。

一、下载安装 QQ 软件

下载 QQ 软件我们要打开 QQ 的官网，在其中找到下载的链接，现在 QQ 软件的版本很多，如概念版、beta 版、简体版、繁体版等，我们一般选择的是最新的版本。

把 QQ 软件的安装文件下载到我们的计算机后，就可以进行安装了，找到刚才下载的软件，然后双击安装文件就开始了软件的安装，根据提示可以自己完成安装。

操作步骤：

(1) 双击 QQ 软件的安装文件，弹出安装软件的向导界面，如图 3-1 所示。

(2) 单击"下一步"按钮，选择安装目录，如图 3-2 所示，选择默认设置，单击"安装"按钮。

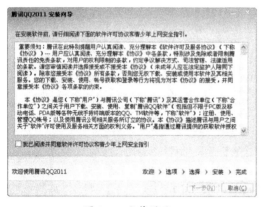

图 3-1　安装界面

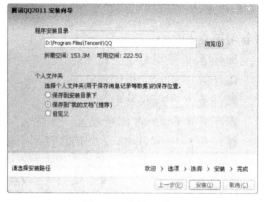

图 3-2　选择目录

(3) 安装结束界面如图 3-3 所示，单击"完成"按钮。

(4) 出现 QQ 软件的登录界面如图 3-4 所示，这时 QQ 软件已经安装完成。

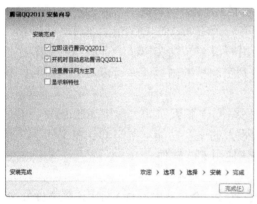

图 3-3　安装结束

图 3-4　QQ 登录界面

二、申请 QQ 号码

在登录对话框内输入自己的 QQ 账号信息和密码，单击"登录"按钮完成登录。但是对于刚开始使用 QQ 的用户来说是没有 QQ 账号的，QQ 账号必须要进行申请获得，申请 QQ 账号的操作步骤如下。

操作步骤：

(1) 在 QQ 登录界面中单击"注册账号"链接按钮，如图 3-5 所示。

(2) 进入到 QQ 注册页面，如图 3-6 所示。

(3) 填写完"昵称"、"生日"、"性别"、"所在地"信息及按照"验证码"的内容填写验证码后，单击"立即注册"按钮。

图 3-5 申请 QQ 号码页面

图 3-6 QQ 注册页面

(4) 注册成功后，返回带有红色号码的申请成功页面，如图 3-7 所示。

图 3-7 申请成功

三、添加好友，加入群

进入 QQ 的主界面，我们主要是要添加聊天的对象或者加入一个群组，下面介绍如何添加 QQ 好友。

操作步骤：

(1) 单击 QQ 主界面下方的"查找"按钮，弹出如图 3-8 所示的查找对话框。

(2) 在查找对话框中填写对方账号(或昵称)，单击"查找"按钮。

(3) 查找到对象后，对话框如图 3-9 所示。

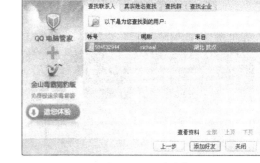

图 3-8 查找"联系人"   图 3-9 找到对象

(4) 单击选择找到的对象，单击"添加好友"按钮。

(5) 在弹出的信息框中输入简短的验证信息，单击"下一步"按钮，向对方发出加为好友的申请，等候对方回应，如图 3-10 所示。

图 3-10 申请添加好友

通过上述的步骤我们已经发出去了一个 QQ 好友的申请，但是否能够申请成功必须要看你申请的好友是否同意添加你为好友，你申请的好友会收到一个好友申请对话框，如图 3-11 所示，单击"查看全部"，弹出图 3-12 所示的回复窗口，选择"同意并添加对方为好友"单选项，单击"确定"按钮，双方添加为好友操作完成。

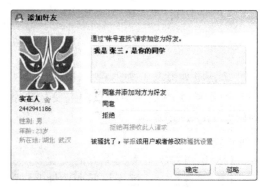

图 3-11 有申请信息   图 3-12 回复信息

四、发送消息

在完成加为 QQ 好友的基础上，我们就可以与添加的 QQ 好友进行"说话"了，这里的"说话"指的是交流信息。在计算机里交流信息的方式很多，比如说"文字交流"、"图片交流"、"语音对话"或者"视频对话"，这里需要掌握的技巧很多，下面先来介绍如何发送消息和图片。

操作步骤：

(1) 打开 QQ 软件，在好友列表中找到需要对话的好友，如图 3-13 所示。

(2) 双击好友的图标，弹出一个会话窗口，如图 3-14 所示。

(3) 在对话框中下部文本输入框中输入信息，单击"发送"按钮，就可以把信息发出。

图 3-13　QQ 好友列表　　　　　　　　　　图 3-14　QQ 会话窗口

五、传送文件

目前，QQ 的文件传送功能也被广泛应用于异地的文件传送，可以双方同时在线直接传送文件，也可以由发送方先以离线发送文件，文件可以由服务器代保存一段时间，等接收方上线后随时进行接收。

操作步骤：

(1) 打开 QQ 好友会话框，好友在线时，单击"会话窗口"上部的"传送文件"工具按钮，如图 3-15 所示。

(2) 弹出"打开"对话框，选择要传送的文件，单击"打开"按钮，如图 3-16 所示。

图 3-15　QQ 会话窗口　　　　　　　　　　图 3-16　"打开"窗口

25

(3) 进行发送等待状态，如图 3-17 所示。

(4) 如果对方接收，则进行文件发送；如果对方不在线，可单击"发送离线文件"按钮，进行离线文件发送，先把文件寄存于服务器，等待对方上线时再接收，如图 3-18 所示。

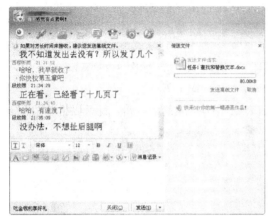

图 3-17　等待发送文件

图 3-18　发送离线文件

【任务 2】　申请电子邮箱

◆**任务介绍**

在日常生活中，通信是信息交流的最基本手段。在互联网络时代，除了上一章讲解的即时通信软件，我们还可以使用非即时通信软件——电子邮箱。电子邮件已成为最方便最快速的信函，比普通信函的信息量更多更丰富，信函内容从一般的文本文字扩大到数据库、图形、声音或影像等各种类型的文件，使用电子邮件是因特网上最广泛的一种应用。

每一个使用因特网的人，几乎都有一个邮箱，有时候邮箱就相当于我们的身份证一样，很多账号和密码信息都要求有邮箱的认证，前面我们申请 QQ 号码时就专门有一个邮箱申请的选项，邮箱成为了认证填写的地方。

◆**任务要求**

了解邮箱及邮箱的组成格式，了解常见的提供邮箱的网站。能够独立申请一个免费网络邮箱。

◆**任务解析**

申请邮箱之前必须要知道有哪些公司可以提供免费的邮箱，我们常用的免费邮箱有很多，QQ 就自带一个免费的邮箱；网易 163 的邮箱具有很多大型邮箱公司共有的特点：传输速度快、功能强大、界面简洁、使用方便等。

一、申请电子邮箱

操作步骤：

(1) 打开 IE 浏览器，在地址栏输入网易电子邮箱网站的地址"mail.163.com"，打开邮箱登录页面，如图 3-19 所示。

(2) 单击"注册"按钮，弹出如图 3-20 所示的注册信息填写页面。

图 3-19　邮箱登录页面　　　　　　　　　图 3-20　邮箱注册页面

(3) 在注册页面中填写自己想要申请的电子邮箱名，填写密码和确认密码信息，填写验证码。

(4) 单击"立即注册"按钮。

(5) 在另外弹出来的页面中再次输入中文验证码。申请成功后就直接跳转到了新注册的邮箱首页。

二、接收电子邮件

电子邮箱的主要功能就是接收与发送电子邮件，一般情况下，一旦我们成功申请了电子邮箱，这个邮箱内会默认收到一条系统发送的电子邮件，我们可以根据自己的需要来查看或者删除电子邮件。

1．接收邮件

操作步骤：

(1) 登录进入邮箱，单击"收信"按钮，进入"收件箱"，如图 3-21 所示。

(2) 单击邮件列表中的邮件，即可打开查看邮件的内容，如图 3-22 所示。

图 3-21　收件箱　　　　　　　　　　　图 3-22　邮件内容

27

2. 回复邮件

操作步骤：

(1) 在打开并查看了邮件内容后，单击"回复"按钮，进入邮件编辑窗口，如图3-23 所示。

图 3-23　编辑电子邮件

(2) 在"内容"文本框输入文本，单击"发送"按钮，即可进行邮件回复。

提示：使用"回复"方式，不需要填写"收件人"信息，另外，如果回复邮件时要添加"附件"，请单击"添加附件"按钮后选择附件文件，再进行发送。

◆ **知识拓展**

电子邮箱的简介：

电子邮箱(E-MAIL BOX)是通过网络电子邮局为网络客户提供的网络交流电子信息空间。电子邮箱具有存储和收发电子信息的功能，是因特网中最重要的信息交流工具。

电子邮箱地址：

E-mail 地址是由"@"符号分为两段的字符组成，其格式为：

<用户名>@<主机名>.<域名>

例如：刚才我们申请的电子邮箱地址为：jonylulu@163.com

这里的 jonylulu 就是用户名，可以由数字、字母、符号组成。"163"为主机名，表示用户的邮箱在哪台主机上，"com"为域名，表示邮箱所在主机在哪个域内，电子邮箱地址是电子邮箱的唯一认证，不能与任何人相同。

【任务 3】　在线收发电子邮件

◆ **任务介绍**

上一节我们介绍了如何申请电子邮箱，当我们申请好了电子邮箱之后就需要使用电子邮箱了。电子邮箱的功能与生活中邮箱的功能基本一样，我们使用最多的就是用它来发送和接收电子邮件。电子邮件的内容除了包括文字、图片之外，还可以附带其他别的信息，如压缩文件、Word 文档等。下面我们就要来尝试着发送和接收一个带有附加文件(常称为"附件")的电子邮件。

◆**任务要求**

通过本次任务，对邮箱的功能有更加深入的了解。能够利用电子邮件来传递信息，发送一个带有附件的电子邮件，同时，也能够接收和阅读电子邮件，并把附件文件保存下来。

◆**任务解析**

电子邮箱的功能主要是发送和接收信息，但是发送的信息种类比较多样化。以前人们使用电子邮件主要以发送文字信息为主，现在除了文字信息之外还可以传输一些简单的文件，这些文件经常是以附件的形式附加在电子邮件中。当我们接收邮件时，阅读了文字部分的内容，也可以根据需要把附件文件下载到本地计算机中进行保存。下面我们就先来介绍如何发送一个电子邮件。发送电子邮件之前必须要知道收件人的地址。

一、发送带有附件的电子邮件

给地址为 liqwy@163.com 的小李发送一个邮件，邮件的主要内容是把自己做的企划方案书发送给他，让他查看。企划方案书以 Word 文档的形式存储在"我的文档" 中。

操作步骤：

(1) 打开邮箱网站 (mail.163.com)，进入邮箱登录页面，在账号区域输入账号，在密码区填写密码(如图 3-24 所示)，单击"登录"按钮。

(2) 进入邮箱后，单击左上角的"写信"按钮，进入写信页面，如图 3-25 所示。

图 3-24　邮箱登录页面

图 3-25　邮箱写信页面

(3) 在"收件人"栏填写收件地址：liqwy@163.com。

(4) 在"主题"栏填写主题内容为："您好，这是我的企划方案书"。

(5) 在内容区填写好正文内容"您好，这是我的企划方案，请您查收。谢谢"。并作简单排版。

(6) 单击主题下的"添加附件"按钮，在打开的对话框中选择要随邮件发出的文件，如图 3-26 所示，选择后单击"打开"按钮将附件附上邮件。

(7) 单击"发送"按钮，将邮件发出。

附件可以添加多个，但是通常情况下附件中的内容不会太大，邮箱会对上传的附件做大小的限制，有的电子邮箱限制附件的总大小为 20MB。为了节约空间，可以把要发送的文件进行压缩，压缩之后再以附件的形式发送。其实邮箱也可以作为一个很好的储

图 3-26　添加附件

存工具，给自己写一封邮件，然后把我们重要的资料以附件的形式储存在网络上，这样文件就可以进行长久的保存。

二、接收电子邮件

发送了电子邮件之后，小李要查看邮件，并且要下载刚才发送的企划方案书，小李该怎样操作呢？

操作步骤：

(1) 打开邮箱网站 (mail.163.com)，进入邮箱登录页面，在账号区域输入账号，在密码区填写密码，单击"登录"按钮。

(2) 进入邮箱后，单击左上角的"收信"按钮，进入收信页面，在信件列表上可以看到收到的邮件，如图 3-27 所示。

(3) 在列表中单击收到的邮件，打开相应邮件。

(4) 如果附带有附件，在邮件内容页下方就可以看到附件信息，如图 3-28 所示。

图 3-27　收件箱

图 3-28　邮件内容

(5) 单击附件栏中的"下载"按钮，弹出"文件下载"对话框，如图 3-29 所示，单击"保存"按钮就可以进行附件下载保存。

图 3-29 "文件下载"对话框

【任务 4】 Outlook 邮箱设置

◆任务介绍

Office Outlook 是 Microsoft Office 套装软件的组件之一,它对 Windows 自带的 Outlook Express 的功能进行了扩充。Outlook 的功能很多,可以用它来收发电子邮件、管理联系人信息、记日记、安排日程、分配任务。现在常用的 Outlook 有 2007、2003 和 2000 三个版本。

◆任务要求

通过本任务掌握 Outlook 软件的打开、关闭和设置方法,并且熟练使用 Outlook 软件进行收、发电子邮件。

◆任务解析

Outlook 软件与 IE 浏览器一样,都是微软公司的产品,当我们安装好了 Microsoft Office 软件之后,计算机就已经默认安装了 Outlook 软件。在使用过程中 Outlook 软件与网页版本的电子邮件软件不同,因为网页版本的电子邮件系统会根据域名地址直接找到邮件服务器地址。在使用 Outlook 软件之前我们必须要为 Outlook 软件设置邮箱的发送及接收服务器地址。

Outlook 邮箱设置操作步骤如下:

(1) 从开始程序菜单中启动 Outlook Express 软件,打开 Outlook 主界面窗口,如图 3-30 所示。

(2) 单击"手动配置服务器设置或其他服务"按钮,单击"下一步"按钮,如图 3-31 所示。

图 3-30　Outlook 主界面　　　　　　　　　　　图 3-31　输入显示姓名

(3) 设置邮件接收服务器及发送服务器地址，如图 3-32 所示。

图 3-32　设置相关信息

(4) 输入用于发邮件的账户名及密码。

(5) 设置成功后，单击"下一步"按钮，通过验证以后就可以使用 Outlook 软件进行发送和接收邮件了。

【任务 5】　使用 Outlook 邮箱收发电子邮件

◆任务介绍

　　Outlook 软件最主要的功能是收发电子邮件，设置好 Outlook 软件后可以直接使用 Outlook 软件进行收发电子邮件。下面我们就需要使用 Outlook 软件来发送一个带有附件的电子邮件，然后学会接收带附件的电子邮件。

◆任务要求

　　通过本次任务要掌握 Outlook 软件接收、发送电子邮件的方法。掌握在利用 Outlook

软件发送邮件时，附件的添加操作，以及在下载文件时，附件的下载操作。

◆**任务解析**

使用 Outlook 软件接收和发送电子邮件类似于我们使用网络邮箱，都需要先打开电子邮箱。由于 Outlook 软件可以记忆邮箱使用者的账户和密码，我们不需要每次都设置密码，单击 Outlook 软件就可以直接打开邮箱。

一、利用 Outlook 软件发送带有附件的电子邮件

操作步骤：

(1) 启动 Outlook，自动进入邮箱，页面如图 3-33 所示。

(2) 在窗口左侧的文件夹树型结构中单击"发件箱"文件夹，进入"发件箱"页面，如图 3-34 所示。

图 3-33　邮箱页面

图 3-34　"发件箱"页面

(3) 在"发件箱"页面左上角单击"创建邮件"按钮，弹出"新邮件"编写窗口，如图 3-35 所示，填写"收件人"、"主题"及邮件内容，如图 3-36 所示。

图 3-35　"新邮件"编写窗口

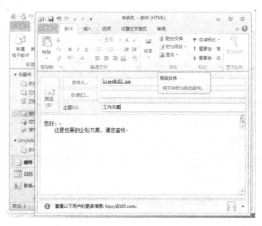

图 3-36　编写新邮件

(4) 在"插入"菜单中选择"文件附件"命令，弹出"插入附件"对话框，如图 3-37 所示，选择要发送的文件后，单击"附件"按钮，完成附件选择。

(5) 邮件编写完成后，窗口如图 3-38 所示。

图 3-37　"插入附件"对话框

图 3-38　邮件编写完成

(6) 单击"发送"按钮，发送邮件，如图 3-39 所示。

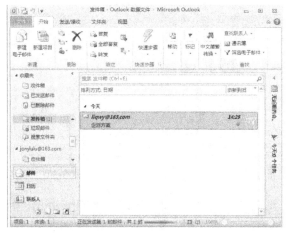

图 3-39　发送邮件

到目前为止，邮箱只能发送文件，不能直接发送文件夹，而且文件的大小有要求，但是可以把文件夹压缩成压缩包进行发送。

对于抄送栏和附件栏并不是每次发送都需要填写和添加的，根据需要适时调整，但是每一封邮件必须要有收件人和主题内容。收件人地址格式不正确，邮件是无法发送的。

二、利用 Outlook 软件接收带有附件的电子邮件

我们经常需要查看别人发送过来的电子邮件，电子邮件中可能是带有附件的，我们该怎样操作才能查看内容和下载附件呢？下面介绍具体的操作步骤。

操作步骤：

(1) 打开 Outlook 软件，接收邮件前，先单击"发送/接收"按钮，把所有的邮件发送和接收，使软件与邮件的信息同步。

(2) 在窗口左侧的文件夹树型结构中单击"收件箱"文件夹，进入"收件箱"页面，如图 3-40 所示。

(3) 此时，在邮件列表中双击选择某一邮件，在窗口下部窗格中会显示邮件内容，右键单击附件内容按钮，显示可以下载附件，如图 3-41 所示。

图 3-40 "收件箱"页面

图 3-41 显示附件

(4) 单击"保存附件"命令，弹出"保存附件"对话框，如图 3-42 所示，确定保存的位置后，单击"保存"按钮，完成附件保存。

图 3-42 "保存附件"对话框

模块二 计算机基础知识

项目四 了解计算机基本知识

【学习要点】
■任务 1 了解计算机的发展历史
■任务 2 了解计算机的应用领域

计算机(Computer)是 20 世纪最重大的发明之一，是一种能接收和存储信息的自动化电子设备，是一种能够按照指令对各种数据和信息进行加工、处理和实现结果输出的电子设备。计算机及其应用已渗透到社会的各行业，正在改变着我们的工作、学习和生活方式，促进着社会的进步，对科学技术的发展也产生了巨大的影响。

【任务 1】 了解计算机的发展历史

◆任务介绍

在购置计算机之前，我们应该根据计算机的发展，确定自己需要购置什么样的计算机，才能满足工作及生活的需要。了解计算机的发展史及其内部原理，并通过网络了解现在流行的各种类型的计算机。

◆任务要求

了解计算机的发展史，熟悉计算机的工作原理。

◆任务解析

一、熟悉不同的计算机

各种类型的计算机如图 4-1 所示。

台式机　　　　　　　一体机　　　　　　　笔记本　　　　　　　平板机

图 4-1 计算机图片

二、了解计算机的工作流程

计算机的工作流程如图 4-2 所示。

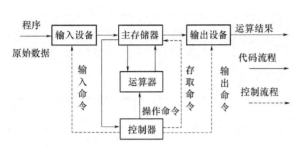

第一步：将程序和数据通过输入设备送入存储器。

第二步：启动运行后，计算机从存储器中取出程序指令送到控制器去识别，分析该指令要做什么事。

第三步：控制器根据指令的含义发出相应的命令(如加法、减法)，将存储单元中存放的操作数据取出，送往运算器进行运算，再把运算结果送回存储器指定的单元中。

第四步：运算任务完成后，就可以根据指令将结果通过输出设备输出。

图 4-2 计算机工作流程

◆技巧存储

计算机按处理数据的形态分为数字计算机、模拟计算机和混合计算机；按使用范围分为通用和专用计算机；按其性能分为巨型计算机、大型计算机、小型计算机、微型计算机、工作站、服务器。

◆知识拓展

一、冯·诺依曼原理

1946 年 2 月 15 日，世界上第一台电子数字计算机在美国宾夕法尼亚大学诞生，命名为电子数字积分计算机(Electronic Numberical Inetegrator Calculator)，简称 ENIAC(埃尼阿克)。其后，著名的美籍匈牙利数学家冯·诺依曼提出了"存储程序"和"过程控制"的概念。其主要思想为：

(1) 采用二进制形式表示数据和指令。

(2) 计算机应包括运算器、控制器、存储器、输入和输出设备五大基本部件。

(3) 采用存储程序和过程控制的工作方式。

所谓存储程序，就是把程序和处理问题所需的数据均以二进制编码形式预先按一定顺序存放到计算机的存储器里。计算机运行时，中央处理器依次从内存储器中逐条取出指令，按指令规定执行一系列的基本操作，最后完成一个复杂的工作。这一切工作都是由一个担任指挥工作的控制器和一个执行运算工作的运算器共同完成的，这就是存储过程控制的工作原理。

EDSAC（电子延迟存储自动计算机）是世界上首次实现的存储程序计算机。EDSAC 是由英国剑桥大学威尔克斯（Wilkes）领导、设计和制造的，并于 1949 年投入运行。它使用了水银延迟线作存储器，利用穿孔纸带输入和电传打字机输出。

在 1946 年，当世界上第一台电子计算机 ENIAC 出现以后，美籍匈牙利数学家冯·诺依曼（Von Neumann）等人发表了《电子计算机装置逻辑结构初探》的论文，为 EDVAC 奠定了设计基础。EDVAC 是电子离散变量计算机的缩写，是世界上首次设计的存储程序计算机（这个是世界上首次"设计"的存储程序计算机，但不是首次"实现"，而"EDSAC"是首次"实现"的），它利用水银延迟作主存，用磁鼓作辅存，但直到 1952 年才正式投入运行。其速度比 ENIAC 提高了 240 倍，主要用于核武器的理论计算。

计算机采用二进制是由于计算机电路所采用的器件所决定的，具有运算简单、电路实现方便、成本低廉的特点。

二、计算机发展阶段

按照计算机采用的电子器件的不同，计算机的发展分为四个阶段，如表 4-1 所示。

表 4-1　计算机发展阶段

代别	年代	电子器件	主存储器	特点	运算速度	应用
第一代	1946—1958	电子管	磁心、磁鼓	体积大，造价昂贵，速度慢，存储容量小	5000~40000 次/秒	军事、科学研究
第二代	1958—1965	晶体管	磁心、磁鼓	体积相对较小，速度较快、工作温度低	几十万~百万次/秒	数据处理、事务管理
第三代	1965—1971	中、小规模集成电路	磁鼓、半导体存储器	体积、重量减小，功耗减少	百万~几百万次/秒	广泛
第四代	1972—至今	大规模、超大规模集成电路	半导体存储器	体积、重量最小，性能上升	几百万~几亿次/秒	应用到各领域

三、计算机的发展趋势

现在计算机还在日新月异地发展，人们普遍认为，新一代计算机应该是智能型的，它能模拟人类日常的智能行为，理解人类自然语言，并继续向着巨型化、微型化、网络化、智能化方向发展。

【任务 2】　了解计算机的应用领域

◆任务介绍

计算机问世之初，主要用于数值计算，"计算机"也因此而得名。其具有存储容量大、处理速度快、工作全自动、可靠性高以及很强的逻辑判断能力等特点，所以被广泛应用于各种领域和行业，并渗透到人类社会的各个方面，同时也进入了普通的家庭中。

◆任务要求

要求能列举常见的计算机应用及对相应的应用分类。

◆任务解析

计算机的常见应用领域如图 4-3 所示。

◆技巧存储

计算机具有运算速度快、精度高、存储容量大、可靠性高、能进行逻辑判断、支持人机交互等特点。

◆知识拓展

计算机离人们的生活越来越近，其应用领域也越来越宽广。从工业、农业、商业、军事、银行到各类学校，从国家政府机关到每个家庭的日常生活，从上网到娱乐，计算机几乎无处不在。概括起来，计算机的用途大致可分为以下几个方面。

信息浏览

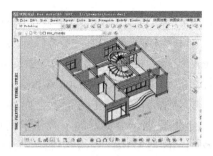
辅助设计

文字处理

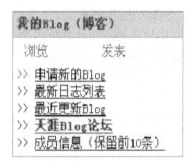
发表博客

图 4-3　计算机常见应用

1．科学计算

科学计算也称数值计算，这是计算机的重要应用领域之一。第一台计算机的研制目的就是用于弹道计算。如今的航天飞机、人造卫星、天气预报、高层建筑、大型桥梁、地震测级、地质勘探和机械设计等工程应用领域都离不开计算机的科学计算。如果没有计算机，如此巨大、繁多的计算工作量，单靠人类自身的能力是很难完成的。

2．数据处理

数据处理也是计算机应用最广泛的领域之一。所谓数据处理，就是使用计算机对生产和经营活动、社会科学研究中的大量信息进行收集、转换、分类、统计、处理、存储传输和输出的处理。数据处理是一切信息管理、辅助决策系统的基础，各类管理信息系统、决策支持系统、专家系统以及办公自动化系统都属于数据处理的范畴。

3．实时控制

实时控制系统是指能够及时收集、检测数据，进行快速处理并自动控制被处理的对象操作的计算机系统。采用计算机进行过程控制，不仅可以大大提高控制的自动化水平，而且可以提高控制的及时性和准确性，从而改善劳动条件、提高产品质量。计算机过程控制已在机械、冶金、化工、航天等部门得到广泛的应用。

4．计算机辅助系统

计算机辅助设计(Computer Aided Design，CAD)就是设计人员使用计算机辅助开展设计工作。由于计算机有快速的数值计算、较强的数据处理以及模拟的能力，辅助设计系统配有专门的计算程序用来帮助设计人员完成复杂的计算，配有专业绘图软件用来协助设计人员绘制设计图纸，使 CAD 技术得到广泛应用。采用计算机辅助设计后，不但降低了设计人员的工作量，提高了设计的速度，更重要的是提高了设计的质量。

计算机辅助制造(Computer Aided Manufacturing，CAM)是用计算机进行生产设备的管理、控制和操作的过程。计算机辅助设计的产品，可以直接通过专门的加工制造设备自动生产出来。使用 CAM 技术可以提高产品的质量，降低成本，缩短生产周期。

计算机辅助教学(Computer Aided Instruction，CAI)是在计算机辅助下进行的各种教学活动，以对话方式与学生讨论教学内容、安排教学进程、进行教学训练的方法与技术。CAI 为学生提供一个良好的个人化学习环境，综合应用计算机的多媒体、超文本、人工智能及知识库等技术，克服传统教学方式单一、片面的缺点，能有效地缩短学习时间、提高教学质量和教学效率，实现最优化的教学目标。

5．多媒体技术应用

多媒体技术是利用计算机技术将多媒体信息(文字、图像、动画、音频、视频等)交互混合，建立逻辑连接，从而集成一个具有交互性的系统，使计算机具有表现、处理、存储多媒体信息的综合能力和交互能力，以计算机技术为核心，具有人机交互的特点。

6．网络与通信

计算机网络是现代计算机技术与通信技术高度发展并密切结合的产物。它是利用通信设备和线路将地理位置不同、功能独立的多个计算机系统互联起来，在功能完善的网络软件控制下实现网络中资源共享和信息传递的系统。

计算机通信几乎就是现代通信的代名词，如目前发展势头已经超过传统固定电话的移动通信就是基于计算机技术的通信方式。

7．数字娱乐

使用计算机的过程同时也是学习的过程。不仅如此，用户还可以利用计算机通过多媒体、视频教学、在线教程、电子书籍、学习软件等进行学习。合理地利用计算机，它将成为用户学习道路上的好朋友。学习之余，计算机也能为用户带来欢乐。它的娱乐功能也是非常强大的，除了能播放电影、欣赏音乐外，也有各种各样的游戏软件供用户选择。如果厌倦了一个人的游戏，用户也可以选择网络游戏与其他网络用户进行沟通与交流。

8．人工智能方面的研究和应用

人工智能(简称 AI)是指计算机模拟人类某些智力行为的理论、技术和应用。人工智能是计算机应用的一个新的领域，这方面的研究和应用正处于发展阶段，在医疗诊断、定理证明、语言翻译、机器人等方面，已有了显着的成效。

项目五 了解计算机系统的基本组成

【学习要点】
■任务 1 了解计算机的硬件系统
■任务 2 了解计算机的软件系统

计算机系统包括硬件系统和软件系统两大部分，两者互相依存，缺一不可。硬件系统是计算机的物质基础，是计算机的实体，是软件存放和执行的物理场所。而软件系统则是发挥计算机功能的关键，指挥硬件来完成各种用户给出的指令。没有安装软件的计算机称为裸机，不能做任何有意义的工作。

【任务 1】 了解计算机的硬件系统

◆任务介绍

了解冯·诺依曼原理后，打开计算机的机箱盖板，可以看到全部部件，我们来了解各部件的功能。

◆任务要求

要求了解一台计算机的配置，熟悉各部件及其功能。

◆任务解析

一、启动设备管理器

(1) 把鼠标指针 ▷ 指向"计算机"，右击该图标打开快捷菜单。

(2) 用鼠标指针 ▷ 单击"管理"命令，打开"计算机管理"窗口。

(3) 用鼠标指针 ▷ 单击窗口左窗格的"设备管理器"选项，右窗格显示计算机硬件配置。此时屏幕如图 5-1 所示。

图 5-1 "计算机管理"窗口

二、主要硬件设备

主板是计算机最基本、最重要的部件之一。一般为矩形电路板，是计算机最大的一块集成电路板，上面安装了组成计算机的主要电路系统，一般有 BIOS 芯片、I/O 控制芯片、CPU 插座、内存条插槽、键盘和鼠标接口、USB 接口及各种扩充插槽等组件，如图 5-2 所示。各种部件通过主板相连接。

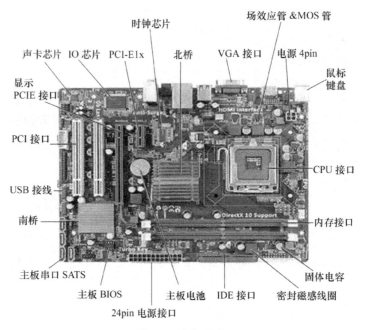

图 5-2　主板图片

CPU(Central Processing Unit)意为中央处理单元，又称中央处理器。CPU 由控制器、运算器和寄存器组成，通常集中在一块芯片上，是计算机系统的核心设备，如图 5-3 所示。计算机以 CPU 为中心，输入和输出设备与存储器之间的数据传输和处理都通过 CPU 来控制执行。微型计算机的中央处理器又称为微处理器。

内存储器是计算机的主存，用来存放执行中的程序和处理中的数据，如图 5-4 所示。常用内存分为随机存储器(RAM)和只读存储器(ROM)两类。随机存储器的特点是存储的信息既可以读出，又可以向内写入信息，断电后信息全部丢失。只读存储器的特点是只能读出原有的信息，不能由用户写入新内容，其存储的信息是由厂家一次性写入的，并永久保存下来，断电后也不会丢失。

图 5-3　CPU 图片

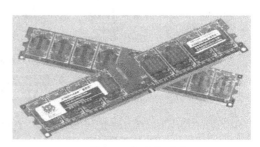

图 5-4　内存条图片

三、其他硬件设备

显卡(见图 5-5)与显示器相连接，构成完整的显示系统，用于显示输出。

声卡(见图 5-6)与音箱或耳机相连接，构成完整的声音系统，用于声音的输出。

网卡(见图 5-7)是计算机网络中最基本的连接设备之一，计算机主要通过网卡接入网络。

 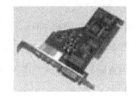 

图 5-5　显卡图片　　　　　图 5-6　声卡图片　　　　　图 5-7　网卡图片

硬盘(见图 5-8)与硬盘驱动器封装在一起，是计算机最重要的外部存储设备，用于存储数据、程序及数据的交换与暂存。

光盘驱动器(见图 5-9)是用来读取光盘上存储信息的设备。

键盘和鼠标(见图 5-10)是计算机中最重要的输入设备，用于数据的输入。

图 5-8　硬盘图片　　　　　图 5-9　光驱图片　　　　　图 5-10　键盘与鼠标图片

◆技巧存储

如何保护硬件：硬盘最忌震动；主板最忌静电和形变；内存最忌超频；CPU 最忌高温和高电压；光驱最忌灰尘和震动。

计算机主要技术指标：字长(一次能并行处理的二进制位数)、主频(计算机中 CPU 的时钟周期，单位是兆赫兹 MHz 或吉赫兹 GHz)、运算速度(计算机每秒所能执行指令的数目，单位 MIPS)、存储容量(包括主存和辅存容量，主要指内存容量)、存储周期(存储器进行一次完整的存取操作所需的时间)。

◆知识拓展

硬件是组成计算机的各种物理设备，包括中央处理器、存储设备、输入设备、输出设备等，总的来说，可以把一台计算机分为主机和外部设备。

一、中央处理器

中央处理器简称 CPU，它是计算机内部完成指令读出、解释和执行的重要部件，是计算机的心脏。它由运算器、控制器组成。

运算器(ALU)是计算机对数据进行加工处理的中心，它主要由算术逻辑部件、寄存器组和状态寄存器组成。ALU 主要任务是执行各种算术运算和逻辑运算。计算机所完成的全部运算都是在运算器中进行的。根据指令所规定的寻址方式，运算器从存储器或寄存器中取得操作数，进行计算后，送回到指令所指定的寄存器中。

控制器(CU)是计算机的控制中心，它负责对指令进行解析，并根据解析结果对计算机的各个部件进行控制，统一指挥计算机工作。它通常由指令部件、时序部件和控制部件组成。

二、存储器

存储器是计算机中存放所有数据和程序的记忆部件，它的基本功能是按指定的地址存(写)入或者取(读)出信息。计算机中的存储器可分成两大类：内存储器和外存储器。

1. 内存储器

即内存或主存，用来存放执行中的程序和处理中的数据。内存和 CPU 相连，它的存储速度比外存储器速度快得多。主存和 CPU 组合起来可以实现计算机的基本功能，故称它们为主机。内存分为随机存储器(RAM)和只读存储器(ROM)两类，如表 5-1 所示。

表 5-1　内存类型及特点

内存类型	RAM 存储器和 ROM 存储器中各类型的比较		RAM 和 ROM 之间的比较
RAM	动态 RAM 的特点是价格低、集成度高、存取速度慢、需要刷新	静态 RAM 的特点是价格高、集成度低、存取速度快、不需要刷新，常用于 Cache	①用以存放用户的程序和数据；②信息可随机地读出及写入，断电后信息会消失
ROM	①普通的 ROM，又称掩膜 ROM；②可编程 ROM(PROM)；③可擦除 PROM(EPROM)；④电可擦写 ROM(EEROM)		①用以存放固定的程序(BIOS)；②出厂时由厂家预先写入 BIOS，要改变它只能用特殊方法；③断电后，BIOS 不会消失

2. 外存储器

即外存或辅存，用于存储暂时不用的数据和程序，属于永久性存储器，当需要使用数据时应先将其调入内存。外存储器的存储容量大，断电后可以长期保存信息。常用外存有硬盘、软盘、光盘、移动存储设备等，分别如图 5-11～图 5-14 所示，其特点分别如表 5-2 所示。

图 5-11　硬盘　　　　图 5-12　软盘　　　　图 5-13　光盘　　　　图 5-14　U 盘

表 5-2　外存类型及特点

外存储器类别	特　　点
硬盘	封装性好、可靠性高、容量大、转速快、存取速度高，但不便携带
软盘	软盘上带有写保护口，小巧、便于携带，因容量小现在一般很少采用
光盘	存储容量大、价格低、不怕磁性干扰、存取速度快，如 DVD 光盘
USB 移动硬盘	体积小、重量轻、容量大、存取速度快
USB U 盘	重量轻、体积小、使用方便

三、输入设备

输入设备可以将外部信息(如文字、数字、声音、图像、程序、指令等)转变为数据输入到计算机中，以便进行加工、处理等操作。输入设备是用户和计算机系统之间进行信息交换的主要装置之一。键盘、鼠标、摄像头、扫描仪、光笔、手写输入板、游戏杆、语音输入装置等都属于输入设备。

键盘是向计算机发布命令和输入数据的重要输入设备，按其与主机连接接口不同分有PS/2、USB 和无线键盘三种，键盘 PS/2 接口为淡紫色。常用键盘的布局如图 5-15 所示。

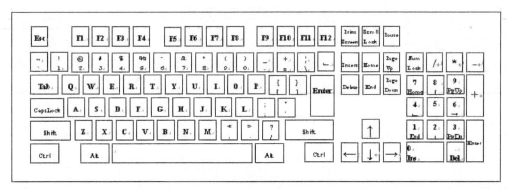

图 5-15 常用的键盘布局图

主键盘区包括字母键(26 个字母键，分布在第 2、3、4 排，通过转换可以有大小写两种状态)、数字键(0~9 共 10 个键位，有些键是双字符键，通过 Shift 键切换)、主键盘功能键，主键盘各功能键如表 5-3 所示。

表 5-3 主键盘区功能键

符号键	名称	功　　能
Ctrl	控制键	该键常与其他键配合使用，起某种控制作用
Alt	控制键	该键常与其他键配合使用，起某种转换或控制作用
Shift	换挡键	按下该键不放，再单击某键，则输入上挡符号，不按则输入下挡符号
Tab	制表定位键	在某些软件中，按下此键光标移动到预定的下一位置
Caps Lock	大小写锁定键	是一个开关键，按一次为大写形式，再按一次为小写形式
Backspace(←)	退格键	该键是删除光标位置左边的一个字符，并使光标左移一个字符位置
Enter	回车键	按此键后，输入的命令才被接受和执行，在文字处理软件中，起换行作用

编辑键区位于主键盘区与小键盘区，通常是与编辑操作有关的功能，如表 5-4 所示。

表 5-4 编辑键区功能键

符号键	名称	功　　能
Del	删除键	单击此键，当前光标位置之后的一个字符被删除，右边的字符依次左移
Insert	插入/改写	该键是开关键，将编辑状态在插入方式或改写方式间切换
Home		在编辑状态下将光标定位于行首

45

符号键	名称	功　能
End		在编辑状态下将光标定位于行尾
Page Up	上翻一页	单击此键，可使屏幕向上翻一页
Page Down	下翻一页	单击此键，可使屏幕向下翻一页

小键盘区位于键盘最右边，便于快速输入数字，如表5-5所示。

表 5-5　小键盘区功能键

符号键	名称	功　能
Num Lock	数字锁定键	单击此键，Num Lock 指示灯亮，起输入数字用；若再按一次此键，指示灯熄灭，起移动光标用

功能键区位于键盘最上一排，其中 F1~F12 称为自定义功能键，不同软件里被赋予不同的功能，如表5-6所示。

表 5-6　功能键区功能键

符号键	名称	功　能
Esc	退出键	该键常用于取消当前的操作，退出当前程序或退回到上一级菜单
Print Screen SysRq	打印屏幕键	单用或与 Alt 键配合使用，将屏幕上显示的内容保存到剪贴板
Scroll Lock	屏幕暂停键	该键一般用于将滚动的屏幕显示暂停
Pause Break	中断键	暂停或与 Ctrl 配合使用，中断程序的运行

鼠标是一种屏幕坐标定位设备，鼠标的接口也有 PS/2、USB 和无线三种，其中 PS/2 接口为浅绿色。常用的鼠标有机械式和光电式两种。

摄像头是一种数字视频的输入设备，主要用于视频聊天和网络会议，其重要性能参数是像素。常见的鼠标和摄像头外形如图5-16所示。

扫描仪是一种将文稿、图纸、图像等平面素材以图片的形式扫描保存到计算机中的输入设备。图5-17所示的是一种常见的家用平板扫描仪。

图 5-16　鼠标和摄像头　　　　　　图 5-17　扫描仪

四、输出设备

输出设备将计算机内的二进制形式存储的数据转换成人们习惯的文字、图形、声音等形式并输出。常见的输出设备有显示器、打印机、绘图仪等。

显示器是重要的输出设备，主要有阴极射线管(CRT)和液晶(LCD)显示器两类，如图 5-18 所示。

图 5-18　CRT 与 LCD 显示器

打印机是用来打印文字或图片的设备，是办公自动化必不可少的输出设备之一。常见有针式、喷墨和激光打印机三类，如图 5-19 所示。

针式打印机　　　　　　　喷墨打印机　　　　　　　激光打印机

图 5-19　打印机

现代计算机普遍采用总线结构。总线(BUS)是系统部件之间传递信息的公共通道，各部件由总线连接并通过它传递数据和控制信号。根据所连接部件的不同，总线可分为内部总线和系统总线。内部总线是同一部件内部控制器、运算器和各寄存器之间连接的总线。系统总线是同一台计算机的各部件之间相互连接的总线，系统总线又分为数据总线(DB)、地址总线(AB)和控制总线(CB)，分别用来传递数据、地址和控制信号。

【任务 2】　了解计算机的软件系统

◆任务介绍

软件是指运行在计算机硬件上的程序、运行程序所需的数据和相关文档的总称。程序就是根据所要解决问题的具体步骤编制而成的指令序列。当程序运行时，它的每条指令依次指挥计算机硬件完成一个简单的操作，通过这一系列简单操作的组合，最终完成指定的任务。软件是计算机系统发挥强大功能的灵魂。

◆任务要求

要求熟悉一些 Windows XP 自带的软件。

◆任务解析

一、命令提示符

(1) 执行"开始/所有程序/附件"下的"命令提示符"命令，启动命令提示符应用程序窗口，如图 5-20 所示。

(2) 在光标闪动处输入相关命令可进行相关操作。如"ipconfig/all"可查看本机的网络地址等信息。

提示："命令提示符"窗口是模拟 DOS 操作系统的界面。

二、记事本

(1) 打开"开始 / 所有程序 / 附件"下的"记事本"命令，启动记事本应用程序，如图 5-21 所示。

图 5-20 "命令提示符"窗口

图 5-21 "记事本"窗口

(2) 在记事本窗口中输入"计算机应用基础"后，单击"文件"菜单下的"保存"命令，输入文件名后单击"确定"按钮完成保存文件操作。

三、画图

(1) 按下键盘上的<PrintScreen>键，然后执行"开始 / 所有程序 / 附件"下的"画图"命令，启动画图应用程序，选择"编辑 / 粘贴"，桌面以图片的形式出现在画图编辑区中，处于可编辑状态，如图 5-22 所示。

图 5-22 "画图"窗口

(2) 在画图窗口中单击"文件"菜单下的"保存"命令，输入文件名后确定。

◆技巧存储

在"开始"菜单的"运行"对话框中输入：

48

(1)"cmd"命令可启动"命令提示符"窗口;

(2)"notepad"命令可启动"记事本"程序;

(3)"mspaint"命令可启动"画图"程序。

◆知识拓展

软件是在硬件设备上运行的各种计算机数据和指令的集合。软件包括在硬件设备上运行的计算机程序、数据和有关的技术资料文档。软件系统可分为系统软件和应用软件两大类。

一、系统软件

系统软件是指用于计算机系统内部的管理、控制和维护计算机各种资源的软件,是支持应用软件的平台。系统软件包括操作系统、语言处理系统、编译和解译系统、数据库管理系统等。

1. 操作系统

操作系统是最基本的系统软件,它直接管理和控制计算机硬件及软件资源,是用户和计算机之间的接口,提供给用户友好的操作计算机的环境。

2. 语言处理系统

计算机语言是人们根据描述实际问题的需要而设计的、用于书写计算机程序的语言。程序设计语言就是人们设计出来的能让计算机读懂并且能完成某特定事情的语言。程序设计语言从低级到高级依次为机器语言、汇编语言、高级语言三类。

机器语言(Machine Language)是以二进制代码形式表示的机器基本指令的集合。它的特点是运算速度快,每条指令都是 0 和 1 的组合,不同计算机的机器语言均不同,这种语言难阅读、难修改、难移植。

汇编语言(Assemble Language)是为了解决机器语言难于理解和记忆,用易于理解和记忆的名称和符号表示的机器指令。汇编语言虽比机器语言直观,但基本上还是一条指令对应一种基本操作,对同一问题编写的程序在不同类型的机器上仍然是互不通用。汇编语言必须经过语言处理程序(汇编程序)的翻译才能被计算机识别。

高级语言(High Level Language)是人们为了解决低语言的不足而设计的程序设计语言。它由一些接近于自然语言和数学语言的语句组成,易学、易用、易维护。但是由于机器硬件不能直接识别高级语言中的语句,因此必须经过"翻译程序",将用高级语言编写的程序翻译成机器语言的程序才能执行。一般说来,用高级语言来编程效率高,较方便,但执行速度没有低级语言高。高级语言必须经过语言处理程序(编译程序等)的翻译才能被计算机识别。目前最常用的高级语言有 C 语言、C++、C#、Java、Basic 等。

除机器语言外,采用其他程序设计语言编写的程序,计算机都不能直接识别其指令,这种程序称为源程序,必须把源程序翻译成等价的机器语言程序,即计算机能识别的 0 与 1 的组合,承担翻译工作的即为语言处理程序。语言处理程序是把源程序翻译成与之等价的另一种语言表示的程序,其工作方法有解释和编译两种。解释是将源程序逐句翻译、逐句执行的方式。编译是将高级语言源程序整个编译成目标程序,然后通过链接程序将目标程序链接成可执行程序的方式。

二、应用软件

应用软件是用户利用计算机及其提供的系统软件为解决各种实际问题而编制的计算

机软件，比较常见的应用软件有如下几类。

1．办公软件

办公软件是日常办公所使用到的一些软件，它一般包括文字处理软件、电子表格处理软件、演示文稿制作软件、个人数据库、个人信息管理软件等。常见的办公软件有美国微软公司开发的 Microsoft Office 和中国金山公司开发的 WPS 等。

2．多媒体处理软件

多媒体是指能够同时对两种或两种以上媒体进行采集、操作、编辑、存储等综合处理的技术，集声音、图像、文字、视频于一体。多媒体处理软件主要包括图形图像处理软件、音视频处理软件、动画制作软件等，如 Adobe 公司开发的 PhotoShop 等。

3．Internet 工具软件

随着计算机网络技术的发展和 Internet 的普及，涌现了许多基于 Internet 环境的应用软件，如 Web 服务及浏览软件、文件传送工具 FTP、远程访问工具 Telnet、下载工具 FlashGet 等。

项目六　了解数制及信息编码

【学习要点】
- ■任务 1　了解计算机中的数制
- ■任务 2　数制间的转换
- ■任务 3　了解常见的信息编码

【任务 1】　了解计算机中的数制

◆任务介绍

人们在生产实践和日常生活中创造了多种表示数的方法，这些数的表示规则称为数制。如常用的十进制，钟表计时中使用的一小时等于六十分钟，一分钟等于六十秒的六十进制。计算机内部均用二进制数来表示各种信息。二进制只有"1"和"0"两个数，相对于十进制，不但运算简单、易于物理实现、通用性强，而且所占用的空间和消耗的能量小，机器可靠性高。

◆任务要求

理解十进制、二进制、八进制、十六进制对照表和各种信息转换过程。

◆任务解析

一、数制

用一组固定的数字和一套统一的规则来表示数值的方法叫数制。如常用的十进制数，用0、1、2、3、4、5、6、7、8、9 十个数码来表示数值。按照进位方式计数的数制叫作进位计数制，计算机中常用的数制有二进制、八进制、十进制和十六进制等，如表6-1 所示。

表6-1　常见的数制数值对照表

十进制	二进制	八进制	十六进制	十进制	二进制	八进制	十六进制
0	0000	0	0	8	1000	10	8
1	0001	1	1	9	1001	11	9
2	0010	2	2	10	1010	12	A
3	0011	3	3	11	1011	13	B
4	0100	4	4	12	1100	14	C
5	0101	5	5	13	1101	15	D
6	0110	6	6	14	1110	16	E
7	0111	7	7	15	1111	17	F

二、各种信息的转换过程

计算机要进行处理信息时，首先通过输入设备把各种信息数据进行编码输入，处理结束后再通过输出设备进行"还原"输出，信息数据的转换过程如图 6-1 所示。

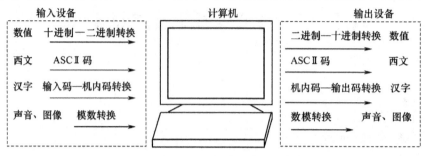

图 6-1　信息转换过程

◆ 技巧存储

计算机中的数据包括数值数据和非数值数据，数值数据有量的大小，而非数值数据是字符、声音、图形以及动画等，所有类型的数据在计算机中都是通过使用二进制形式来表示和存储的。每一个二进制数都是用一连串电子器件的"0"或"1"状态表示。计算机常用的存储单位有位、字节和字。

位(bit)：一个二进制位称为比特，用 b 表示，是计算机中存储数据的最小单位。一个二进制位只能表示 0 或 1 两种状态。

字节(Byte)：八个二进制位称为一个字节，通常用 B 表示，字节是计算机存储与处理数据的基本单位。

计算机存储容量的大小是用字节的多少来衡量的，通常使用的衡量单位是 B、KB、MB、GB 或 TB，其中 B 代表字节，这些衡量单位之间的换算关系如下：

1B=8bit

1KB=1024B

1MB=1024KB

1GB=1024MB

1TB=1024GB

字(Word)：一个字由若干个字节组成 (通常取字节的整数倍)，是计算机一次存取、加工和传送的数据长度，也是衡量计算机精度和运算速度的主要技术指标，字长越长，性能越好。计算机型号不同，其字长也不同，常用的字长有 8 位、16 位、32 位和 64 位。

◆ 知识拓展

数制是使用一组统一的字符和规则来表示数的方法。数制的种类很多，但在日常生活中，人们习惯使用十进制，所谓十进制，就是逢十进一。除十进制外，有时还使用十二进制、六十进制，比如一年等于十二个月，即逢十二进一。一小时等于六十分，一分钟等于六十秒，即逢六十进一，这是六十进制。在计算机中处理的数据是采用二进制，有时为书写方便也常用八进制和十六进制。

基数：一组固定不变的不重复数字的个数。如：二进制数基数是 2，十进制数基数为 10。

位权：某个位置上的数代表的数量大小。表示此数在整个数中所占的份量(权重)。数位是指数码在一个数中所处的位置。

数值通过不同进制进行表示时，需要遵循相应的规则，常见的进制表现规则如表6-2所示。

表6-2 数值的不同进制表现规则

进位制	十进制	二进制	八进制	十六进制
数 码	0, 1, 2, ..., 9	0, 1	0, 1, 2, ..., 7	0, 1, ..., 9, A, B, C, D, E, F
规 则	逢十进一	逢二进一	逢八进一	逢十六进一
基数 R	10	2	8	16
位 权	10^i	2^i	8^i	16^i
表示形式	D	B	Q 或 O	H

其中：$i = (0, 1, 2, 3, ..., n)$ 为数位的编号，表示数的某一数位。

例如：二进制的4位位权值为 $2^4=16$，十六进制2位位权值为 $16^2=256$。

每种进制数有各自的表示形式。例如：110D 为十进制数、110B 为二进制数、110Q 为八进制数、110H 为十六进制数。

【任务2】 数制间的转换

◆任务介绍

计算器处理的信息和数据都是二进制数，二进制数与我们日常生活中接触最多的十进制数之间可以进行转换。

◆任务要求

学习十进制与二进制之间的转换。

◆任务解析

一、十进制数转换成二进制数(见图6-2)

(1) 整数部分是不断地除以2，然后采用倒取余数的方法。小数部分是不断地乘以2，采用顺取整数的方法。

(2) 不同进制转换时，整数对应整数，小数对应小数。

$$(241.25)_{10} = (11110001.01)_2$$

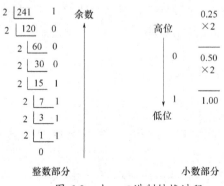

图6-2 十—二进制转换过程

二、二进制数转换成十进制数

二进制数转换成十进制数过程如下：

$(1101.011)_2 = (13.375)_{10}$

$(1101.011)_2 = 1×2^3 + 1×2^2 + 0×2^1 + 1×2^0 + 0×2^{-1} + 1×2^{-2} + 1×2^{-3} = (13.375)_{10}$

按权展开后，相加即得。

◆ **技巧存储**

十进制转换为二进制，整数采取除 2 倒取余数，小数采取乘二取整方法；推广开来，十进制转换为其他进制也可采取此法，如十进制转换为八进制，整数可除八倒取余，小数乘八取整；十进制转换为十六进制，整数可除十六倒取余，小数乘十六取整方法。

◆ **知识拓展**

二、八、十六进制之间的相互转换

由于二、八、十六进制之间存在这样一种关系：$2^3=8$，$2^4=16$。所以，每位八进制数相当于 3 位二进制数，每位十六进制数相当于 4 位二进制数，在转换时，位组划分是以小数点为中心向左右两边延伸，中间的 0 不能省略，两头位数不足时可补 0。

例如：$(24.53)_8 = (?)_2$

$$\begin{matrix} 2 & 4 & . & 5 & 3 \\ 010 & 100 & . & 101 & 011 \end{matrix}$$

计算结果：$(24.53)_8 = (10100.101011)_2$。

又如，$(11010010110)_2 = (?)_{16}$

$$\begin{matrix} 0110 & 1001 & 0110 \\ 6 & 9 & 6 \end{matrix}$$

计算结果：$(11010010110)_2 = (696)_{16}$。

【任务3】 了解常见的信息编码

◆ **任务介绍**

在计算器处理的各种信息中，文字信息占有很大的比重。对文字的处理即是对字符的处理。为了能够对字符进行识别和处理，各种字符在计算器内一律用二进制编码来表示，每一个字符和一个确定的编码相对应。

◆ **任务要求**

识读 ASCII 码，了解其编码规律。

◆ **任务解析**

认识 ASCII 码(见表 6-3)：

(1) 最小的字符是 NUL(空格键)，最大的字符是 DEL(删除键)。

(2) 数字<大写字母<小写字母。

(3) 小写字母=大写字母+$(100000)_2$，即小写字母=大写字母+$(32)_{10}$。

表 6-3 常见字符的 ASCII 码表

$b_4b_3b_2b_1$ \ $b_7b_6b_5$	000 (0)	001 (1)	010 (2)	011 (3)	100 (4)	101 (5)	110 (6)	111 (7)
0000(0)	NUL	DLE	SP	0	@	P	`	p
0001(1)	SOH	DC1	!	1	A	Q	a	q
0010(2)	STX	DC2	"	2	B	R	b	r
0011(3)	ETX	DC3	#	3	C	S	c	s
0100(4)	EOT	DE4	$	4	D	T	d	t
0101(5)	ENQ	NAK	%	5	E	U	e	u
0110(6)	ACK	SYN	&	6	F	V	f	v
0111(7)	BEL	ETB	`	7	G	W	g	w
1000(8)	BS	CAN	(	8	H	X	h	x
1001(9)	HT	EM	)	9	I	Y	i	y
1010(A)	LF	SUB	*	:	J	Z	j	z
1011(B)	VT	ESC	+	;	K	[	k	{
1100(C)	FF	FS	,	<	L	\	l	|
1101(D)	CR	GS	-	=	M	]	m	}
1110(E)	SO	RS	.	>	M	^	n	~
1111(F)	SI	US	/	?	O	-	o	DEL

◆ **技巧存储**

计算机内部用一个字节(8 个二进制位)存放一个 7 位 ASCII 码，最高位置为 0。内存按字节来编排地址，内存每一个存储单元即为一个字节，可以存储一个 ASCII 码字符。

◆ **知识拓展**

一、西文字符编码

计算机中的信息都是用二进制编码表示的，用以表示字符的二进制编码称为字符编码。计算机中最常用的字符编码是 ASCII 编码，即 American Standard Code for Information Interchange (美国国家标准信息交换码)，被国际标准化组织指定为国标标准。ASCII 码有 7 位码和 8 位码两种版本。国际通用的是 7 位 ASCII 码，用 7 位二进制数表示一个字符的编码，共有 $2^7=128$ 个不同的编码值，相应可以表示 128 个不同字符编码。

ASCII 码用 7 位二进制数表示一个字符，排列顺序为 $b_7b_6b_5b_4b_3b_2b_1$，并且规定用一个字节的低 7 位表示字符编码，最高位恒为 0。7 位二进制数共可以表示 128 个字符，这些字符包括 26 个大写英文字母、26 个小写英文字母、10 个十进制数字、32 个标点符号、运算符、专用字符以及 34 个通用控制字符。

例如："CR"符的 ASCII 码的十六进制为"0DH"，"LF"符的 ASCII 码的十六进制为"0AH"，"SP"符的 ASCII 码的十六进制为"20H"，"9"的 ASCII 码的十六进制为"39H"，"A"的 ASCII 码的十六进制为"41H"等。

二、中文字符编码

每个国家使用计算机都要处理本国语言。1980 年我国颁布了《信息交换用汉字编码字符集—基本集》，即国家标准 GB2312—80。共收集汉字 6763 个，分为两级。第一级 3755 个汉字，属常用汉字，按汉字拼音字母顺序排列。第二级 3008 个汉字，属次常用汉字，按部首排列。

1．汉字外部码

汉字外部码又称为汉字输入码，是指从键盘上输入汉字时采用的编码。目前广泛使用的汉字输入编码有很多种。

(1) 以汉字读音为基础的拼音码，如全拼输入法、搜狗输入法、智能 ABC 输入法等；

(2) 以汉字字形为基础的字形码，如五笔字形输入法；

(3) 音形码，综合拼音码和字形码的特点，如自然码等；

(4) 数字码，如区位码、电报码、内码等。

不同的汉字输入方法有不同的外码，但内码只能有一个。好的输入方法应具备规则简单、操作方便、容易记忆、重码率低、速度快等特点。

2．汉字国标码

GB2312—80 编码简称国标码。由于汉字数量大，无法用一个字节进行编码，因此使用两个字节对汉字进行编码。规定两个字节的最高位用来区分 ASCII 码。这样国标码用两个字节的低 7 位对汉字进行编码。

ASCII 码：　| 0 | ASCII 码低 7 位 |

国标码：　| 0 | 国际码第一字节低 7 位 | 0 | 国标码第二字节低 7 位 |

3．汉字内码

国标码是用两个字节(高位为 0)来表示，为便于计算机能正确区分汉字字符与英文字符，在国标码加上 8080H(即将两字节的最高位 0 都置为 1，以示区别 ASCII 码)，就得到常用的计算机机内码。

内码是汉字在计算机内的基本表示形式，是计算机对汉字进行识别、存储、处理和传输所用的编码。内码也是双字节编码，两个字节的最高位都为"1"。计算机信息处理系统就是根据字符编码的最高位是"1"还是"0"来区分汉字字符和 ASCII 码字符的。

例如：汉字"大"的区号为 20，位号为 83，即"大"的区位码为 2083(0823H)；"大"的国标码为 2843H(0823H+2020H)，机内码为 A8C3H(2843H+8080H)。

4．汉字字形码

字形码又称汉字字模或汉字输出码，是表示汉字字形信息的编码，用来实现计算机对汉字的输出。汉字的字形通常采用点阵的方式产生。汉字点阵有 16×16 点阵、32×32 点阵、64×64 点阵，点阵不同，汉字字形码的长度也不同。点阵数越大，字形质量越高，字形码占用的字节数越多。

图 6-3 所示是"学"字的 16×16 点阵字形。黑色小正方形可以表示一个二进制位的信息"1"，白色小正方形表示二进制位的信息"0"。

例：按 32×32 点阵存放两级汉字的汉字库，大约需要占用多少字节？

解：32×32×6763÷8=865664B≈845KB

所以大约需要 845KB 的空间来存放该汉字。

各种编码之间的关系如图 6-4 所示。

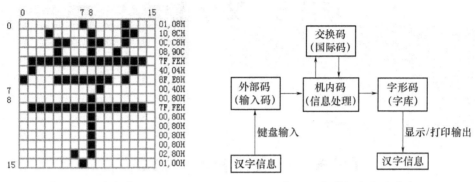

图 6-3　汉字点阵　　　　　　　　图 6-4　各种汉字编码关系

汉字字形数字化后，以二进制文件的形式存储在存储器中，构成汉字字形库或汉字字模库，简称汉字字库。它的作用是为汉字的输出设备提供字形数据。汉字字形信息的存储方法有两种：整字存储法和压缩信息存储法。

项目七 汉字输入

【学习要点】
■任务1 使用智能ABC输入
■任务2 使用五笔字形输入

【任务1】 使用智能ABC输入

◆**任务介绍**

智能ABC是Windows操作系统自带的一种汉字输入法。它是一种简单、高效、易学的，由简拼、全拼、混拼、音形和纯笔形有机结合的混合输入法。

◆**任务要求**

能熟练使用键盘，了解智能ABC输入法的启动和切换。

◆**任务解析**

一、键盘的使用

在使用键盘进行操作计算机时，科学地把双手各手指进行分工，把键盘划分为若干个区间，每个手指负责一个区间，可以有效提高手指的击键速度。常用的键盘分区如图7-1所示。

图7-1 "键盘"手指分工

二、启动智能ABC

在进行输入时，应确定先选择相应的输入法，下面以启动智能ABC输入法为例。

(1) 在桌面下端的任务栏右侧单击 ▦ 按钮，出现输入法选择菜单，如图7-2所示。

(2) 把鼠标指针 ▷ 指向"智能ABC"选项，选择智能ABC输入法，出现"智能ABC"输入法指示器，如图7-3所示。

(3) 把鼠标指针 🖑 指向"输入法指示器"按钮，单击🏧进行中英文输入的切换；单击🌙进行全半角切换；单击🏧进行中英文标点符号切换；右击🏧出现"软键盘"快捷菜单，如图 7-4 所示，可使用它进行插入特殊符号等操作。

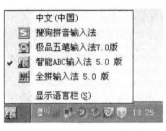

图 7-2 "输入法"菜单

图 7-3 "智能 ABC"输入法指示器

✔ PC键盘	标点符号
希腊字母	数字序号
俄文字母	数学符号
注音符号	单位符号
拼　音	制表符
日文平假名	特殊符号
日文片假名	

图 7-4 "软键盘"快捷菜单

◆技巧存储

输入法的键盘快捷切换方法：

(1) 中英文切换：<Ctrl+Space (空格)>。

(2) 输入法之间循环切换：<Ctrl+Shift>。

(3) 全半角切换：<Shift+Space(空格)>。

(4) 中英文标点符号切换：<Ctrl+·>。

◆知识拓展

智能 ABC 输入法(又称标准输入法)是中文 Windows 操作系统自带的一种汉字输入方法。它简单易学、快速灵活，受到用户的青睐。但是在日常使用中，许多用户并没有真正掌握这种输入法，而仅仅是将其作为拼音输入法的翻版来使用，使其强大的功能与便利远未能得到充分的发挥。

1．根据实际需要选择合适的输入方式

如果你拼音不错，键盘也熟练，可以采用标准变换方式，输入过程以全拼为主，其他方式为辅。如果你对拼音不熟，而且有方言口音则建议以简拼加笔形的方式为主，辅之以其他方法。完全不懂拼音，只能按笔形输入。

不要完全局限于某一种方式，而应根据自己的特点选择采用多种输入方式，这样才能够充分利用智能 ABC 的智能特色。

2．简拼与混拼相结合

简拼的规则为取各个音节的第一个字母输入。对于包含 zh、ch、sh(知、吃、诗)的音节，也可以取前两个字母组成。混拼输入是两个音节以上的拼音码，有的音节全拼，有的音节简拼。例如：词汇"战争"，全拼码为"zhanzheng"，简拼码为"zhzh"或"zhz"、"zzh"、"zz"，混拼码为"zhanzh"或"zzheng"等。

3．把握按词输入的规律

建立比较明确的"词"的概念，尽量地按词、词组、短语输入。最常用的双音节词可以用简拼输入，一般常用词可采取混拼或者简拼加笔形描述。

注意：少量双音节词，特别是简拼为"zz、yy、ss、jj"等结构的词，需要在全拼基础上增加笔形描述。比如：输入"自主"时，如果键入"zz"，要翻好多页才能找到这个词，如果键入"ziz"，就可以直接选择该条目，如果键入"zizhu"，那么直接敲空格键就行了。

重码高的单字，特别是"yi、ji、qi、shi、zhi"等音节的单字，可以全拼加笔形输入。比如：要输入"师"，可以键入"shi2"，重码数量大大减少。

4．中文数量词简化输入

智能 ABC 提供阿拉伯数字和中文大小写数字的转换能力，对一些常用量词也可简化输入。"i"为输入小写中文数字的前导字符。"I"为输入大写中文数字的前导字符。

例如：输入"i3"，则键入"三"；输入"I3"，则键入"叁"。

如果输入"i"或"I"后直接按中文标点符号键，则转换为"一"+该标点或"壹"+该标点。例如：输入"i3\"，则键入"三、"；输入"I3\"，则键入"叁、"。

5．V 键的用处

(1) 代表韵母"鱼"(汉语拼音字母"U"上面加二点)，如"女"(NV)、"吕"(LV)等。

(2) 在输入中文状态下，临时需要输入英文字母时，可以先打 V，然后输入英文字母，再按空格键，上屏的则都是英文字母。

(3) V 键分别加 1 至 9 的数字键，即可以得到输入各种特殊符号的效果(即 GB—2312 字符集 1～9 区的各种符号)。

【任务 2】 使用五笔字形输入

◆任务介绍

五笔字形输入法是采用汉字的字形信息进行编码，最为直观，使用非常普遍。掌握五笔输入法的基本输入规则并使用该输入法输入单字和词组。

◆任务要求

识记五笔输入法的基本输入规则和利用一级简码、词组输入。

◆任务解析

一、五笔字形输入法基本输入规则

(1) 应根据图 7-5 所示，熟记字根记忆口诀。

(2) 根据横、竖、撇、捺、折五种基本笔画，将键盘分为 5 个区域，每个键位上的第一个字根称为"键名字"，其输入规则：连续敲击该键名字所在键位四下。

(3) 成字字根是字根总表之中键名以外自身也是汉字的字根。其输入规则：键名码+首笔码+次笔码+末笔码。不足 4 键时补空格。

(4) 键外字是指"字根总表"上没有的汉字，由多个字根组合而成。其输入规则：取其一、二、三、末四个字根的码组成键外字的输入码。不足 4 个字根的汉字，在末尾需补一个字形识别码。

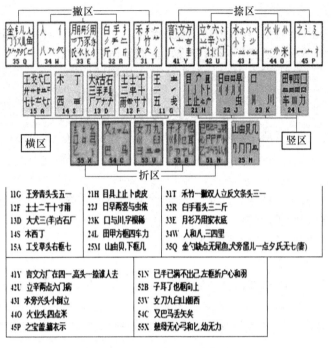

图 7-5 "字根"总表

二、一级简码输入

一级简码(25 个)的击键方法是：按一次字根键后再打一个空格键就可以得到一个汉字，这个汉字就叫一级简码，如图7-6所示。

三、在记事本中输入汉字

(1) 单击"开始"按钮，打开"开始"菜单，执行"程序/附件/记事本"按钮，出现记事本窗口。

(2) 单击▦按钮，出现输入法选择菜单，选择五笔输入法。

(3) 在记事本窗口中输入一段文本，如图7-7所示。

工	要	在	地	一
A	S	D	F	G
上	是	中	国	同
H	J	K	L	M
我	人	有	的	和
Q	W	E	R	T
主	产	不	为	这
Y	U	I	O	P
经	以	发	了	民
X	C	V	B	N

图 7-6 "一级简码"

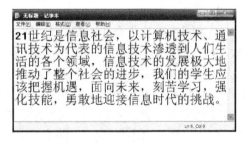

图 7-7 "记事本"窗口

◆ **技巧存储**

为了帮助用户更好地学习与使用五笔字形输入法,现将五笔字形编码口诀提供如下:

五笔字形均直观,依照笔画把码编;

键名汉字打四下,基本字根请照搬;

一二三末取四码,顺序拆分大优先;

不足四码要注意,交叉识别补后边。

汉字的书写顺序依照从左到右、从上到下、从外到内的原则。

◆ **知识拓展**

一、概述

五笔字形输入法是一种根据汉字字形进行编码的汉字输入方法。它采用汉字的字形信息进行编码,最为直观,与拼音码相比,击键次数少,重码率低。因此,五笔字形输入法是专业录入人员普遍使用的一种输入法。

二、汉字字形结构分析

五笔字形方案的研制者把汉字从结构上划分为三个层次:笔画、字根和单字。

1. 笔画

笔画是书写汉字时,一次写成的一个连续不间断的线条。每一个"笔画"就是一个楷书中连续书写不间断的线条。从书法上讲,笔画种类很多,在五笔字形中研制者把它们归纳为五种,如表 7-1 所示。

表 7-1　汉字的五种笔画

代　号	笔 画 名 称	笔 画 走 向	笔画及其变形
1	横	左→右	一
2	竖	上→下		
3	撇	右上→左下	丿
4	捺	左上→右下	、
5	折	带转折	乙

以上五种笔画的分类只按该笔画书写时的运笔方向为唯一的划分依据,而不计较它们的轻重、长短。

2. 字根

由笔画或笔画复合连线交叉而形成的一些相对不变的结构,用来作为组字的固定成分,这些结构叫作"字根"。在五笔字形中字根的大多数是传统汉字中的偏旁部首,如单立人、双立人、言字旁、金字旁、两点水、三点水等,还有一些是研制者规定的。研制者把它们归纳为 130 个基本字根,并把这些字根分布在 25 个英文字母键位上(不含 Z)。学习五笔字形时我们应该认识到:在这里,所有的汉字都要由这 130 个基本字根拼合而成,这些字根是组字的依据,也是拆字的依据,是汉字最基本的零件;组成汉字时,字根间的位置关系有四种类型,即单、散、连、交。

(1) 单:字根本身就是一个独立的汉字的情况叫"单"。在 130 个基本字根中这种情况很多,一看键盘图就可以知道。而"单"的情况又可以分为两种:一种是键位的中文键名就是一个独立的汉字(最后一个键名"纟"视为一个汉字),这种键名只有25个;另一种是键位图中除键名以外的其他独立成字的字根,称之为"成字字根",有60余个,包括五种基本笔画。在输入这些汉字时,不必将它们折分成更小的组字部分,如:车、用等。

(2) 散:几个字根共同组成一个汉字时,字根间保持了一定距离,既不相连也不相交的情况叫"散",比如:汉、字、培、训、加等字。

(3) 连:单笔画与某一基本字根相连或带点的结构叫"连",如:且、于、玉等字。值得注意的是带点的结构,这些字中的"点"与其他的基本字根并不一定相连,它们之间可能连,也可能有一些距离,但在五笔字形中都视其为相连,如:犬、勺等。

(4) 交:两个或两个以上字根交叉、套叠的结构叫"交",如:申、必、果等字。

有时,一个汉字在结构组成时能够同时出现上述4种结构中的几种情况,比如:"夷"字中的"一"和"弓"是"散"的关系,而"一"和"人"、"弓"和"人"之间却都是"交"的关系。

3.单字

由笔画和字根拼合而成的完整的汉字。有些字根本身也是一个汉字,在录入时可以直接使用。

三、基本字根及其键位

1.字根的键盘布局

把五笔字形所规定的130个字根分布在25个英文字母键上,分配方法是按字根笔画的形式划分为五个区,每个区对应五个英文字母键,每个键叫一个位。区和位都给予从1~5的编号,叫作区、位号。一区在英文键盘中间那行英文字母键的左方;二区在一区的右方;三区在一区的上方;四区在二区的上方;五区占据最下面一行英文字母键中的大部分。每一区中的位号都是从键盘中间向外侧顺序排列。每个键都是唯一的一个两位数的编号,区号作为十位数字,位号作为个位数字。每个字母都表示若干个字根。

2.字根键位安排特点

从图7-5中我们可以看出字根排列有如下一些规律:

(1) 字根的首笔代号与它所在的区号一致,也就是说,要用一个字根时,如果它的首笔是横,就在一区内查找;首笔是竖就在二区内查找等。

(2) 字根的次笔代码基本上与它所在的位号一致,也就是说,如果某字根第二笔是横,一般来说,它应在某区的第二个键位上。根据上述两点,可以帮助我们较快地找到所需字根。

(3) 有时字根的分位是依据该字根的笔画而定的。比如,横起笔区的前三位就分别放有字根"一、二、三",类似的竖起笔前三位分别放有一竖、两竖、三竖等。

(4) 个别字根按拼音分位,如"力"字拼音为"Li",就放在L位;"口"的拼音为"Kou",就放在K位。

(5) 有些字根以义近为准放在同一位,比如:传统的偏旁单立人和"人"、竖心和"心"、提手和"手"等。

(6) 有些字根以与键名字根或主要字根形近或渊源一致为准放在同一位,比如:在I键上就有几个与"水"字形近的字根。

由于字根较多,为了便于记忆,研制者对五个区还分别编写了一首类似古诗词的"助记词"，增加些韵味，易于上口，对初学者做一记忆的辅助工作。有了上述规律和助记词，读者再稍加努力，要记住这些基本字根，并不十分困难。而记住这些字根及其键位是学习五笔的基本功和首要步骤。

四、汉字折分

1. 汉字折分原则

分解汉字字根应遵照上述规则，而分解汉字的要点是取大优先、兼顾直观、能连不交和能散不连这四个原则。

(1) 取大优先：也叫做"优先取大"。按书写顺序拆分汉字时，应以"再添一个笔画便不能称其为字根"为限，每次都拆取一个"尽可能大"的，即尽可能笔画多的字根。

例1："世"第一种拆法：一、凵、乙(误)

第二种拆法：廿、乙(正)

显然，前者是错误的，因为其第二个字根"凵"，完全可以向前"凑"到"一"上，形成一个"更大"的已知字根"廿"。

例2："制"第一种拆法：⺢、一、冂、丨、刂(误)

第二种拆法：⺧冂、丨、刂(正)

同样，第一种拆法是错误的。因为第二码的"一"，作为"⺧"后一个笔画，完全可以向前"凑"，与第一个字根"⺢"凑成"更大一点的字根"。总之，"取大优先"，俗称"尽量往前凑"，是一个在汉字拆分中最常用到的基本原则。至于什么才算"大"，"大"到什么程度才到"边"，等熟悉了字根总表，便不会出错误了。

(2) 兼顾直观：在拆分汉字时，为了照顾汉字字根的完整性，有时不得不暂且牺牲一下"书写顺序"和"取大优先"的原则，形成个别例外的情况。

例1："国"按"书写顺序"应拆成："冂、王、丶、一"，但这样便破坏了汉字构造的直观性，故只好违背"书写顺序"，拆作"囗、王、丶"了。

例2："自"按"取大优先"应拆成："亻、乙、三"，但这样拆，不仅不直观，而且也有悖于"自"字的字源(这个字的字源是"一个手指指着鼻子")故只能拆作"丿、目"，这叫作"兼顾直观"。

(3) 能连不交：请看以下拆分实例："于"一十(二者是相连的)、二丨(二者是相交的)；"丑"乙土(二者是相连的)、刀二(二者是相交的)。当一个字既可拆成相连的几个部分，也可拆成相交的几个部分时，我们认为"相连"的拆法是正确的。因为一般来说，"连"比"交"更为"直观"。

(4) 能散不连：笔画和字根之间，字根与字根之间的关系，可以分为"散"、"连"和"交"三种关系。

例如："倡"三个字根之间是"散"的关系；"自"首笔"丿"与"目"之间是"连"的关系；"夷"字的"一"、"弓"与"人"是"交"的关系。字根之间的关系，决定了汉字的字形(上下、左右、杂合)。

几个字根都"交"、"连"在一起的，如"夷"、"丙"等，便肯定是"杂合型"，属于能散不连型字，不会有争议。而散根结构必定是取大优先型或兼顾直观型字。

值得注意的是，有时候一个汉字被拆成的几个部分都是复笔字根(不是单笔画)，它们之间的关系在"散"和"连"之间模棱两可。如："占"可拆分为"卜"、"口"，两者按

"连"处理，便是杂合型(能连不交型)，两者按"散"处理，便是上下型(兼顾直观型)。

"严"可拆分为"一"、"业"、"厂"，后两者按"连"处理，便是杂合型(能连不交型)，后两者按"散"处理，便是上下型(兼顾直观型)。当遇到这种既能"散"，又能"连"的情况时，我们规定：只要不是单笔画，一律按"能散不连"判别。因此，以上两例中的"占"和"严"，都被认为是"上下型"字(兼顾直观型)。

作为以上这些规定，是为了保证编码体系的严整性。实际上，用得上后三条规定的字只是极少数。

2．汉字拆分方法

1) 键名字

键名字是各个键上的第一个字根，即"助记词"中打头的那个字根，我们称之为"键名"。这个作为"键名"的汉字，其输入方法是把所在的键连击4下(不再击空格键)，例如：

王：王王王王　11 11 11 11 (G G G G)

又：又又又又　54 54 54 54 (C C C C)

如此，把每一个键都连击4下，即可输入25个作为键名的汉字(如表7-2所示)。

表7-2　键名汉字

王土大木工	目日口田山	禾白月人金	言立水火之	已子女又纟
G F D S A	H J K L M	T R E W Q	Y U I O P	N B V C X

2) 成字字根

成字字根是字根总表之中键名以外自身也是汉字的字根。除键名外，成字字根一共有97个(其中包括相当于汉字的"氵、亻、勹、刂"等)。

成字字根的输入法是先击一下它所在的键(称之为"报户口")，再根据"字根拆成单笔画"的原则，击它的第一个单笔画、第二个单笔画以及最后一个单笔画，不足4键时，加击一次空格键。现举例如表7-3所示。

表7-3　成字字根示例表

成字字根	报户口	第一单笔	第二单笔	最末单笔	所击键位
文	文 (Y)	、(Y)	一 (G)	、(Y)	41 41 11 41 Y Y G Y
用	用 (E)	丿(T)	乙 (N)	丨(H)	33 31 51 21 E T N H
八	亻(W)	丿(T)	丶(Y)		34 31 41 W T Y 空格
厂	厂 (D)	一 (G)	丿(T)		13 11 31 D G T 空格
车	车 (L)	一 (G)	乙 (N)	丨(H)	24 11 51 21 L G N H

许多人不太注意，其实5种单笔画"一、丨、丿、丶、乙"在国家标准中都是作为

65

汉字来对待的。在五笔字形中，它们本应当按照"成字根"的方法输入，除"一"之外，其他几个都很不常用，按"成字字根"的打法，它们的编码只有2码，这么简短的"码"用于如此不常用的"字"，真是太可惜了！于是，我们将其简短的编码让位给更常用的字，却人为地在其正常码的后边加两个"L"作为5个单笔画的编码：

例：一：GGLL 　　丶：YYLL

　　| ：HHLL 　　乙：NNLL

　　丿：TTLL

应当说明，"一"是一个极为常用的字，每次都击4下很费事。后边会讲到"一"还有一个"高频字"码，即打一个"G"再打一个空格便可输入。

3) 键外字

键外字是指"字根总表"上没有的汉字，它们都可以认为是由表内的字根拼合而成的，故称之为"合体字"。按照"汉字拆成字根"原则，我们首先应毫无例外地将一切"合体字"拆成若干个字根。

汉字输入编码主要是键外字的编码。含4个或4个以上字根的汉字，用4个字根码组成编码，不足4个字根的汉字，在末尾需补一个字形识别码。

每个字根都分派在一个字母键上，其在键上的英文字母就是该字根的"字根码"。凡含4个或4个以上字根的汉字，取其一、二、三、末四个字根的码组成键外字的输入码。

例如：

　　照：日 刀 口 灬　　22　53　23　44 (JVKO)

　　低：亻匚七丶　　　　34　35　15　41 (WQAY)

归纳起来，五笔字形汉字编码规则如图7-8所示。

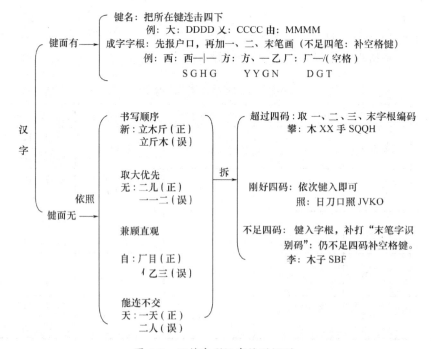

图 7-8　五笔字形汉字编码规则

当一个字拆不够 4 个字根时，它的输入编码是先打完字根码，再追加一个 "末笔字形识别码"，简称 "识别码"。识别码由汉字的最后一笔笔画的类型编号和汉字的字形编号组成，如表 7-4 所示。

表 7-4　末笔字形识别码表

笔画＼字	左 右 1	上 下 2	杂 合 3
横 1	11G	12F	13D
竖 2	21H	22J	23K
撇 3	31T	32R	33E
捺 4	41Y	42U	43I
折 5	51N	52B	53V

3．简码输入

在汉字中有一些常用字，它们的使用频率较高。而我们使用计算机进行文字处理有一个很重要的目的，就是提高效率，节省时间，所以，对于这些常用字输入时应该尽量少敲几个键，这样才符合实际需要。为此，研制者规定了一些简码。在输入这些简码时，减少了击键次数或降低了拆字、键入时的难度，使之达到了提高效率的目的。五笔字形中的简码分为三级，分别叫一级简码、二级简码和三级简码。

1) 一级简码

一级简码的击键方法是：按一次字根键后再打一个空格键就可以得到一个汉字，这个汉字就叫一级简码。如表 7-5 所示的是 25 个一级简码。

表 7-5　五笔字形一级简码表

我	人	有	的	和	主	产	不	为	这
Q	W	E	R	T	Y	U	I	O	P
工	要	在	地	一	上	是	中	国	
A	S	D	F	G	H	J	K	L	
	经	以	发	了	民	同			
Z	X	C	V	B	N	M			

2) 二级简码

二级简码的击键方法是：任意连续击打两个键(包括同一键连续击两次)，然后再打一个空格键，就可以得到一个汉字，这个汉字就叫作二级简码。

二级简码的个数较多，理论上应有 25×25=625 个，但实际上只有 577 个，有些位置是空白，没有安排二级简码。

二级简码中的绝大部分字都是只有两个字根的汉字。前面我们讲过，两个字根的汉字在输入时应依笔顺连续键入所有的字根，然后再加打它的末笔字形交叉识别码，最后打一个空格键。有了二级简码，这个问题就简单多了。我们知道，找出一个汉字的末笔字形交叉识别码要花费较多的时间，尤其是初学者。但是，毕竟二级简码的输入比较简单，可加快输入速度。

3）三级简码

三级简码的输入方法是任意击打三个键(也包括同一键连续击三次)，再加打一个空格键，就可以得到一个汉字。理论上讲，三级简码应该有 25×25×25=15625 个，实际上也没有这么多。

4．词组输入

1982 年底，"五笔字形"首创了汉字的词语，依形编码、字码词码体例一致、不须换挡的实用化词语输入法。不管多长的词语，一律取四码，而且单字和词语可以混合输入，不用换挡或其他附加操作，我们称之为"字词兼容"。其取码方法为：

(1) 两字词：每字取其全码的前两码组成，共四码。

  如：经济：纟 又 氵 文 (55 54 43 41 XCIY)

    操作：扌 口 亻 广 (32 23 34 31 RKWT)

(2) 三字词：前两字各取一码，最后一字取前两码，共四码。

  如：计算机：讠 竹 木 几 (41 31 14 25 YTSM)

    操作员：扌 亻 口 贝 (32 34 23 25 RWKM)

(3) 四字词：每字各取全码的第一码。

  如：科学技术：禾 ⺌ 扌 木 (31 43 32 14 TIRS)

    汉字编码：氵 宀 纟 石 (43 45 55 13 IPXD)

    王码电脑：王 石 日 月 (11 13 22 33 GDJE)

(4) 多字词：取第一、二、三及末一个汉字的第一码，共四码。

  如：电子计算机：曰 子 讠 木(22 52 41 14 JBYS)

    中华人民共和国：口 亻 人 囗(23 34 34 24 KWWL)

    美利坚合众国：丷 禾 刂 囗(42 31 22 24 UTJL)

    五笔字形计算机汉字输入技术：五 竹 宀 木(11 31 25 14 GTPS)

(5) Z 键的用途。

Z 键在编码中没有派上用场，它被安排做万能键，或称学习键。它可以代替未知的模糊的字根或识别码。

项目八 了解计算机安全知识

【学习要点】
- ■任务 1 了解计算机病毒
- ■任务 2 杀毒软件的使用
- ■任务 3 了解信息活动规范

【任务 1】 了解计算机病毒

◆**任务介绍**

计算机病毒实质上是一种特殊的计算机程序，这种程序具有自我复制能力，可非法入侵而隐藏在存储媒体中的引导部分、可执行程序或数据文件中。当病毒被激活时，源病毒能把自身复制到其他程序体内，影响和破坏程序的正常执行和数据的正确性。

◆**任务要求**

正确理解病毒的含义、特征及传播途径。

◆**任务解析**

计算机病毒传播途径：

(1) 移动存储设备。

(2) 计算机网络，如电子邮件、BBS、浏览页面、下载、即时通信软件。

(3) 通过点对点通信系统和无线通信系统传播，如图 8-1 所示。

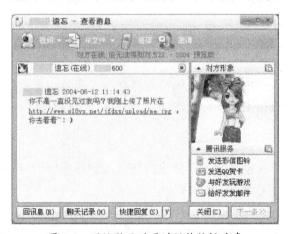

图 8-1 网络聊天时通过附件传播病毒

◆**技巧存储**

对计算机病毒应采取"预防为主"的方针，从切断其传播途径入手，并安装实时防病毒软件或防火墙等，对用户重要数据应定期备份。

◆**知识拓展**

一、计算机病毒的概念及特点

计算机病毒是指编制或者在计算机程序中插入的破坏计算机功能或者破坏数据，影响计算机使用并且能够自己复制的一组计算机指令或者程序代码。从本质来讲，它也属于计算机软件。计算机病毒就像生物病毒一样，有独特的复制能力，可以很快地蔓延，又常常难以根除。它们能把自身附着在各种类型的文件上，当文件被复制或从一个用户传送到另一个用户时，它们就随同文件一起蔓延开来，对计算机或计算机内的文件造成损害。

计算机病毒具有以下特点。

(1) 程序性。计算机病毒是一段具有特定功能的计算机程序。程序性既是计算机病毒的基本特征，也是计算机病毒最基本的一种表现形式。

(2) 寄生性。它是一种特殊的寄生程序。不是一个通常意义上的完整的计算机程序，而是寄生在其他可执行的程序中，因此，它能享有被寄生的程序所能得到的一切权利。

(3) 可触发性。病毒程序一般都有一个触发条件，一旦具备了触发条件病毒就会发作。

(4) 隐蔽性。计算机病毒一般是具有很高编程技巧、短小精悍的程序。计算机病毒的隐蔽性表现在两个方面：一是传染的隐蔽性，二是病毒程序存在的隐蔽性。

(5) 传染性。病毒一旦执行，就会与系统中的程序结合在一起，很快波及整个系统，甚至计算机网络。

(6) 潜伏性。病毒程序具有依附于其他程序的寄生能力，它能隐藏几个月甚至几年时间。在外界激发条件出现之前，病毒可以在计算机内的程序中潜伏、传播。

(7) 破坏性。任何感染了计算机病毒的计算机系统都会受到不同程度的危害，危害的程度取决于计算机病毒编写者的编写目的。

病毒是计算机软件系统的最大敌人，每年都造成无法估量的损失。预防计算机病毒也是计算机安全的一个重要方面。

二、计算机病毒的分类

1．按计算机病毒入侵方式分

1) 源码型病毒

此类病毒攻击用计算机高级语言编写的源程序，病毒在源程序(宿主程序)编译之前插入其中，并随源程序(宿主程序)一起编译、链接成为可执行文件，成为合法程序的一部分，使之直接带毒。

2) 嵌入型病毒

嵌入型病毒又称为入侵型病毒，是将自身嵌入到被感染的目标程序(宿主程序)中，使病毒与目标程序(宿主程序)成为一体。

3) 外壳型病毒

外壳型病毒在实施攻击时，并不修改攻击目标(宿主程序)，而是把自身添加到宿主程序的头部或尾部，就像给正常程序加了一个外壳。

4) 操作系统型病毒

操作系统型病毒用其自身部分加入或代替操作系统的某些功能，一般情况下并不感染磁盘文件而是直接感染操作系统，危害大，可以导致整个操作系统崩溃。

2．按计算机病毒的寄生部位或传染对象分

1）引导型病毒

引导型病毒隐藏在磁盘的引导扇区，利用磁盘的启动原理工作，在系统引导时运行。

2）文件型病毒

文件型病毒寄生在其他文件中，使用可执行文件作为传播的媒介，此类病毒可以感染 com 文件、exe 文件，也可以感染 obj、doc、dot 等文件。

3）混合型病毒

混合型病毒既有引导型病毒的特点，又有文件型病毒的特点，既感染引导区，又感染文件，一旦中毒，就会经开机或执行可执行文件而感染其他的磁盘或文件。

三、计算机感染病毒后的常见症状

细心留意计算机的运行状况，就可以发现计算机感染病毒的一些异常情况，主要有以下一种或者几种表现：

(1) 磁盘文件数目无故增多；

(2) 系统的内存空间明显变小；

(3) 文件的日期/时间值被修改成新近的日期或时间(用户自己并没有修改)；

(4) 感染病毒后的可执行文件的长度通常会明显增加；

(5) 正常情况下可以运行的程序却突然因内存不足而不能装入；

(6) 程序加载时间或程序执行时间比正常时明显变长；

(7) 计算机经常出现死机现象或不能正常启动；

(8) 显示器上经常出现一些莫名其妙的信息或异常现象。

【任务 2】 杀毒软件的使用

◆任务介绍

杀毒软件可以查杀病毒，对计算机起着实时防护的作用。目前较流行的杀毒软件产品有瑞星、江民、金山毒霸、360、卡巴斯基、诺顿以及木马克星等。

◆任务要求

使用 360 安全卫士为计算机进行木马查杀、修复系统漏洞、清理系统垃圾，并设置"实时保护"；了解防火墙。

◆任务解析

一、使用 360 安全卫士查杀病毒

(1) 把鼠标指针 ☝ 指向桌面"360 杀毒"，双击该图标，启动该杀毒程序，如图 8-2 所示。

(2) 单击"全盘扫描"，即可进行全盘扫描。

(3) 也可指定扫描目录，单击"指定位置扫描"，此时屏幕如图 8-3 所示。

(4) 由于杀毒软件只能查杀已知病毒，所以杀毒软件应定期更新升级。单击"产品升级"可在线升级病毒库，此时屏幕如图 8-4 所示。

图 8-2 "病毒扫描"窗口

图 8-3 "指定位置扫描"窗口

图 8-4 "产品升级"窗口

　　360 杀毒软件是一款免费的杀毒软件，具有占用资源少、可与其他杀毒软件共存等特点，可在网站上下载安装。

　　二、设置系统更新和启动防火墙

　　(1) 把鼠标指针 ▷ 指向"计算机"图标，双击打开"计算机"窗口。

　　(2) 单击"打开控制面板"按钮，打开"控制面板"窗口，单击"系统和安全"按钮，单击打开"系统和安全"窗口，如图 8-5 所示。

图 8-5 "系统和安全"窗口

(3) 单击 "Windows Update" 按钮，打开如图 8-6 所示的 "Windows Update" 对话框，在其中可对系统进行升级选择，以修复系统漏洞。

(4) 单击 "Windows 防火墙" 按钮，打开如图 8-7 所示的 "Windows 防火墙" 对话框，可选择启动防火墙，以阻止未授权用户通过网络访问计算机，提高计算机的安全性。

图 8-6　"Windows Update" 对话框　　　　图 8-7　"Windows 防火墙" 对话框

◆**技巧存储**

杀毒软件只能查杀其能识别的已知病毒，不能检测出最新的病毒或病毒变种，所以杀毒软件应不断升级。

◆**知识拓展**

一、计算机病毒的检测与防治

(1) 病毒预防：计算机病毒的预防即预防病毒侵入，是指通过一定的技术手段防止计算机病毒对系统进行传染和破坏。

(2) 病毒检测：计算机病毒检测即发现和追踪病毒，是指通过一定的技术手段判定出计算机病毒。

(3) 病毒清除：计算机病毒的清除是指从感染对象中清除病毒，是计算机病毒检测发展的必然结果和延伸。

二、木马

利用计算机程序漏洞侵入后窃取文件的程序被称为木马。它是一种具有隐藏性、自发性的可用来进行恶意行为的程序，多不会直接对计算机产生危害，而是以控制为主。具有破坏性、隐蔽性的特点。

木马的传播方式主要有两种：一种是通过 E-mail，控制端将木马程序以附件的形式夹在邮件中发送出去，收信人只要打开附件系统就会感染木马；另一种是软件下载，一些非正规的网站以提供软件下载为名义，将木马捆绑在软件安装程序上，下载后，只要一运行这些程序，木马就会自动安装。

【任务 3】　了解信息活动规范

◆**任务介绍**

多媒体计算机和网络等现代信息技术打破了人类在时间、空间上的限制，使信息成了一种全球共享的资源，但同时也正潜移默化地改变着我们的生活方式、生存方式。我们怎样才能最大限度地享受信息时代带来的最大便利，同时避免其负面作用？怎样合理、善意地使用网络技术而不是利用其制造危害？这是技术本身所不能回答的问题，需要我们超越技术层面，从道德价值观念层面上去考察、研究，并建立起相应的信息道德规范。

◆任务要求

熟悉网上购物、求职或信息发布等网上信息活动行为，了解信息活动的案例。

◆任务解析

一、网络购物等电子商务活动

网络购物流程如图 8-8～图 8-11 所示。

图 8-8 "淘宝网"窗口

图 8-9 "登录"账户

图 8-10 选择商品

图 8-11 下定单

二、域名抢注事件分析

域名抢注案例如图 8-12 所示。

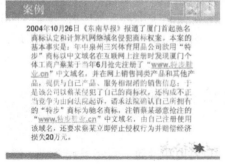

图 8-12 "域名抢注"案例

一般网上购物分为注册、登录、选购、下定单、付款等几个环节。用户一定要了解商户的信用，详细了解所购商品的质量与性能，避免纠纷，并选择安全的付款方式，如货到付款、支付宝付款等方式。

◆知识拓展

一、知识产权

从广义上来看，知识产权可以包括一切人类智力创作的成果，而狭义的知识产权则包括著作权、域名、商标权、专利权及商业秘密等。知识产权是一种无形资产，它具有专有性、地域性和时间性。

1．著作权

著作权(也称版权)是基于特定作品的精神权利以及全面支配该作品并享受其利益的经济权利的合称。著作权的客体是指著作权法所认可的文学、艺术和科学等作品。1990年我国制定的《著作权法》明确地将计算机软件作为作品来加以保护，并制定了《计算机软件保护条例》。

常见的网络侵犯著作权行为有以下几类：

(1) 将网络上他人作品下载、复制光盘并用于商业目的。

(2) 图文框链接，此种行为使他人的网页出现时无法呈现原貌，使作品的完整性受到破坏，侵害了著作权。

(3) 通过互联网的复制与传输，行为人将他人享有著作权的文件上传或下载非法使用。

(4) 在图像链接中侵害图像著作权人复制权。

(5) 未经许可将作品原件或复制物提供给公众交易或传播，或者明知为侵害权利人著作权的复制品仍然在网上散布。

(6) 侵害网络作品著作人身权的行为，包括侵害作者的发表权、署名权和保护作品完整权等。

(7) 网络服务商的侵犯著作权行为。如经著作权人告知侵权事实后，仍拒绝删除或采取其他合法措施；其他故意的共同侵权行为(引诱、唆使、帮助等行为)。

(8) 违法破译著作权人利用有效技术手段防止侵权的行为。

(9) 故意删除、篡改网络作品著作权管理信息，从而使网络作品面临侵权危险的行为。

2．域名与商标权

1) 域名的法律特征

从本质上来看，域名也是一种资源，具有标识性、唯一性、排他性等特点。

2) 域名的商业价值

域名虽然与公司、商标、产品名称并无直接的关系，但由于域名在互联网上是唯一的，一个域名一经注册，其他任何机构就不能再注册相同的域名了。一个商业实体的域名根据该实体的商号或者产品商标进行命名，还能够成为提高特定商家或者产品知名度的一种手段。商业实体在互联网上注册域名和设立网址，可以被全世界一亿多用户随时访问、随时查询。

3) 域名与商标冲突及域名抢注纠纷

常见的纠纷是由于互联网用户使用的域名恰好是另一公司的注册商标，更难处理的纠纷是同一商标的两个合法拥有者都在以他们的商标作域名。更能刺激商家战略神经的是从资源的角度来看，好听、简明易记的域名是有限的。网络用户与日俱增，每个域名不能重复，域名的需求也就与日俱增。当有限的供给与无限的需求发生矛盾时，一些投机者就以抢注来抢占那些热门域名资源。

二、软件的版权

维护版权是通过法律的形式保护创造性工作的原著作者权利的一种方法。软件开发者享有发表权、署名权、修改权、复制权、发行权、出租权、信息网络传播权、翻译权以及应当由软件著作权人享有的其他权利。

购买者在购买了软件合法复制品后享有以下权利：

(1) 购买者可以根据需要从光盘复制到计算机的硬盘上；

(2) 购买者以为了防止软件被删除或损坏而制作用于备份的复制品，并不得通过任何方式提供给他人使用；

(3) 购买者为了把该软件用于实际的计算机应用环境或者改进其功能、性能而进行的必要修改。

三、信息活动行为规范

(1) 分类管理。自学养成信息分类管理的习惯，使信息处理工作更加快捷、高效。

(2) 友好共处。与他人共享一台计算机时，要保护他人的数据，尊重他人隐私，珍惜别人的工作成果。

(3) 拒绝病毒。提高预防计算机病毒的意识，维护良好的信息处理工作环境。

(4) 遵纪守法。在信息处理活动中，要遵守国家法律规定，不得做有害他人、有害社会的事情。

(5) 爱护设备。要文明实施各种操作，爱护信息化公共设施。

(6) 注意信息安全。认真管理账号、密码以及存有重要数据的存储器、笔记本电脑等，以防数据丢失。

(7) 计算机网络空间的个人隐私权。指公民在网络中享有的私人生活安宁与私人信息依法受到保护，不被他人非法侵犯、知悉、搜集、复制、公开和利用的一种人格权；也指禁止在网上泄露某些与个人有关的敏感信息，包括事实、图像以及毁损的意见等。

新修订的《中华人民共和国刑法》以两个条文的篇幅也对危害计算机信息及计算机网络的行为做出了处罚规定，增加了计算机犯罪的新内容，并将计算机犯罪分为两大类五种类型：一类是直接以计算机信息系统为犯罪对象的犯罪，包括非法侵入计算机信息系统罪；破坏计算机信息系统功能罪；破坏计算机信息系统数据、应用程序罪；制作、传播计算机破坏程序罪。另一类是以计算机为犯罪工具实施其他犯罪，如利用计算机实施金融诈骗、盗窃、贪污、挪用公款，窃取国家机密、经济情报或商业秘密等。

通级知识练一练(一)

一、选择题

1. 世界第一台电子数字计算机 ENIAC 是 1946 年研制成功的，其诞生的国家是：（   ）

    A. 美国　　　　　　 B. 英国　　　　　　 C. 法国　　　　　　 D. 瑞士

2. 世界上第一台电子数字计算机取名为：（   ）

    A. UNIVAC　　　　 B. EDSAC　　　　 C. ENIAC　　　　 D. EDVAC

3. 从第一台计算机诞生到现在的六七十年中，按计算机采用的电子器件来划分，计算机的发展经历了几个阶段：（   ）

    A. 4　　　　　　　 B. 6　　　　　　　 C. 7　　　　　　　 D. 3

4. 计算机的发展阶段通常是按计算机所采用的什么来划分的：（   ）

    A. 内存容量　　　 B. 电子器件　　　　 C. 程序设计语言　　 D. 操作系统

5. 世界上最先实现存储程序的计算机是：（   ）

    A. EDIAC　　　　 B. EDSAC　　　　 C. UNIVAC　　　 D. EDVAC

6. 现代计算机之所以能自动地连续进行数据处理，主要是因为：（   ）

    A. 采用了开关电路　　　　　　　 B. 采用了半导体器件

    C. 具有存储程序的功能　　　　　 D. 采用了二进制

7. MIPS 来衡量的计算机性能指标是：（   ）

    A. 处理能力　　　 B. 运算速度　　　 C. 存储容量　　　 D. 可靠性

8. 个人计算机简称 PC 机，这种计算机属于：（   ）

    A. 微型计算机　　 B. 小型计算机　　 C. 超级计算机　　 D. 巨型计算机

9. 巨型计算机指的是：（   ）

    A. 重量大　　　　 B. 体积大　　　　 C. 功能强　　　　 D. 耗电量大

10. 我国自行设计研制的银河 II 型计算机是：（   ）

    A. 微型计算机　　　　　　　　　 B. 小型计算机

    C. 中型计算机　　　　　　　　　 D. 巨型计算机

11. 计算机辅助教学的英文缩写是：（   ）

    A. CAD　　　　　 B. CAI　　　　　 C. CAM　　　　　 D. CAT

12. 从第一代计算机到第四代计算机的体系结构都是相同的，都是由运算器、控制器、存储器以及输入输出设备组成的。这种体系结构称为什么体系结构：（   ）

    A. 艾伦·图灵　　　　　　　　　 B. 罗伯特·诺依斯

    C. 比尔·盖茨　　　　　　　　　 D. 冯·诺依曼

13. 一个完整的计算机系统通常应包括：（   ）

    A. 系统软件和应用软件　　　　　 B. 计算机及其外部设备

    C. 硬件系统和软件系统　　　　　 D. 系统硬件和系统软件

14. 一个计算机系统的硬件一般是由哪几部分构成的：（   ）

    A. CPU、键盘、鼠标和显示器

B. 运算器、控制器、存储器、输入设备和输出设备

C. 主机、显示器、打印机和电源

D. 主机、显示器和键盘

15. CPU 是计算机硬件系统的核心，它是由什么组成的：（　　）

　　A. 运算器和存储器　　　　　　　　B. 控制器和存储器

　　C. 运算器和控制器　　　　　　　　D. 加法器和乘法器

16. CPU 中的运算器的主要功能是：（　　）

　　A. 负责读取并分析指令　　　　　　B. 算术运算和逻辑运算

　　C. 指挥和控制计算机的运行　　　　D. 存放运算结果

17. CPU 中的控制器的功能是：（　　）

　　A. 进行逻辑运算　　　　　　　　　B. 进行算术运算

　　C. 控制运算的速度　　　　　　　　D. 分析指令并发出相应的控制信号

18. 计算机的主机是由哪些部件组成的：（　　）

　　A. 运算器和存储器　　　　　　　　B. CPU 和内存

　　C. CPU、存储器和显示器　　　　　D. CPU、软盘和硬盘

19. 计算机的存储系统通常包括：（　　）

　　A. 内存储器和外存储器　　　　　　B. 软盘和硬盘

　　C. ROM 和 RAM　　　　　　　　　D. 内存和硬盘

20. 我们通常所说的"裸机"指的是：（　　）

　　A. 只装备有操作系统的计算机　　　B. 不带输入设备的计算机

　　C. 未装备任何软件的计算机　　　　D. 计算机主机暴露在外

21. 计算机的内存储器简称内存，它是由什么构成的：（　　）

　　A. 随机存储器和软盘　　　　　　　B. 随机存储器和只读存储器

　　C. 只读存储器和控制器　　　　　　D. 软盘和硬盘

22. 计算机内存中的只读存储器简称为：（　　）

　　A. EMS　　　　　B. RAM　　　　　C. XMS　　　　　D. ROM

23. 随机存储器简称为：（　　）

　　A. CMOS　　　　B. RAM　　　　　C. XMS　　　　　D. ROM

24. 计算机的内存容量通常是指：（　　）

　　A. RAM 的容量　　　　　　　　　　B. RAM 与 ROM 的容量总和

　　C. 软盘与硬盘的容量总和　　　　　D. RAM、ROM、软盘和硬盘的容量总和

25. 计算机一旦断电后，哪个设备中的信息会丢失：（　　）

　　A. 硬盘　　　　　B. 软盘　　　　　C. RAM　　　　　D. ROM

26. 在下列存储品中，存取速度最快的是：（　　）

　　A. 软盘　　　　　B. 光盘　　　　　C. 硬盘　　　　　D. 内存

27. 计算机的软件系统一般分为哪两大部分：（　　）

　　A. 系统软件和应用软件　　　　　　B. 操作系统和计算机语言

　　C. 程序和数据　　　　　　　　　　D. DOS 和 Windows

28. 下列叙述中，正确的说法是：（　　）

A. 编译程序、解释程序和汇编程序不是系统软件

B. 故障诊断程序、排错程序、人事管理系统属于应用软件

C. 操作系统、财务管理程序、系统服务程序都不是应用软件

D. 操作系统和各种程序设计语言的处理程序都是系统软件

29. 操作系统的作用是: (　　)

A. 将源程序编译成目标程序

B. 负责诊断机器的故障

C. 控制和管理计算机系统的各种硬件和软件资源的使用

D. 负责外设与主机之间的信息

30. 计算机的操作系统是一种: (　　)

A. 应用软件　　　　　　　　　　B. 系统软件

C. 工具软件　　　　　　　　　　D. 字表处理软件

31. 系统软件中最重要的软件是: (　　)

A. 操作系统　　　　　　　　　　B. 编程语言的处理程序

C. 数据库管理系统　　　　　　　D. 故障诊断程序

32. 在下列软件中,属于系统软件的是: (　　)

A. WPS　　　　　B. CCED　　　　C. WORD　　　　D. DOS

33. 在下列程序中不属于系统软件的是: (　　)

A. 编译程序　　　B. C 源程序　　　C. 翻译程序　　　D. 汇编程序

34. 在下列软件中,属于应用软件的是: (　　)

A. UNIX　　　　　B. WPS　　　　C. Windows　　　D. DOS

35. 在计算机内部,计算机能够直接执行的程序语言是: (　　)

A. 汇编语言　　　B. C++语言　　　C. 机器语言　　　D. 高级语言

36. 用汇编语言编写的程序需经过什么翻译成机器语言后,才能在计算机执行(　　)

A. 编译程序　　　B. 解释程序　　　C. 操作系统　　　D. 汇编程序

37. 属于高级程序设计语言的是: (　　)

A. Windows XP　　　B. FORTRAN　　　C. CCED　　　　D. 汇编语言

38. 把用高级语言编写的源程序变为目标程序,要经过: (　　)

A. 编辑　　　　　B. 汇编　　　　C. 解释　　　　D. 编译

39. 用高级语言编写的程序: (　　)

A. 只能在某种计算机上运行

B. 无需经过编译或翻译,即可被计算机直接执行

C. 具有通用性和可移植性

D. 几乎不占用内存空间

40. 有些高级语言源程序在计算机中执行时,采用的是解释方式。在解释方式下,源程序需由什么程序边翻译边执行: (　　)

A. 编译程序　　　B. 解释程序　　　C. 操作系统　　　D. 汇编程序

41. 学校的学生学籍管理程序属于: (　　)

A. 工具软件　　　B. 系统程序　　　C. 应用程序　　　D. 文字处理软件

42. 主要决定微机性能的是: (   )
    A. CPU   B. 耗电量   C. 质量   D. 价格

43. MIPS 常用来描述计算机的运算速度，其含义是: (   )
    A. 每秒钟处理百万个字符   B. 每分钟处理百万个字符
    C. 每秒执行百万条指令   D. 每分钟执行百万条指令

44. 通常我们所说的 32 位机，指的是这种计算机的 CPU: (   )
    A. 是由 32 个运算器组成的   B. 能够同时处理 32 位二进制数据
    C. 包含有 32 个寄存器   D. 一共有 32 个运算器和控制器

45. 下列叙述中，正确的说法是: (   )
    A. 键盘、鼠标、光笔、数字化仪和扫描仪都是输入设备
    B. 打印机、显示器、数字化仪都是输出设备
    C. 显示器、扫描仪、打印机都不是输入设备
    D. 键盘、鼠标和绘图仪都不是输出设备

46. 在下列设备中，属于输出设备的是: (   )
    A. 键盘   B. 数字化仪   C. 打印机   D. 扫描仪

47. 键盘是一种: (   )
    A. 输入设备   B. 输出设备
    C. 存储设备   D. 输入/输出设备

48. 属于计算机输入设备的是: (   )
    A. 显示器   B. 键盘   C. 打印机   D. 绘图仪

49. 在下列设备中，既是输入设备又是输出设备的是: (   )
    A. 显示器   B. 磁盘驱动器   C. 键盘   D. 打印机

50. 不属于存储设备的是: (   )
    A. 硬盘驱动器   B. 磁带机   C. 打印机   D. 软盘驱动器

51. 无符号二进制整数 111110 转换成十进制数是: (   )
    A. 62   B. 60   C. 58   D. 56

52. 十进制数 100 转换成二进制数是: (   )
    A. 0110101   B. 01101000   C. 01100100   D. 01100110

53. 一个字长为 5 位的无符号二进制数能表示的十进制数值范围是: (   )
    A. 1~32   B. 0~31   C. 1~31   D. 0~32

54. 在一个非零无符号二进制整数之后添加一个 0，则此数的值为原数的(   )
    A. 4 倍   B. 2 倍   C. 1/2 倍   D. 1/4 倍

55. 无符号二进制整数 1001001 转换成十进制数是: (   )
    A. 72   B. 71   C. 75   D. 73

56. 如果删除一个非零无符号二进制整数后的 2 个 0，则此数的值为原数的(   )
    A. 4 倍   B. 2 倍   C. 1/2   D. 1/4

57. 无符号二进制整数 01011010 转换成十进制整数是: (   )
    A. 80   B. 82   C. 90   D. 92

58. 十进制整数 95 转换成无符号二进制整数是: (   )

A. 01011111   B. 0110001   C. 010110011   D. 0100111

59. 在标准ASCII码表中，英文字母a和A的码值之差的十进制值是：（   ）

     A. 20   B. 32   C. −20   D. −32

60. 若已知一汉字的国际码是5E38，则其内码是：（   ）

     A. DEB8   B. DE38   C. 5EB8   D. 7E58

61. 假设某台式计算机的内存储器容量为 128MB，硬盘容量为 10GB。硬盘的容量是内在容量的（   ）

     A. 40 倍   B. 60 倍   C. 80 倍   D. 100 倍

62. 下列关于ASCII编码的叙述中，正确的是：（   ）

     A. 一个字符的标准 ASCII 码占一个字节，其最高二进制位总为 1

     B. 所有大写英文字母的 ASCII 码值都小于小写英文字母"a"的 ASCII 码值

     C. 所有大写英文字母的 ASCII 码值都大于小写英文字母"a"的 ASCII 码值

     D. 标准 ASCII 码表有 256 个不同的字符编码

63. 在下列字符中，其 ASCII 码值最小的一个是：（   ）

     A. 空格字符   B. 0   C. A   D. a

64. 根据汉字国际GB2312 − 80的规定，二级次常用汉字个数是：（   ）

     A. 3000 个   B. 7445 个   C. 3008 个   D. 3755 个

65. 存储一个48×48点的汉字字形码的字节数是：（   ）

     A. 384   B. 144   C. 256   D. 288

66. 在标准ASCII编码表中,数字码、小写英文字母和大写英文字母的前后次序是：（   ）

     A. 数字、小写英文字母、大写英语字母

     B. 小写英文字母、大写英文字母、数字

     C. 数字、大写英文字母、小写英文字母

     D. 大写英文字母、小写英文字母、数字

67. 如果将 3.5 英寸软盘上的写保护口(一个方形孔)敞开，那么该软盘处于：（   ）

     A. 读保护状态   B. 写保护状态

     C. 读写保护状态   D. 盘片不能转动

68. 根据打印机的原理及印字技术，打印机可分为哪两类：（   ）

     A. 击打式打印机和非击打式打印机

     B. 针式打印机和喷墨打印机

     C. 静电打印机和喷墨打印机

     D. 点阵式打印机和行式打印机

69. 一般而言，计算机软件是指：（   ）

     A. 计算机程序   B. 源程序和目标程序

     C. 源程序   D. 计算机程序及其有关文档

70. 3.5 英寸软盘，用不透光纸片贴住保护口，其作用是：（   ）

     A. 只能存入新数据而不能取数据   B. 能安全地存取数据

     C. 能长期存放而不能存取数据   D. 只能取数据而不能存入数据

71. 电子计算机的算术/逻辑单元、控制单元及存储单元全称为：（   ）

A. UP   B. ALU   C. CPU   D. CAD

72. 指令的解释是由电子计算机的哪一部分来执行: ( )

    A. 控制部分   B. 存储部分

    C. 输入/输出部分   D. 算术和逻辑部分

73. 只有当程序要执行时，它才会去翻译成机器语言，并且一次只能读取、翻译，并执行源程序中的一行语句，此程序称为: ( )

    A. 目标程序   B. 编辑程序   C. 解释程序   D. 汇编程序

74. 显示器是一种: ( )

    A. 存储器   B. 微处理器   C. 输出设备   D. 输入设备

75. 若一张双面的磁盘上每面有 96 条磁道，每条磁道有 15 个扇区，每个扇区可存放 512 字节的数据，则两张相同的磁盘可以存放( )字节的数据。

    A. 720K   B. 1440K   C. 2880K   D. 5760K

76. 在计算机系统上，一个字节等于( )个位。

    A. 1   B. 4   C. 8   D. 16

77. 一张磁盘的存储容量为 360KB，如果是用来存储汉字所写的文件，则大约可以存储汉字的容量为: ( )

    A. 360K   B. 180K   C. 720K   D. 90K

78. 你认为最能反映计算机主要功能的是: ( )

    A. 计算机可以代替人的脑力劳动   B. 计算机可以存储大量信息

    C. 计算机是一种信息处理机   D. 计算机可以实现高速度计算

79. 以下哪一组中的两个软件都是系统软件( )

    A. Windows XP 和 MIS   B. Word 2007 和 XENIX

    C. Windows XP 和 UNIX   D. UNIX 和 MIS

80. 鼠标是一种: ( )

    A. 存储器   B. 输入设备   C. 输出设备   D. 寄存器

81. 计算机中传送信息的基本单位是: ( )

    A. 字   B. 字节   C. 位   D. 字块

82. 内存中的 ROM，其中存储的数据在断电后( )丢失。

    A. 完全   B. 部分   C. 有时会   D. 不会

83. 从下面四个叙述中，选出一个正确的: ( )

    A. 计算机系统是由 CPU、存储器和输入设备组成的

    B. 16 位字长的计算机是指能计算最大为 16 位十进制的计算机

    C. 计算机区别于其他计算工具的本质特点是能存储数据和程序

    D. 计算机系统的资源是数据

84. 二进制数的十进制编码是: ( )

    A. BCD 码   B. ASCII 码   C. 机内码   D. 二进制码

85. 内存中每个基本单位都被赋予一个唯一的序号，称为: ( )

    A. 地址   B. 字节   C. 编号   D. 容量

86. 个人微机之间"病毒"传染媒介是: ( )

A. 键盘输入　　　　B. 硬盘　　　　　　C. 移动存储设备　　　D 电磁波

87. 下列关于计算机病毒的叙述中，正确的是：（　　）

　　A. 反病毒软件可以查、杀任何各类的病毒

　　B. 计算机病毒发作后，将对计算机硬件造成永久性的物理损坏

　　C. 反病毒软件必须随着新病毒的出现而升级，增强查、杀病毒的功能

　　D. 感染过计算机病毒的计算机具有对该病毒的免疫性

88. 计算机病毒是指"能够侵入计算机系统并在计算机系统中潜伏、传播、破坏系统正常工作的一种具有繁殖能力的（　　）"

　　A. 流行性感冒病毒　　　　　　　　B. 特殊小程序

　　C. 特殊微生物　　　　　　　　　　D. 源程序

89. 微型计算机外存是指：（　　）

　　A. RAM　　　　B. ROM　　　　　C. 磁盘　　　　　D. 虚拟盘

90. 微型计算机的主要部件包括：（　　）

　　A. 电源，打印机，主机　　　　　B. 硬件，软件，固件

　　C. CPU，中央处理器，存储器　　　D. CPU，存储器，I/O 设备

91. 汇编语言源程序需经（　　）翻译成目标程序。

　　A. 监控程序　　　　　　　　　　　B. 汇编程序

　　C. 机器语言程序　　　　　　　　　D. 诊断程序

92. 汇编语言是程序设计语言中的一种（　　）

　　A. 低级语言　　　B. 机器语言　　　C. 高级语言　　　D. 解释性语言

93. 高级语言程序需经下列哪一种程序变成机器语言程序才能被计算机执行（　　）。

　　A. 诊断程序　　　B. 监控程序　　　C. 汇编程序　　　D. 翻译程序

94. 将高级语言程序直接翻译成机器语言程序的是：（　　）

　　A. 编译程序　　　B. 汇编程序　　　C. 监控程序　　　D. 诊断程序

二、基本操作

1. 认识 PC 机，学习并练习键盘指法。

2. 熟悉使用键盘的输入姿势和击键指法，并在记事本中输入下列一段话，并保存。

钱学森，著名科学家，我国近代力学的奠基人之一，在空气动力学、航空工程、喷气推进、工程控制论、物理力学等技术科学领域做出许多开创性贡献，为我国火箭、导弹和航天事业的创建与发展做出了卓越贡献。96 岁的"国家杰出贡献科学家"钱学森是我国航天科学的奠基人之一。2007 年 8 月 3 日下午 4 时许，国务院总理温家宝来到钱学森家，看望这位为我国的火箭、导弹与航天事业作出杰出贡献的老科学家。两年前总理看望钱老的时候，他当面向总理提出了两条意见：一是大学要培养杰出人才；二是教育要把科学技术和文学艺术结合起来。温家宝告诉坐在病床上的钱学森："我每到一个学校，都和老师、同学们讲，搞科学的要学点文学艺术，对启发思路有好处。学校和科研院所都很重视这个观点，都朝这个方向努力。""处理好科学和艺术的关系，就能够创新，中国人就一定能赛过外国人。"钱学森很有信心地说。

3. 使用 360 安全卫士软件查杀木马病毒、修复系统漏洞、清理系统垃圾，并进行计算机体验。

模块三　Windows 7 操作系统

项目九　认识 Windows 7

【学习要点】
- ■任务 1　启动与退出 Windows 7
- ■任务 2　操作 Windows 7 桌面上的图标
- ■任务 3　窗口的基本操作
- ■任务 4　任务栏的使用
- ■任务 5　使用与设置"开始"菜单
- ■任务 6　使用 Windows 7 的帮助

Windows 7 是由微软公司（Microsoft）开发的操作系统，供家庭及商业工作环境、笔记本电脑、平板电脑、多媒体中心等使用。

【任务 1】　启动与退出 Windows 7

◆任务介绍

在使用 Windows 7 时，要按照正常的步骤进行启动或者退出，不可直接关闭主机电源退出。这是因为系统工作时在内存中存有实时数据，正常关机会在切断电源之前进行数据的保存，非正常关机将导致这些有用数据丢失，易造成一些关键的系统文件破坏，影响下一次启动。

◆任务要求

学习正常启动和关闭 Windows 7 操作系统。

◆任务解析

Windows 7 是一个支持多用户的操作系统。当登录系统时，只需要在登录界面上单击用户名前的图标，即可实现多用户登录。各个用户可以进行相应的个性化设置且互不影响。

一、启动 Windows 7

在计算机中安装了 Windows 7 之后，可以执行以下操作启动 Windows 7 操作系统：

(1) 按下计算机的电源开关，稍后在文本框中输入用户密码，计算机即进入 Windows 7 的启动画面。

(2) 在 Windows 7 中，如果希望执行某项工作，通常都必须首先单击 ![button] 按钮，系统将会打开"开始"菜单，如图 9-1 所示。该菜单列出了系统自带和用户常用的软件，在 **所有程序** 子菜单中集中了所有应用程序的快捷图标，如图 9-2 所示，通过单击这些应用程序的快捷图标，用户即可启动相应的程序，进行相应的操作。

图 9-1 Windows 7 的"开始"菜单

图 9-2 "所有程序"子菜单

二、退出 Windows 7

当用户要结束对计算机的操作时，一定要先退出 Windows 7 系统，然后才能关闭电源，否则会丢失文件或者对程序造成破坏。如果用户在没有退出 Windows 7 系统的情况下关闭电源，系统将认为是非法关机，当下次再开机时，系统会自动执行自检程序。

(1) 在关闭了所有正在运行的程序后，单击 ![button] 按钮，在"开始"菜单中选择 **关机**。

(2) 单击"关闭"按钮，Windows 7 操作系统就可以正常退出。

◆ **知识拓展**

操作系统(Operation System，OS)是最基本的系统软件，它直接管理和控制计算机硬件及软件资源，是用户和计算机之间的接口，提供给用户友好的操作计算机的环境。

一、操作系统的功能

1. 作业管理功能

作业是指用户在进行一次事务处理的过程中，要求计算机系统所做工作的集合。作业包括程序、数据及招待程序的控制步骤。作业管理的作用是提供给用户一个友好操作计算机的工作界面，使用户能够简单方便地完成自己的操作任务，并对系统的用户作业进行合理的组织协调。

2. 进程管理功能

进程是程序的一次执行过程，是一个动态的概念。CPU 是执行任务的核心，某一时刻只能执行一个任务。当计算机在执行多个程序时，就需要对这些任务进行协调管理，合理分配其占用 CPU 的时间。

3. 设备管理功能

设备管理就是管理除 CPU 和内存以外的硬件资源。设备管理的作用就是协调好除 CPU 和内存以外的硬件，合理把它们分配给进程，使这些设备尽量与 CPU 同进度工作，从而提高处理效率。

4．文件管理功能

计算机中程序和数据都是以文件的形式进行存储管理。文件管理的作用是合理划分存储空间，把程序和数据按名字进行存储管理，使用户可以以文件为单位进行相应的读、写、修改、删除等操作。

二、操作系统的分类

根据操作系统完成工作任务的工作模式，可以大致分为以下四种类型。

1．单用户单任务操作系统

单用户单任务操作系统是指一台计算机同时只能有一个用户在使用，该用户一次只能提交一个作业，一个用户独自享用系统的全部硬件和软件资源。

常用的单用户单任务操作系统有：MS-DOS、PC-DOS、CP/M 等，这类操作系统通常用在微型计算机系统中。

2．单用户多任务操作系统

这种操作系统也是为单个用户服务的，但它允许用户一次提交多项任务。例如，用户可以在运行程序的同时开始另一文档的编辑工作。常用的单用户多任务操作系统有 OS/2、Windows 98/XP/7/8 等，这类操作系统通常也用在微型计算机系统中。

3．多用户多任务分时操作系统

多用户多任务分时操作系统允许多个用户共享使用同一台计算机的资源，即在一台计算机上联接几台甚至几十台终端机。终端机可以没有自己的 CPU 与内存，只有键盘与显示器，每个用户都通过各自的终端机使用这台计算机的资源，计算机按固定的时间片轮流为各个终端服务。由于计算机的处理速度很快，用户感觉不到等待时间，似乎这台计算机专为自己服务一样，如自动柜员机的使用。

UNIX 就是典型的多用户多任务分时操作系统，这类操作系统通常用在大、中、小型计算机或工作站中。

4．网络操作系统

网络操作系统用于对多台计算机的软件和硬件资源进行管理和控制，提供网络通信和网络资源的共享功能。它要保证网络中信息传输的准确性、安全性和保密性，提高系统资源的利用率和可靠性。

网络操作系统允许用户通过系统提供的操作命令与多台计算机软件和硬件资源打交道。常用的网络操作系统有：NetWare、Windows NT Server、Windows Server 2003 等，这类操作系统通常用在计算机网络系统中的服务器上。

操作系统分类方式有多种，常见的分类及典型代表如表 9-1 所示。

表 9-1　操作系统分类汇总表

分 类 方 法	分 类 结 果	典 型 代 表
使用方式	单用户单任务操作系统	DOS
	单用户多任务操作系统	Windows 98/XP/7/8
	多用户多任务分时操作系统	UNIX
	网络操作系统	NetWare　Windows NT/2003
用户界面	命令行方式	DOS　NetWare
	窗口图形方式	Windows 系列　NetWare(网络版)

【任务2】 操作 Windows 7 桌面上的图标

◆任务介绍

Windows 7 启动后，进入到一个 Windows 7 系统的操作界面，这个界面类似于办公桌的桌面，所以称为 Windows 7 系统的"桌面"。一些常用的应用程序以图标的形式放置在桌面上，通过它们可以快速地启动相应的程序，打开文件夹、文件或者设置窗口，以便进行下一步操作。

◆任务要求

学会对桌面上的图标进行选择、移动、重命名、通过图标启动程序等。

◆任务解析

桌面上出现的图标根据 Windows 7 操作系统安装的应用程序的不同而有一定差异，可通过鼠标对图标进行相关操作。

一、移动图标

(1) 把鼠标指针 ▷ 指向"计算机"，单击选中该图标，此时图标呈深色，如图 9-3 所示。

(2) 鼠标左键按下，移动鼠标，"计算机"图标即可随鼠标移动。

(3) 松开鼠标左键，"计算机"图标即可移到相应位置。

注意：请观察选中的图标和未选中图标的区别。

二、重命名图标

(1) 把鼠标指针 ▷ 指向"Internet Explorer"。

(2) 单击鼠标右键，出现快捷菜单，如图 9-4 所示。

(3) 移动鼠标，使"重命名"选项变为深色。

(4) 单击左键，快捷菜单消失，"Internet Explorer"图标名字出现实心线矩形边框，处于可编辑状态，如图 9-5 所示。

(5) 从键盘输入新名称"IE 浏览器"，回车确认，修改完成。

图 9-3 选中"计算机"   图 9-4 快捷菜单   图 9-5 重命名图标

三、启动 IE 浏览器

(1) 把鼠标指针 ▷ 指向"Internet Explorer"图标。

(2) 鼠标左键双击该图标，则启动如图 9-6 所示的"IE 浏览器窗口"。

(3) 此时窗口是以"最大化"的形式打开，铺满整个桌面。

四、隐藏桌面图标

(1) 把鼠标指针 ⬚ 指向桌面空白处，单击鼠标右键，显示快捷菜单，如图 9-7 所示。

(2) 鼠标指针移到"查看"选项，自动弹出其子菜单。

(3) 鼠标指针移到"显示桌面图标"选项，单击取消其选择状态。

(4) 此时快捷菜单消失，桌面所有图标已经隐藏。

提示：同样步骤操作可恢复显示桌面图标。

图 9-6　"IE 浏览器窗口"

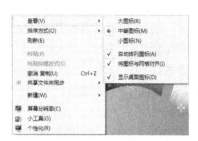

图 9-7　桌面快捷菜单

◆知识拓展

一、鼠标指针的形状

鼠标的指针会根据在不同的位置或者系统程序的执行阶段不同而呈现不同的形状，有经验的使用者可以根据鼠标指针的形状判断目前的执行情况。常见鼠标指针的形状及含义如表 9-2 所示。

表 9-2　鼠标指针的形状及含义表

含　义	形　状	含　义	形　状	含　义	形　状
正常选择	⬚	沿对角线调整 1	⬂	垂直调整	⬍
帮助选择	⬚?	沿对角线调整 2	⬀	水平调整	⬌
后台运行	⬚○	选定文字	I	移动	✛
忙	○	手写	✎	候选	⬆
精确定位	╋	不可用	⊘	链接选择	👆

二、鼠标操作图标方法

(1) 单击鼠标：把鼠标指针 ⬚ 移动到相应图标上，鼠标左键单击一次，则完成该图标选择。如果单击的是菜单项、按钮则可以执行该菜单项、按钮的功能。

(2) 双击鼠标：把鼠标指针 ⬚ 移动到相应图标上，鼠标左键连续击两次，则完成该图标功能的执行(程序启动或者窗口打开)。

(3) 右击鼠标：把鼠标指针 ⬚ 移动到相应图标上，鼠标右键单击一次，则出现针对操作该图标的快捷菜单，可选择相应项执行相应操作。

(4) 拖动鼠标：把鼠标指针 ▷ 移动到相应图标上，鼠标左键按下移动鼠标，即可移动图标；把鼠标指针 ▷ 指向空白处，鼠标左键按下移动鼠标，会出现一个虚线矩形框，框内的图标均被选中。

【任务3】 窗口的基本操作

◆**任务介绍**

当执行某个程序或者打开某个文件夹时，都会打开该程序的窗口。所有 Windows 的程序都运行在称为窗口的矩形区域中。

◆**任务要求**

了解窗口组成，学会窗口的基本操作。

◆**任务解析**

由于 Windows 7 是多任务操作系统，因此可以同时执行多个程序，每个程序都会打开一个窗口。多个窗口彼此重叠，位于最前面的窗口是用户目前正在处理的程序窗口，称为"当前窗口"。

一、打开并移动窗口

当打开多个窗口时，桌面上可能会出现窗口的重叠。可以根据实际工作需要，把窗口移动到桌面的任意位置。

(1) 把鼠标指针 ▷ 指向"计算机"，双击该图标，打开"计算机"窗口。

(2) 把鼠标指针 ▷ 指向"网络"，双击打开"网络"窗口。

(3) 把鼠标指针 ▷ 指向"用户文档"，双击打开"用户文档"窗口。

(4) 把鼠标指针 ▷ 指向相应窗口，此时屏幕如图 9-8 所示。

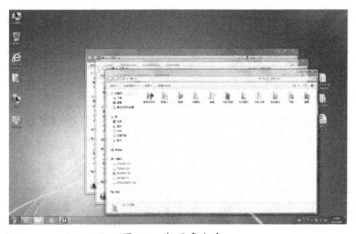

图 9-8　打开多个窗口

注意：窗口的最上面一栏称为"标题栏"，单击它可以使它变深色，表示该窗口为当前窗口，指针在上面按住鼠标左键可以移动相应窗口的位置。

二、调整窗口大小

Windows 7 的窗口大小不是固定不变的，可以通过拖动窗口边沿来改变窗口的尺寸大小。

(1) 把鼠标指针 ▷ 指向"计算机"，双击鼠标左键打开"计算机"窗口。

(2) 鼠标指针移到窗口的边沿，指针由"$\mathrel{\scriptstyle\bigtriangledown}$"变为双箭头形状，由于位置在窗口的四周或四角不同，双箭头形状如表 9-3 所示。

(3) 按住鼠标左键，窗口边沿可以随着变化，从而改变了窗口大小。

三、控制窗口

窗口的控制按钮位于窗口的顶端第一行最右侧，可以通过单击相应按钮完成对窗口的相应状态控制操作。控制按钮有两种组合：最小化、最大化和关闭；最小化、还原和关闭。各按钮功能如表 9-4 所示。

(1) 把鼠标指针 $\mathrel{\scriptstyle\bigtriangledown}$ 指向"计算机"，双击鼠标左键打开"计算机"窗口。

(2) "计算机"窗口最上面一栏为标题栏，标题栏最右边为窗口的控制按钮区，如图 9-9 所示。

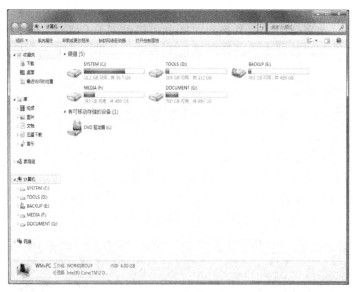

图 9-9 "计算机"窗口

(3) 鼠标左键单击可完成对应窗口的操作。

注意：四个控制按钮同时只出现三个，其中最小化、关闭是固定出现，最大化和向下还原则是根据窗口的状态出现其中的一个。

表 9-3 调整窗口大小时光标形状

↔	水平调整：光标位于窗口左、右边沿
↕	垂直调整：光标位于窗口上、下边沿
⤡	沿对角线调整 1：光标位于窗口左上、右下角
⤢	沿对角线调整 2：光标位于窗口右上、左下角

表 9-4 窗口的控制按钮

▢	最大化：单击后窗口扩大至整个屏幕，此按钮的位置出现"向下还原"按钮
▬	最小化：单击后窗口尺寸缩小为一个图标，出现在任务栏上，单击任务栏上的对应窗口图标，窗口恢复为原来状态
◻	向下还原：单击后窗口恢复为最大化以前的正常状态
✕	关闭：单击后关闭窗口

◆知识拓展

虽然窗口的内容会随着不同种类的文件或文件夹的不同而有所不同，但它们所包含的元素基本相同。"计算机"窗口打开后，如图9-9所示。

【任务4】 任务栏的使用

◆任务介绍

任务栏是系统安装完默认呈现在系统桌面上的快捷工具，主要由开始菜单、快速启动栏、应用程序区、语言选项带和托盘区组成。其主要目的还是为了方便用户对正在运行的程序之间进行切换操作。

Windows 7是一个多任务操作系统，用户可以同时运行多个应用程序，并且每个应用程序都会打开一个窗口。任务栏上会显示各个窗口的名字的图标，关闭一个程序或者窗口后，其图标将从任务栏消失。

当前正在操作的应用程序称为"前台应用程序"，又称为"前台窗口"、"当前窗口"或者"活动窗口"。用鼠标单击任务栏上相应窗口的图标可以进行当前窗口的切换操作。

◆任务要求

了解任务栏的功能，学会对任务栏进行基本设置。

◆任务解析

一、锁定任务栏

(1) 把鼠标指针 ▷ 指向"任务栏"空白处。

(2) 单击鼠标右键，打开任务栏快捷菜单，如图9-10所示。

(3) 把鼠标指针 ▷ 指向"锁定任务栏"选项，此时该处被框选。

图 9-10　任务栏快捷菜单

(4) 单击鼠标选择该选项，此时快捷菜单消失。

(5) 重新打开任务栏的快捷菜单，此时"锁定任务栏"选项前面有一个"√"，表明任务栏已经处于锁定状态。

注意：当桌面上存在当前窗口时，快捷菜单中的三个排列选项就由灰色变为深色，用鼠标选择就可以进行桌面上窗口的排列。

二、任务栏宽度调整及位置移动

(1) 确定任务栏不处于锁定状态。

(2) 把鼠标指针 ▷ 指向"任务栏"边沿，指针变为双箭头形状。

(3) 按住鼠标拖动即可完成任务栏宽度调整。

(4) 把鼠标指针 ▷ 指向"任务栏"空白处。

(5) 按住鼠标把任务栏拖到桌面右侧放开左键，此时任务栏已经移动到桌面右侧，如图9-11所示。

(6) 同样操作，还可以把任务栏拖到桌面顶端或者左侧。

三、自动隐藏任务栏

(1) 把鼠标指针 ▷ 指向"任务栏"空白处。

(2) 单击鼠标右键，打开任务栏快捷菜单，如图9-10所示。

(3) 把鼠标指针  指向"属性"选项，此时该处变为深色。

(4) 单击鼠标选择该选项，此时快捷菜单消失，打开"任务栏和开始菜单属性"对话框，如图 9-12 所示。

(5) 单击选择"自动隐藏任务栏"选项，使其前面小方框打"√"。

(6) 单击"确定"按钮，关闭对话框。

注意：设定自动隐藏任务栏后，平时任务栏被隐藏起来，只有将鼠标指针移动到任务栏位置时，任务栏才显示。

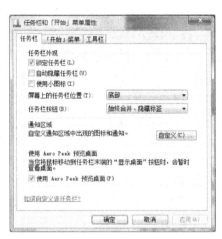

图 9-11　任务栏位于桌面右侧　　　　图 9-12　任务栏属性对话框

◆技巧存储

当前窗口快捷切换：

当用户打开多个窗口时，任务栏上就显得比较拥挤，通过鼠标单击任务栏上的图标来进行切换窗口会很费劲。此时可通过按<Alt+Tab>组合键进行快捷切换，操作如下：

先按住<Alt>键不放，再按下<Tab>键，出现快捷选择窗口的列表，上面会出现正在运行的所有窗口的缩略图。再通过按 Tab 键进行当前缩略图切换选取，选取时该缩略图有浅蓝色半透明框框选，放开 Alt 键完成选择切换。

◆知识拓展

使用任务栏可以使 Windows 7 的操作简单化，可以快捷地对程序任务进行运行及管理。无论打开多少个窗口，都可以通过任务栏进行当前任务切换、关闭等操作，常见任务栏如图 9-13 所示。

图 9-13　任务栏

1. 开始按钮

单击"开始"按钮，打开"开始"菜单，其中几乎可完成 Windows 7 的所有任务，如启动应用程序、启动管理程序、打开文档、寻求帮助、打开浏览器等。

"开始"菜单打开后，一些选项旁边有箭头，表明该选项有下级菜单。若将鼠标指针移到有箭头的选项上，将会出现其下级菜单。

2．快捷工具按钮

根据用户的需要，将 Windows 7 中常用的功能(程序)以工具按钮的形式放置于任务栏，以方便启用。每个按钮表示一个被锁定到任务栏的程序，如按钮显示为浅蓝色半透明框框选，则表示已经打开该程序，包括被最小化的或者隐藏在其他窗口下的窗口。通过单击这些图标可以在不同的窗口之间切换当前窗口。

【任务5】 使用与设置"开始"菜单

◆任务介绍

"开始"按钮位于任务栏的最左端，打开后出现的"开始"菜单是用户打开应用程序的快捷"桥梁"，它汇集了系统几乎所有应用程序的快捷图标，通过单击这些快捷图标，用户可以启动相应的应用程序。

◆任务要求

学会通过"开始"菜单启动程序，学会简单设置"开始"菜单。

◆任务解析

一、使用"开始"菜单启动计算器程序

(1) 单击 按钮，出现第一级快捷菜单。

(2) 把鼠标指针 指向"所有程序"选项，出现第二级快捷菜单。

(3) 把鼠标指针 单击"附件"选项，出现第三级快捷菜单，如图9-14所示。

(4) 把鼠标指针 指向"计算器"选项使其变为浅蓝色半透明框框选。

(5) 单击"计算器"选项。

(6) 启动"计算器"程序窗口，如图9-15所示。

提示：当鼠标指针移到一个右方有三角符号▶的选项时，将会自动出现其下一级子菜单。

图9-14　快捷菜单

图9-15　计算器程序窗口

二、认识"任务栏和开始菜单属性"菜单

(1) 把鼠标指针 指向"任务栏"空白处。

(2) 单击鼠标右键，打开任务栏快捷菜单，如图9-10所示。

(3) 把鼠标指针 指向"属性"选项，此时该处变为框选。

(4) 单击鼠标选择该选项，此时快捷菜单消失，打开"任务栏和开始菜单属性"窗口。

三、显示"最近使用文档"的列表内容

(1) 在图 9-16 所示界面中用鼠标单击"自定义"按钮，出现"自定义「开始」菜单"窗口。

(2) 鼠标单击选择"自定义"选项，此时窗口如图 9-17 所示。

图 9-16　"「开始」菜单属性"窗口

图 9-17　"自定义「开始」菜单"窗口

(3) 单击勾选"最近使用的项目"选项前的复选框。

(4) 单击"确定"按钮完成设置。

提示：当此选项前面有"√"选择时，开始菜单中会出现"最近使用的项目"选项，其中会出现近期打开文档的历史记录。

四、将计算器程序快捷图标置于"开始菜单"第一级

(1) 打开"开始"菜单，把鼠标指针 ⌖ 指向开始菜单的"计算器"选项，如图 9-18 所示。

(2) 单击鼠标右键，出现如图 9-19 所示的快捷菜单，单击选择"附到「开始」菜单"选项完成操作。

(3) 重新单击"开始"按钮打开开始菜单，发现在开始菜单的第一级顶部出现了"计算器"选项，如图 9-20 所示。

图 9-18　「开始」菜单 1

图 9-19　附到「开始」菜单

图 9-20　「开始」菜单 2

◆技巧存储

几个组合快捷键的使用：

(1) <Ctrl+Esc>：打开「开始」菜单；

(2) <Alt+空格>：打开窗口控制菜单；

(3) <Alt+F4>：关闭当前窗口。

◆知识拓展

Windows 7 以菜单的形式提供给用户各种操作命令，用户只需单击相应菜单命令就可以实现相应操作。由于菜单命令比较多，在组织分类上进行了一些约定，常见的菜单项状态及含义如表 9-5 所示。

表 9-5　菜单项状态及含义

菜单项状态	含　义
灰色菜单项	该菜单命令在当前状态下不能使用
菜单项后有 "…"	选择该命令后会弹出对话框，需要用户输入某些信息进行操作
菜单项前有 "√"	该命令正处于有效状态。如果此时单击选择，将会取消前面的 "√"，不再有效
菜单项前有 "●"	该命令是单选命令，在同组并列的几项功能中，只允许其中的一项起作用
菜单项后有 "▶"	该命令还有下一级子菜单

【任务 6】　使用 Windows 7 的帮助

◆任务介绍

Windows 7 提供了功能强大的帮助系统，用户在操作过程中遇到困难时或者需要特定的信息时可随时通过 "帮助和支持中心" 查看解决的办法。

◆任务要求

学会使用 Windows 7 的帮助系统进行学习。

◆任务解析

一、使用 "帮助主题" 获取帮助信息

(1) 单击 按钮，在弹出的 "开始" 菜单中选择 "帮助和支持" 选项，打开 "Windows 帮助和支持" 窗口，如图 9-21 所示。

(2) 单击选择 "如何使用我的计算机？" 主题选项。

提示：按 F1 键可快速打开 "帮助和支持中心" 窗口。

(3) 单击 "如何使用我的计算机？" 主题列表中的 "备份文件" 选项。

(4) 此时窗口中显示 "备份文件" 的操作方法，如图 9-22 所示。

二、使用 "搜索" 获取使用 "计算器" 的帮助信息

(1) 在图 9-21 所示界面中单击 "搜索" 文本框。

(2) 在文本输入框中输入关键字 "计算器"。

(3) 单击 "搜索帮助" 按钮。

(4) 在窗口中显示出使用 "计算器" 选项，如图 9-23 所示。

(5) 单击 "使用计算器" 选项，窗口中出现其帮助教程，如图 9-24 所示。

图 9-21　"Windows 帮助和支持"窗口

图 9-22　"备份文件"窗口

图 9-23　"搜索"内容窗口

图 9-24　"使用计算器"内容窗口

项目十 文件管理

【学习要点】
- ■任务 1 管理文件和文件夹
- ■任务 2 删除文件及"回收站"的使用
- ■任务 3 磁盘格式化
- ■任务 4 使用资源管理器

计算机中的数据是以文件为单位存储的。所谓的"文件",包括程序以及程序所处理的数据。当要使用一个文件时,不需要知道它的实际存储位置,只要有文件的名称,操作系统就可以找到该文件。

【任务 1】 管理文件和文件夹

◆**任务介绍**

文件管理是任何操作系统的基本功能之一,Windows 7 操作系统通过两种途径对系统中的文件和文件夹进行管理:"计算机"和"资源管理器"。

◆**任务要求**

学会在 Windows 7 操作系统中进行文件及文件夹的基本管理。

◆**任务解析**

一、查看文件/文件夹

打开一个文件夹后,文件夹中的内容可根据需要选择显示方式,以提高工作效率,默认情况下是以"平铺"的方式显示。

(1) 打开文件夹后,单击"查看视图"按钮,有 5 种方式:图标(超大、大、中等、小)、列表、详细信息、平铺、内容,分别如图 10-1～图 10-5 所示。

(2) 鼠标指针指向要显示的方式,单击确定。

图 10-1 "图标(小)"方式   图 10-2 "列表"方式

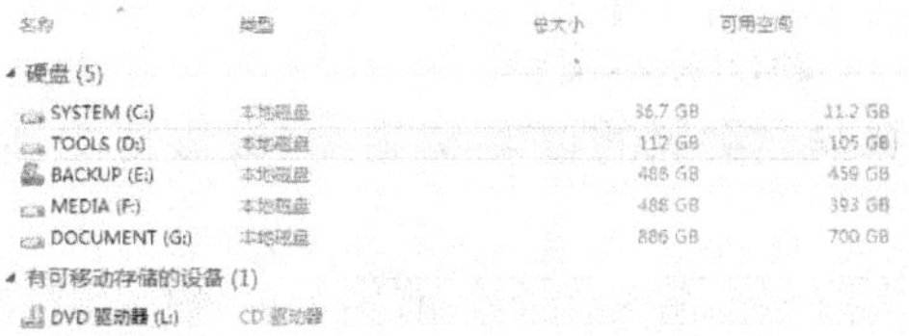

图 10-3 "详细信息"方式 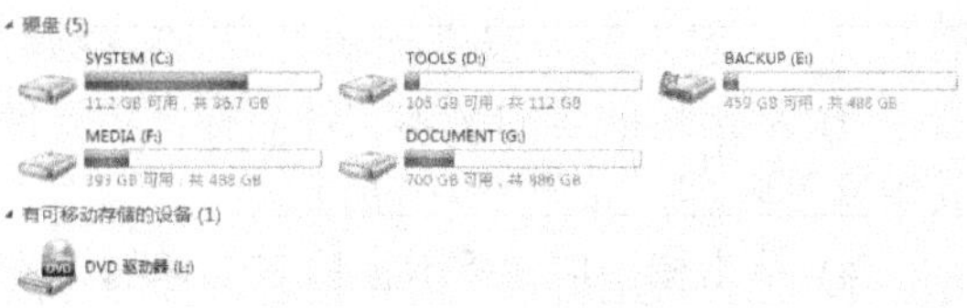   图 10-4 "平铺"方式

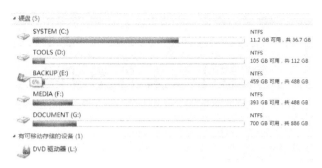

图 10-5 "内容"方式

二、创建文件夹

使用操作系统进行计算机操作时，需要对文件进行保存、复制、移动等管理操作。如果文件随意存放，就会显得零乱，时间长了就会出现文件不易找到等问题，影响工作效率。因此，建议在保存文件前，先建立一个文件夹，把相关的文件存于其中，以便日后快速查找。

(1) 打开一个文件夹或者一个磁盘窗口，然后单击窗口快捷工具栏中的"新建文件夹"按钮，如图 10-6 所示。

(2) 在当前磁盘或文件夹中，就会新建一个名为"新建文件夹"的文件夹，如图 10-7 所示。此文件夹的名称为深色的编辑状态，输入该文件夹要使用的名称，输入完后按"Enter"键，就能建立一个新的文件夹。

图 10-6 新建一个文件夹 1

图 10-7 新建一个文件夹 2

三、创建一个文本文件

(1) 打开一个文件夹或者一个磁盘窗口，然后在窗口空白处单击鼠标右键，在弹出的快捷菜单中选择"文本文档"命令，如图 10-8 所示。

(2) 在当前磁盘或文件夹中，就会新建一个名为"新建文本文件"的文件，如图 10-9 所示。此文件的名称为深色的编辑状态，输入该文件要使用的名称，输入时注意保留扩展名(.txt)，输入完后按"Enter"键，就能建立一个新的文本文件。

(3) 双击新创建的文本文件名称，系统会选择与之关联的记事本程序打开该文件，在其中输入内容，如图 10-10 所示。

(4) 单击图 10-10 所示窗口右上角的"关闭"按钮，在关闭文件前由于文件内容已经改变，会弹出如图 10-11 所示的提示保存文件对话框，单击"保存"按钮，完成操作。

图 10-8　"新建文本文件"命令

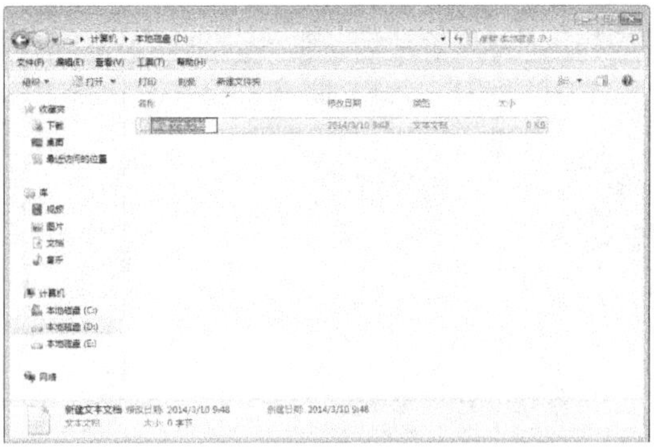

图 10-9　新建文本文档

图 10-10　输入文本内容

图 10-11　保存文本文档对话框

四、更改文件/文件夹的名字

新建的文件或者文件夹一般情况下都会有一个默认的名字,但磁盘中文件或者文件夹很多的时候,给它们起一个有意义的名字就显得很重要,清晰明了的名字在管理起来就很方便。

(1) 打开一个文件夹或者一个磁盘窗口,先单击选择要更改名字的文件或者文件夹,然后单击窗口快捷工具中的"组织"按钮,选择"重命名"命令,如图 10-12 所示。

(2) 此文件的名称为深色的编辑状态,输入该文件要使用的名称,输入完后按"Enter"键,就能完成更改文件名字操作。

更改文件夹或者文件名字的其他方法:

方法二:直接按键盘上的<F2>键。

方法三:右击对象,选择"重命名"命令。

五、复制文件与移动文件

在管理文件或者文件夹时,有时候需要进行做备份,防止误操作时数据丢失,造成不可挽回的损失。

(1) 选择要复制或者移动的文件及文件夹,如图 10-13 所示。

(2) 要进行复制操作:单击菜单"组织"→"复制"命令,或者使用复制快捷键<Ctrl+C>;要进行移动操作:单击菜单"组织"→"剪切"命令,或者使用剪切快捷键<Ctrl+X>。

(3) 打开要复制或者移动的目的地文件夹,执行菜单"组织"→"粘贴"命令,或者按键盘上的<Ctrl+V>快捷键,即可完成复制或者移动操作,此时结果如图 10-14 所示。

图 10-12　更改文件名

图 10-13　复制或者移动文件及文件夹

六、创建快捷方式

操作系统对文件和文件夹的管理是以树状结构的形式进行的，如果一个文件或者文件夹的位置嵌套在很深的层里，想要找到它就要一层一层地打开其上层的文件夹，这样就很麻烦。这一问题可以使用"快捷方式"来解决。具体就是把某些常用的文件或者文件夹，在用户最方便的地方做一个"图标"与之关联，双击该"图标"就可以打开其关联的文件夹或者执行其关联的程序，简化了用户的操作。

(1) 选中要创建快捷方式的文件夹或文件。

(2) 单击鼠标右键，在快捷菜单中选择"创建快捷方式"命令，同级文件夹中出现快捷方式如图 10-15 所示。

图 10-14　粘贴文件及文件夹

图 10-15　创建"快捷方式"

提示：出现的快捷方式图标和常规图标一样都可以进行复制、移动、重命名等操作。可以把快捷方式图标移到自己最方便使用的地方，如放在桌面上。

七、搜索文件

当忘记了一个文件或者文件夹在磁盘中的存储位置时，Windows 7 系统提供了快捷好用的搜索工具，使用户可以快速查找到所要的文件或者文件夹，甚至网络上的计算机。系统可根据要查找的文件或者文件夹的名称、建立日期、大小、类型等属性对指定的位置进行搜索。

(1) 单击工具栏上的"搜索"文本框，输入要查找的文件或者文件夹的部分或者完整的名称，如图 10-16 所示。

(2) 单击"搜索"  按钮，系统就会按要求在指定的范围内查找符合要求的文件或者文件夹，搜索结果显示在窗格右边，如图10-17所示。

图10-16　文件或者文件夹搜索窗口　　　　图10-17　文件或者文件夹搜索结果

提示：通配符"？"和"＊"

在查找文件或者文件夹时，如果只知道该文件或者文件夹的部分名称，则可以使用通配符来根据名称进行模糊查找。

"？"代表文件或者文件夹名称中的一个任意字母或者汉字。

"＊"代表文件或者文件夹名称中连续的任意多个字母或者汉字。

例如：QQ2009、QQ2010、QQ2008、QQGame中：

① QQ*：表示文件名前面两个字母为"QQ"的均符合要求，如QQ2009、QQ2010、QQ2008、QQGame等。

② QQ200??：只有QQ2009、QQ2008符合要求。

八、设置文件/文件夹的属性

文件或者文件夹有两种属性：只读和隐藏，当文件或者文件夹具有"只读"属性时，文件或者文件夹内容不能改变；当文件或者文件夹具有"隐藏"属性时，可以使文件或者文件夹在普通情况下被隐藏起来，起到一定的保密作用。

(1) 选中要设置属性的文件夹或文件。

(2) 单击鼠标右键，在快捷菜单中选择"属性"命令，打开文件属性对话框，如图10-18所示。

(3) 单击所要选择的属性，使其前面显示"√",单击"确定"按钮完成操作。

注意：文件属性对话框中还显示了文件的各种属性，如大小、位置、创建时间、修改时间等信息。

◆技巧存储

显示文件的扩展名：

默认情况下，Windows 7操作系统把一些常见类型的文件扩展名隐藏了起来，只能看到文件的名称而看不到其扩展名。如果想显示扩展名，可以在打开文件所在的文件夹后，在"组织"菜单中选择"文件夹和搜索选项"命令，打开如图10-19所示的对话框，单击取消勾选"隐藏已知文件类型的扩展名"选项，再确定即可显示文件的扩展名。

图 10-18 文件属性对话框

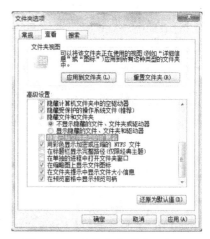

图 10-19 文件夹选项对话窗口

◆**知识拓展**

Windows 7 操作系统中，各种信息是以文件的形式存储在磁盘中的。每个文件都有一个文件名，系统通过这个文件名对文件进行管理。

一个完整的文件名一般由文件名称和扩展名两个部分组成，中间以"."隔开，即"文件名.扩展名"，如"学生成绩单.doc"，其中"学生成绩单"是文件的名称，".doc"是文件的扩展名。

Windows 7 操作系统中的文件名称可以自行命名，最多可以使用 255 个英文字母组成，可以为英文字符、数字、汉字及一些特殊符号组成，其中一个汉字相当于 2 个英文字符。但文字名不能使用以下 9 个字符：问号(?)、星号(＊)、小于号(<)、大于号(>)、斜杠(／)、反斜杠(＼)、竖杠(｜)、冒号(：)、双撇号("）。

不同类型的文件，其扩展名也相应不同，通常我们是通过扩展名来辨识文件的类型，常见文件的扩展名如表 10-1 所示。

表 10-1　常见文件的扩展名

类　型	扩 展 名	类　型	扩 展 名
可执行文件	exe	声音文件	wav、mid. mp3
文本文件	txt	图像文件	Jpeg、bmp、TIFF、png、TGA
Word 文件	doc	影片文件	avi、mpg、mov、rm、wmv、rmvb
Excel 表格文件	xls	压缩文件	zip、rar、7z
幻灯片文件	ppt	数据库文件	mdb
网页文件	htm、html、asp	Photoshop 文件	psd

一般情况下，一个文件通过其扩展名与一个相应的应用程序建立关联，当双击一个文件时，就会自动启动其关联的应用程序，并在该程序中打开该文件。例如，当双击扩展名为"doc"的文件时，就会自动启动 Word 程序并在其中打开该文件。

【任务2】 删除文件及"回收站"的使用

◆**任务介绍**

Windows 7 系统在硬盘中划出一块存储区域，类似于家庭中的垃圾篓，专门用于临时存放被执行了删除操作的文件，称为"回收站"。"回收站"的默认大小为磁盘空间的10%，其大小可以调整。

◆**任务要求**

学会删除文件，理解"回收站"的功能，学会进行"回收站"属性基本设置。

◆**任务解析**

一、删除文件/文件夹

文件或者文件夹在执行删除操作时，通常情况下是存放在"回收站"中，只有把"回收站"清空，才是真正意义上的删除文件或者文件夹。

(1) 选中要删除的文件夹或文件。

(2) 单击键盘上的<Delete>键(或者单击鼠标右键，在快捷菜单中选择"删除"命令)，此时会打开"确认文件删除"对话框，如图 10-20 所示。

(3) 若单击"是"按钮，则将该文件或者文件夹删除，并暂存放在"回收站"中。

(4) 在桌面上双击"回收站"图标，打开"回收站"窗口，在其中会看到先前删除的文件或者文件夹，如图 10-21 所示。

图 10-20 "删除文件"对话框

图 10-21 "回收站"窗口

要想彻底将文件或者文件夹从磁盘中删除，请选择"回收站"中的相应对象，单击"回收站"窗口中的"清空回收站"按钮 清空回收站 ，则文件或者文件夹被彻底删除。

要想还原被删除的文件或者文件夹，则单击"还原此项目"按钮 还原此项目 。

二、设置"回收站"

(1) 在桌面上单击选择"回收站"图标，单击鼠标右键，在弹出的快捷菜单中选择"属性"命令，则出现"回收站"属性对话框，如图 10-22 所示。

(2) 选择"不将文件移到回收站中。移除文件后立即将其删除。"选项，则在删除文件时不放入"回收站"，而是彻底删除。

(3) 选择"显示删除确认对话框"选项时在删除文件时不会出现确认对话框。

◆**技巧存储**

要想直接将文件或者文件夹从计算机中删除掉，而不是先放在"回收站"中，可以按<Shift+Delete>组合键进行删除。使用这种直接删除的方法时请慎重，因为一旦这样删除，恢复就比较困难了。

图 10-22 "回收站"属性对话框

另外,删除移动存储器(U 盘、移动硬盘等)中的文件或者文件夹时不会转存于"回收站",而是直接永久性删除。

◆知识拓展

直接把要删除的文件或者文件夹拖到"回收站"图标上,当"回收站"图标变深色时放开鼠标,也可以完成删除操作。

"回收站"是桌面上的一个文件夹,实际上是硬盘的一部分,所以在执行一般的逻辑删除时,只是暂时把删除的对象放在"回收站"中,类似于"移动"操作。在"回收站"没有清空之前,它们仍然占用磁盘空间,只有执行了"清空回收站"命令后,才可以永久性真正把文件从硬盘中删除掉,释放硬盘空间。这样在删除文件时,可以直接用鼠标把文件或者文件夹拖到"回收站"中,也可以完成逻辑删除操作。

【任务3】 磁盘格式化

◆任务介绍

格式化是在磁盘中建立磁道和扇区,磁道和扇区建立好之后,计算机才可以使用磁盘来储存数据。格式化有两个作用:

(1) 根据操作系统的需要,对磁盘进行初始化,这是最原始的作用。

(2) 快速删除整个磁盘上的全部内容,例如一个 120GB 的硬盘,如果你要将全部内容删除,重新安装其他内容,按平常的方法来删除,可能需要几十分钟。而使用格式化只要二三分钟就可以了,如果使用快速格式化那就更快。

◆任务要求

学会对磁盘进行格式化操作。

◆任务解析

(1) 双击桌面上 "计算机"图标,打开计算机窗口,如图 10-23 所示。

(2) 单击选择要进行格式化的磁盘(这里以 U 盘为例)。

(3) 选择菜单"文件"→"格式化"命令,弹出格式化磁盘对话框,如图 10-24 所示。

图 10-23　格式化磁盘

图 10-24　格式化磁盘

(4) 在格式化对话框中可以看到磁盘的存储容量大小,文件系统中可以选择文件的管理模式,格式化选项中可以选择"快速格式化"。

(5) 单击"开始"按钮,弹出警告提示窗口,如图 10-25 所示。

图 10-25　格式化磁盘

(6) 单击"确定"按钮即可开始格式化该磁盘,格式化完成后将出现提示对话框。

注意:磁盘的格式化是一项非常危险的操作,建议在格式化前先备份重要数据。当然格式化后用户也可以使用一些恢复软件来恢复重要数据,前提是没对格式化的磁盘写入任何内容。如果写进内容了,就可能随机性地对部分内容进行了覆盖性的破坏,只能恢复没有被覆盖破坏部分的数据!

◆ 知识拓展

磁盘的格式化分为物理格式化和逻辑格式化。物理格式化又称低级格式化,就是将空白的磁盘划分出柱面和磁道,再将磁道划分为若干个扇区,每个扇区又划分出标识部分 ID. 间隔区 GAP 和数据区 DATA 等。逻辑格式化又称高级格式化,是在磁盘上建立一个系统存储区域,包括引导记录区、文件目录区 FCT、文件分配表 FAT。

目前我们对硬盘进行的格式化一般是指逻辑格式化。硬盘的物理格式化已经在出厂前进行过,只有当硬盘受到外部强磁体、强磁场的影响,或因长期使用,硬盘盘片上由低级格式化划分出来的扇区格式磁性记录部分丢失,从而出现大量"坏扇区"时,才需要通过低级格式化来重新划分"扇区"。

只有在硬盘多次分区均告失败或在高级格式化中发现大量"坏道"时,方可通过低级格式化来进行修复。而硬盘的硬性损伤,如硬盘出现物理坏道时,则是无法通过低级格式化来修复的。

【任务4】 使用资源管理器

◆**任务介绍**

资源管理器是 Windows 7 操作系统对系统中的文件和文件夹进行管理的另一个重要程序，利用它可以方便直观地完成对文件或者文件夹的新建、复制、移动、重命名、删除、修改属性等操作。

◆**任务要求**

会使用资源管理器对文件或者文件夹进行基本管理。

◆**任务解析**

使用资源管理器进行文件或者文件夹移动：

(1) 单击选择任务栏上的"资源管理器"按钮，如图 10-26 所示，打开资源管理器窗口，如图 10-27 所示。

图 10-26　"资源管理器"按钮图　　　　　图 10-27　资源管理器窗口

(2) 在窗口左边文件夹区域，通过单击文件夹前面的" ▷ "按钮，展开其层级树型结构，找到目标文件夹。

(3) 单击目标文件夹，此时在窗口右边会显示该文件夹的内容。

(4) 用鼠标把右边要移动的文件或者文件夹拖到左边目录树中的某个目的文件夹上，放开鼠标，完成移动操作。

◆**知识拓展**

在同一个磁盘中使用拖动方式可完成移动文件操作，在不同磁盘之间进行拖动则完成的是复制文件操作。同一个磁盘中要进行复制操作，只需要在拖动时同时按住<Ctrl>键即可。

项目十一　Windows 7 常用设置

【学习要点】
- ■任务 1　设置显示属性
- ■任务 2　管理 Windows 7 用户
- ■任务 3　了解计算机系统配置
- ■任务 4　安装与卸载程序
- ■任务 5　设置输入法

　　Windows 7 的"控制面板"是用来对计算机系统的工作方式和工作环境进行设置的一个工具集。当 Windows 7 安装完成后，就会预置一个标准的系统环境，用户可以在"控制面板"中根据自己的喜好进行设置和调整。

　　单击 按钮，在弹出的"开始菜单"中可以找到"控制面板"命令，单击后会打开"控制面板"窗口，默认为"类别"视图，如图 11-1 所示。"图标"视图，如图 11-2 所示。

图 11-1　控制面板——"类别"

图 11-2　控制面板——"图标（小）"

【任务 1】　设置显示属性

◆任务介绍

　　在进行计算机操作时，一般情况下都是通过显示器把过程和结果显示给用户。Windows 7 操作系统提供了设置显示器的功能，使用户可以根据自己的喜好，对各种显示参数进行个性化调整。

◆任务要求

　　学会进行常规的显示器属性设置，如桌面背景、屏幕保护程序、窗口外观、屏幕分辨率等。

◆任务解析

一、更换主题

为了便于用户对显示属性的个性化设置，Windows 7 提供了"个性化"这一设置功能，可以通过对主题更换进行桌面属性的统一外观设置，如窗口、图标、字体、颜色、背景及屏幕保护图片等。

(1) 在桌面空白处单击鼠标右键，在弹出的快捷菜单中选择"个性化"命令，打开的"个性化"窗口如图 11-3 所示。

(2) 在显示的列表中选择相应主题，完成更换。

二、更换桌面背景

用户可以把一张位图或者一个 HTML 文档设置为桌面背景，当然，Windows 7 系统也自带了一些墙纸或者图案便于用户更换。

(1) 在图 11-3 所示的"个性化"窗口中单击"桌面背景"选项按钮，切换到桌面背景设置项，如图 11-4 所示。

(2) 选择想要使用的背景图片，如果想使用自己的图片，也可以单击"浏览"按钮，打开"浏览"对话框，任意选择自己的图片。

(3) 单击"保存修改"按钮，完成设置，这时桌面已经更换了背景图片。

图 11-3　更换主题窗口　　　　　　图 11-4　更换桌面背景窗口

三、设置屏幕保护程序

如果长时间不使用计算机，计算机的屏幕就长时间显示一个静止画面，使屏幕的某个地方会长时间显示亮点，这样会使部分位置的荧光粉老化，从而对显示器造成损害。屏幕保护程序会在一定时间内启动一个动态画面，达到保护屏幕的作用。

(1) 在图 11-3 所示的"个性化"窗口中单击"屏幕保护程序"选项按钮，切换到屏幕保护程序设置项，如图 11-5 所示。

(2) 单击"屏幕保护程序"下拉列表按钮，选择想要使用的屏幕保护程序。

(3) 在等待栏中设置等待时间。当不操作计算机达到此时间时就会启动屏幕保护程序。将右边的"在恢复时显示登录屏幕"选项勾选后，在恢复时，系统会要求输入用户密码。

(4) 单击"确定"按钮，完成设置。

注意：屏幕保护程序只是针对传统的 CRT 显示器有保护作用，由于现在的液晶显示器所使用的 LCD 显示屏和 CRT 显示器的工作原理是不同的，所以屏幕保护程序的帮助并不是很大。

四、调整显示器分辨率

所谓屏幕分辨率，是指屏幕能够显示的像素数量的多少，常见的普屏分辨率有 1024×768、1280×800，宽屏分辨率有：1440×900、1680×1050 等规格。屏幕分辨率越高，所能显示的画面就越细致。颜色的质量是指显示器可以显示多少种颜色。目前的显示器至少可以显示 256 种颜色，而 24 位和 32 位的真彩色，分别允许表现 2^{24} 和 2^{32} 种颜色。

(1) 在图 11-3 所示的"个性化"窗口左侧中单击"显示"选项卡，选择"调整分辨率"，如图 11-6 所示。

(2) 移动"屏幕分辨率"的游标，即可调整屏幕的分辨率。

(3) 选择要使用的"颜色质量"。

(4) 单击"确定"按钮，完成设置。

注意：一台显示器的分辨率和颜色的设置，与显示器本身、显示适配卡（显卡）有关系，不是所有的显示器都能设置最高的颜色和分辨率。当一个显卡的驱动程序没有安装好时，只能有最低的设置选项。

图 11-5 设置屏幕保护程序窗口

图 11-6 设置屏幕分辨率

【任务 2】 管理 Windows 7 用户

◆任务介绍

Windows 7 是一个多用户操作系统，通过对用户管理，可以进行创建用户账户、更改用户权限、设置用户密码等操作，使每个用户都可以拥有自己独立的存储空间和工作环境。

◆任务要求

学会创建新用户账户，学会创建和修改账户的密码，掌握修改账户的名称、图标、类型等基本管理账户的操作。

◆任务解析

一、创建一个新账户

默认情况下，Windows 7 系统安装过程中，会要求用户创建管理员账户并设置密码，安装完成进入系统后，此用户为计算机管理员类型，拥有管理计算机的最高权限，可以管理其他普通受限账户。

(1) 在图 11-1 所示控制面板分类视图中选择"用户帐户"类别，进入用户账户对话窗口，如图11-7所示。

(2) 单击"管理其他账户"，选择"创建一个新帐户"。

(3) 为新账户输入一个新名字，如：computer。

(4) 为新账户选择一个类型，系统安装过程中创建的账户只能为"计算机管理员"类型，再次创建账户时就可以选择非管理员的"标准用户"类型。

(5) 单击"创建帐户"按钮，完成创建。

(6) 用同样的方法创建名为"user"标准用户类型的账户，两个账户创建完成后结果如图11-8所示。

图11-7　初始"用户账户"对话窗口

图11-8　创建账户后"用户账户"对话窗口

二、给新创建的账户设置密码

(1) 在11-8所示窗口中单击新用户"computer"的图标，出现对该用户的设置对话框，如图11-9所示。

(2) 单击"创建密码"，出现如图11-10所示的用户账户修改密码对话窗口。

(3) 为新账户输入一个密码，并且两次输入必须一致。

(4) 单击"创建密码"按钮，完成创建。

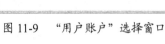
图11-9　"用户账户"选择窗口

图11-10　"创建密码"窗口

【任务3】　了解计算机系统配置

◆任务介绍

　　一台完整的计算机系统是由软件系统和硬件系统组成的，但如果想知道你面前的计算机到底安装了什么硬件、使用的操作系统是什么版本的、当前运行的是什么任务等，Windows 7 提供了友好的交流界面，使用户可以很方便地了解一台计算机系统。

◆任务要求

学会查看计算机系统的各项基本参数和当前运行的任务等。

◆任务解析

一、了解计算机系统配置

在图 11-2 所示的控制面板图标视图中单击"系统"图标，出现"系统"窗口，如图 11-11 所示，其中可以看到操作系统的版本、CPU 型号、内存大小等基本参数。单击左侧窗口"设备管理器"选项卡，打开设备管理器窗口，如图 11-12 所示，其中可以看到计算机所安装的各种硬件设备参数。

图 11-11 "系统"窗口

图 11-12 "设备管理器"窗口

二、使用任务管理器中断当前任务

Windows 7 是一个多任务操作系统，在系统中可能同时运行多个任务。用户可以通过 Windows 7 提供的任务管理器对这些任务进行管理。例如，当在执行某个比较大、占用较多资源的程序时，或者计算机中了某些病毒时，都可能会出现一些任务没有响应的现象，造成整个系统无法正常工作，此时我们可以通过任务管理器来强行中断该任务。

(1) 右键单击任务栏空白处，在出现的快捷菜单中选择"启动任务管理器"，打开"Windows 任务管理器"窗口，如图 11-13 所示。

(2) 在 Windows 任务管理器窗口的"应用程序"选项卡中显示了当前正在运行的任务。

(3) 单击选择其中一个任务，单击"结束任务"按钮，这时该任务结束。

图 11-13 "任务管理器"对话窗口

【任务 4】 安装与卸载程序

◆任务介绍

Windows 7 在"控制面板"中提供"添加／删除程序"选项，通过该选项打开"添加或删除程序"窗口，用户可以安装新的应用程序，也可以卸载不要的程序，还可以对系统的部分组件进行添加和卸载。

◆任务要求

学会安装与卸载应用程序，学会添加与删除系统的部分组件。

◆任务解析

一、应用程序的安装

一般情况下，正版的软件都是使用光盘安装。只需要在光盘驱动器中放入安装光盘，其安装程序就会自动运行。根据安装向导的提示，一步一步地操作，就能安装软件。如果不是光盘，只需要在安装文件中找到"Setup.exe"或者"Install.exe"文件，双击执行，就会出现安装向导。下面以安装"360 安全卫士"为例进行介绍。

(1) 双击安装程序"360 安全卫士_9.2 正式版.exe",出现"用户账户控制"窗口，如图 11-14 所示。这是一个专门用来管理和配置软件服务的工具，它管理软件组件的添加和删除，监视计算机中程序的变更。

(2) 出现安装向导，确定好安装位置，根据提示，单击"下一步"按钮就可以完成安装，如图 11-15 所示。

图 11-14 "用户账户控制"窗口

图 11-15 360 安全卫士安装向导窗口

二、应用程序的删除

一般的套装正版软件安装后，都自带有卸载(Uninstall)功能，如果没有，也可以使用 Windows 7 系统自带的"添加或删除程序"功能完成卸载。

(1) 在图 11-1 所示的控制面板图标视图中单击"程序和功能"选项，弹出"卸载或更改程序"窗口，如图 11-16 所示。

(2) 窗口右边列表中显示当前系统中已经安装的所有应用程序,鼠标单击选择要删除的程序。此时该程序变为深色，同时快捷工具栏出现"卸载/更改"按钮。

(3) 以卸载搜狗拼音输入法为例，选中该程序，单击"卸载/更改"按钮，在弹出的"卸载向导"对话框中选择"卸载"，点击下一步，即可出现卸载窗口，如图 11-17 所示，窗口显示删除的时间及过程。

三、安装 Internet 信息服务组件(IIS)

在安装 Windows 7 时，系统默认安装部分常用的组件，如果要使用没有安装的组件，则必须先进行添加安装，当然，也可以删除一些已经安装的组件。

(1) 在图 11-16 所示的"卸载或更改程序"窗口中，单击窗口左边的"打开或关闭 Windows 功能"按钮。

(2) 弹出"Windows 功能"窗口，如图 11-18 所示。

图 11-16 "卸载或更改程序"窗口

图 11-17 搜狗拼音"卸载"窗口

(3) 在图 11-18 中，组件选项前有"√"表示该组件已经启用。在"Internet 信息服务"里单击勾选下级选项，如图 11-19 所示。

图 11-18 "Windows 功能"窗口

图 11-19 勾选"Internet 信息服务"组件

◆技巧存储

Windows 7 中隐藏着一个可以完整清除垃圾文件的秘密武器!

Windows 系统使用一定时间后，你就会发现 C 盘文件数量呈指数增长，其实增长的主要是系统的垃圾文件，例如日志文件、备份文件、缓存文件等。

Windows 内置的"清理磁盘"功能并不能完全地清除 Windows 7 系统中不需要的文档，因为它的功能有一些被隐藏了，使用以下操作将会把它被隐藏了的功能完全打开。

首先在"开始"菜单中选择"运行"命令，在打开的"运行"对话框中输入：cleanmgr /sageset:99 命令，回车执行，这时会弹出"清理磁盘"工具设置对话框，这时多了很多清理选择，选择你想要清理的档案，通常全部都可以删除，完成选择后再单击"确定"按钮。

◆知识拓展

当计算机系统中安装了过多的软件程序，就会占用大量系统资源，系统反应速度就会变慢。所以对于一些长期不用的软件就应当及时删除。

Windows 注册表是帮助 Windows 控制硬件、软件、用户环境和 Windows 界面的一套数据文件。Windows 系统中安装和删除程序文件都不能直接用复制和删除操作来完成，这是因为安装程序时程序要在 Windows 注册表中写入程序的信息，删除文件时只有使用规范的删除才能在注册表中移出程序的相关信息。

【任务 5】 设置输入法

◆**任务介绍**

输入法是指为了将各种符号输入计算机或其他设备(如手机)而采用的编码方法。汉字输入的编码方法，基本上都是采用将音、形、义与特定的键相联系，再根据不同汉字进行组合来完成输入。Windows 用户可以根据自己的需要安装适合自己的输入法。

◆**任务要求**

学会根据自己的需要添加和删除输入法。

◆**任务解析**

(1) 在控制面板图标视图中单击"区域和语言"图标，在弹出的"区域和语言"对话框中选择"键盘和语言"选项卡，如图 11-20 所示。

(2) 单击"更改键盘"按钮，弹出"文本服务和输入语言"对话框，如图 11-21 所示。

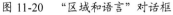

图 11-20 "区域和语言"对话框

图 11-21 添加输入法

(3) 单击"添加"按钮，在弹出的对话框中选择要添加的输入法，逐级单击"确定"按钮完成添加。

注意：当用户需要添加非操作系统自带的输入法时，必须先对输入法进行安装，其安装和删除的方法和普通应用程序的安装和删除一样。

由于 Windows 7 是多用户系统，在安装了输入法后，当更换用户时，在语言栏中会没有相应输入法显示，这时候就必须在"文本服务和输入语言"对话框中进行添加操作。

◆**知识拓展**

目前的键盘输入法种类繁多，而且新的输入法不断涌现，各种输入法各有各的特点，各有各的优势。随着各种输入法版本的更新，其功能越来越强。目前的中文输入法有以下几类：流水码(代表为区位码)、音码(代表为全拼双音、双拼双音、智能 ABC 等)、形码(代表为五笔字形)、音形码(代表为自然码)等。

其中，形码的最大的优点是重码少，不受方言干扰，只要经过一段时间的训练，输入中文字的效率会有很大提高，因而这类输入法也是目前最受欢迎的一类。

为了提高输入效率，某些汉字系统结合了一些智能化的功能，同时采用音、形、义多途径输入。还有很多智能输入法把拼音输入法和某种形码输入法结合起来，使一种输入法中包含多种输入方法，其实是通过软件实现的，因此不能称为一种输入法。如万能五笔，它包含五笔、拼音、中译英、英译中等多种输入法。全部输入法只在一个输入法窗口里，不需要切换。

项目十二　附件应用

【学习要点】
　　■任务 1　使用系统工具
　　■任务 2　使用系统还原功能
　　■任务 3　使用科学型计算器进行数制转换

【任务 1】　使用系统工具

◆任务介绍

　　定期使用系统自带的系统工具对磁盘碎片和凌乱文件存储的位置重新整理，对一些垃圾文件进行清除，释放出更多的磁盘空间，可提高计算机的整体性能和运行速度。

◆任务要求

　　学会使用 Windows 7 自带的"磁盘清理"工具对系统中的一批不必要文件进行删除清理。会使用"磁盘碎片整理程序"进行磁盘的碎片整理，建立起系统优化的理念。

◆任务解析

　　一、使用磁盘碎片整理程序整理磁盘(以 D 盘为例)

　　磁盘碎片应该称为文件碎片，是因为文件被分散保存到整个磁盘的不同地方，而不是连续地保存在磁盘连续的簇中形成的。硬盘在使用一段时间后，由于反复写入和删除文件，磁盘中的空闲扇区会分散到整个磁盘中不连续的物理位置上，从而使文件不能存在连续的扇区中。这样，再读写文件时就需要到不同的地方去读取，增加了磁头的来回移动，降低了磁盘的访问速度。

　　(1) 依次单击"开始／所有程序／附件／系统工具"下的"磁盘碎片整理程序"命令，打开如图 12-1 所示的对话框。

　　(2) 单击选择要整理的磁盘(D 盘)。

　　(3) 单击"分析磁盘"按钮，对选择的 D 盘进行分析。

　　(4) 分析完成后，对话框如图 12-2 所示，如果要进行碎片整理，单击"磁盘碎片整理"按钮，系统就会进行整理。

　　二、磁盘清理

　　一台计算机的操作系统安装时间长了，长期使用的过程中会产生一些"附加"的多余文件，如：回收站中的文件、浏览网页时暂时保存的文件、安装文件时的日志文件等。这些文件隐藏在计算机的各个角落里，定时对它们进行删除，会提高计算机的反应速度。

　　(1) 依次单击"开始／所有程序／附件／系统工具"下的"磁盘清理"命令，打开对话框如图 12-3 所示。

图 12-1 "磁盘碎片整理程序"   图 12-2 磁盘碎片整理对话框

(2) 在"选择驱动器"对话框下拉列表中选择要清理的磁盘，如 E 盘，单击"确定"按钮。

(3) 计算机开始计算 E 盘上可以释放多少空间，如图 12-4 所示。

(4) 在"磁盘清理"列表中，单击勾选要删除的多余文件，单击"确定"按钮，即可完成 E 盘的清理工作，如图 12-5 所示。

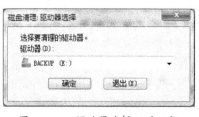

图 12-3 "驱动器选择"对话框

图 12-4 开始"磁盘清理"

图 12-5 选择要删除的文件

【任务 2】 使用系统还原功能

◆任务介绍

在 Windows 7 系统中，可以利用系统自带的"系统还原"功能，通过对还原点的设置，记录我们对系统所做的更改。如果误删了文件或系统出现故障时，使用系统还原功就能将系统恢复到更改之前的状态。

◆任务要求

学会使用"系统还原"功能完成还原点的设置和系统的恢复。

◆任务解析

一、开启系统监视磁盘的功能

(1) 单击选择"计算机"，单击鼠标右键，选择"属性"命令，打开系统属性窗口，选择 "系统保护"选项卡，此时窗口如图 12-6 所示。

(2) 在窗口中可用的驱动器列表中可以看到所有的驱动器及其状态，此时 D 盘处于关闭监视状态。

(3) 单击 D 盘，单击"配置"按钮，弹出驱动器(D：)设置对话框，如图 12-7 所示。

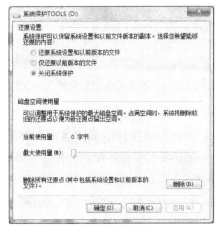

图 12-6 "系统属性"窗口　　　　　图 12-7 驱动器(D：)设置

(4) 单击选择"关闭系统保护"选项。

(5) 因为使用系统还原功能会占用一定的磁盘空间来保存"还原点"的数据，滑动磁盘空间使用量的"最大使用量"滑标来调整保存"还原点"数据的空间大小。

(6) 依次单击"确定"按钮完成开启 D 盘驱动器的监视功能。

提示：① 除非你选择了"在所有驱动器上关闭系统还原"，否则操作系统所在的驱动器是必须监视的，也就是说，不能只监视其他驱动器而不监视系统驱动器。

② 如果磁盘空间用尽，则"系统还原"将变为非活动的"挂起"(即自动关闭)状态。只有获得足够的磁盘空间后，"系统还原"才会自动激活，但以前的所有还原点都将丢失。

二、还原系统

"系统还原"，它采用"快照"的方式记录下系统在特定时间的状态信息，也就是所谓的"还原点"。创建系统还原点也就是建立一个还原位置，系统出现问题后，就可以把系统还原到创建还原点时的状态。Windows 7 系统能根据系统更新时间，自动创建相应的还原点。

当不小心进行了某些错误操作或者其他因素(如病毒)对系统造成破坏时，就可以通过以下操作对系统进行还原。如果 Windows 7 无法正常登录时，还可以先进入安全模式，然后用系统还原恢复到以前的某个还原点。

(1) 在如图 12-8 所示的"系统还原"对话框中，单击"下一步"按钮，出现如图 12-9 所示的对话框。

图 12-8 "系统还原"对话框

图 12-9 还原点选择

(2) 在列表中选择还原点的日期。

(3) 在右边的该日期的还原点列表中选择一个还原点。

(4) 单击"下一步"按钮，打开"确认还原点选择"窗口，如图 12-10 所示，单击"完成"按钮。

(5) 在弹出的提示对话框中，如图 12-11 所示，系统提示还原过程不可中断。

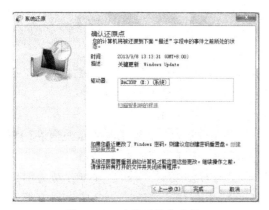

图 12-10 确认还原点选择

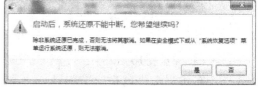

图 12-11 系统还原提示对话框

◆ 技巧存储

Windows 7 中的还原点包括系统自动创建和用户手动创建的还原点。当使用时间加长，还原点会增多，硬盘空间减少，此时，可释放多余还原点。我们可以利用"磁盘清理"功能来实现只保留最近的还原点。

(1) 在资源管理器中用鼠标右键单击要清理的驱动器盘符，从弹出的菜单中选择"属性"命令，选择"常规"选项卡，单击"磁盘清理"按钮，弹出"磁盘清理"对话框。

(2) 单击选择"其他选项"选项卡，如图 12-12 所示。

(3) 在系统还原功能组中单击"清理"按钮，完成只保留最近还原点的操作，如图 12-13 所示。

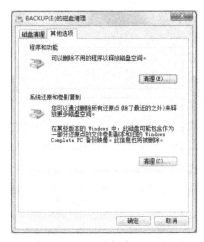

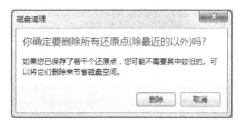

图 12-12　"磁盘清理"对话框　　　　图 12-13　"删除（除最近以外）还原点"对话框

◆知识拓展

系统还原功能会占用大量硬盘空间，可以通过"设置"功能来保证硬盘空间。要想取消"系统还原"功能，只需按上文所述方法操作，选择"在所有驱动器上关闭系统还原"复选框，删除系统还原点，释放硬盘空间。若只对某盘的还原设置，取消选择"在所有驱动器上关闭系统还原"复选框，选中"可用的驱动器"项中所需要的分区，单击"设置"，选中"关闭这个驱动器上的系统还原"可禁止该分区的系统还原功能。另外还可给分区限制还原功能所用磁盘空间，选中需设置的分区，单击"设置"后，在弹出设置窗口中拖动划块进行空间大小的调节。

【任务3】　使用科学型计算器进行数制转换

◆任务介绍

Windows 7 自带的计算器是一个提供进行算术计算、统计、单位转换、日期计算以及工作表计算的实用型工具。

◆任务要求

学会使用计算器完成整数的十六进制、十进制、八进制、二进制之间的转换。

◆任务解析

(1) 单击"开始／所有程序／附件"下的"计算器"命令，启动计算器应用程序，如图 12-14 所示。

(2) 单击选择"查看"→"程序员"命令，此时计算器窗口转换为程序员计算器窗口，如图 12-15 所示，输入十进制数 1280。

图 12-14　计算器

(3) 在窗口中的数制选项中依次单击选择十六进制、八进制、二进制选项，可以看到十进制数 1280 依次变换为十六进制的 500、八进制的 2400 和二进制的 10100000000，分别如图 12-16～图 12-18 所示。

图 12-15　十进制程序员计算器

图 12-16　十六进制程序员计算器

图 12-17　八进制程序员计算器

图 12-18　二进制程序员计算器

通级知识练一练(二)

第一套

1. 在考生文件夹下分别建立 LAB 和 LAF 两个文件夹。

2. 将考生文件夹下 YAN/HHH 文件夹中的文件 SHENG.DOC 设置成只读属性。

3. 将考生文件夹下 QUAN/DBF 文件夹中的文件 ZHA.DBF 移动到考生文件夹下 BAK 文件夹中。

4. 将考生文件夹下 GE/DV 文件夹中的文件夹 BALL 复制到考生文件夹下。

5. 为考生文件夹下 PRT 文件夹中的 CAM.BAT 文件建立名为 CAM 的快捷方式,存放在考生文件夹下。

第二套

1. 将考生文件夹下 LI/QIAN 文件夹中的文件夹 YANG 复制到考生文件夹下 WANG 文件夹中。

2. 将考生文件夹下 TIAN 文件夹中的文件 ARJ.E7 设置成只读属性。

3. 在考生文件夹下 ZHAO 文件夹中建立一个名为 GIRL 的新文件夹。

4. 将考生文件夹下 SHEN/KANG 文件夹中的文件 BIAN.ARJ 移动到考生文件夹下 HAN 文件夹中,并改名为 QULIU.ARJ。

5. 将考生文件夹下 FANG 文件夹删除。

第三套

1. 将考生文件夹下 LOCK. FOR 文件复制到考生文件夹下的 HQWE 文件夹中。

120

2. 将考生文件夹下 BETF 文件夹中的 DNUM.BBT 文件删除。

3. 为考生文件夹下 GREAT 文件夹中的 BOY.EXE 文件建立名为 KBOY 的快捷方式，并存放在考生文件夹下。

4. 将考生文件夹下 COMPUTER 文件夹中的 INTEL.TXT 文件移至考生文件夹中，并改名为 PEN．TXT。

5. 在考生文件夹下 GUMQ 文件夹中创建名为 ACERP 的文件夹，并设置属性为隐藏。

第四套

1. 将考生文件夹下 INTERDEV 文件夹中的文件 JIMING.MAP 删除。

2. 在考生文件夹下 JOSEF 文件夹中建立一个名为 MYPROG 的新文件夹。

3. 将考生文件夹下 WARM 文件夹中的文件 Z00M.PRG 复制到考生文件夹下 BUMP 文件夹中。

4. 将考生文件夹下 SEED 文件夹中的文件 CHIRIST.AVE 设置为隐藏和只读属性。

5. 将考生文件夹下 KENT 文件夹中的文件 MONITOR.CDX 移动到考生文件夹下 KUNTER 文件夹中，并改名为 CONSOLE.CDX。

第五套

1. 将考生文件夹下 COFF/JIN 文件夹中的文件 MONEY.TXT 设置成隐藏和只读属性。

2. 将考生文件夹下 DOSION 文件夹中的文件 HDLS.SEL 复制到同一文件夹中，文件命名为 AEUT.SEL。

3. 在考生文件夹下 SORRY 文件夹中新建一个文件夹 WINBJ。

4. 将考生文件夹下 WORD2 文件夹中的文件 A-EXCEL.MAP 删除。

5. 将考生文件夹下 STORY 文件夹中的文件夹 ENGLISH 重命名为 CHUN。

第六套

1. 将考生文件夹下 CUP 文件夹中的 CERT 文件夹复制到考生文件夹下的 QIAN 文件夹中，并更名为 GENG。

2. 在考生文件夹下 JIE 文件夹中建立一个名为 RED 的新文件夹。

3. 将考生文件夹下 KUO 文件夹中的文件 LAN.WRI 移动到考生文件夹下 HONG 文件夹中。

4. 将考生文件夹下 DANG 文件夹中的文件夹 XIN 的隐藏属性撤消。

5. 将考生文件夹下 DESK 文件夹中的文件 BLUE.WRI 删除。

第七套

1. 将考生文件夹下 PASTE 文件夹中的文件 FLOPY.BAS 复制到考生文件夹下 JUSTY 文件夹中。

2. 将考生文件夹下 PARM 文件夹中的文件 HOLIER.DOC 设置为只读属性。

3. 在考生文件夹下 HUN 文件夹中建立一个新文件夹 CALCUT。

4. 将考生文件夹下 SMITH 文件夹中的文件 COUNTING.WRI 移动到考生文件夹下 OFFICE 文件夹中，并改名为 IDEND.WRI。

5. 将考生文件夹下 SUPPER 文件夹中的文件 WORD5.PPT 删除。

第八套

1. 将考生文件夹下 KEEN 文件夹设置成隐藏属性。

2. 将考生文件夹下 QEEN 文件夹移动到考生文件夹下 NEAR 文件夹中，并改名为 SUNE。

3. 将考生文件夹下 DEER/DAIR 文件夹中的文件 TOUR.PAS 复制到考生文件夹下 CRY/SUMMER 文件夹中。

4. 将考生文件夹下 CREAM 文件夹中的 SOUP 文件夹删除。

5. 在考生文件夹下建立一个名为 TESE 的文件夹。

第九套

1. 将考生文件夹下 MICRO 文件夹中的文件 SAK.PAS 删除。

2. 在考生文件夹下 POP/PUT 文件夹中建立一个名为 HUM 的新文件夹。

3. 将考生文件夹下 COON/FEW 文件夹中的文件 RAD.FOR 复制到考生文件夹下 ZUM 文件夹中。

4. 将考生文件夹下 UEM 文件夹中的文件 MACRO.NEW 设置成隐藏和只读属性。

5. 将考生文件夹下 MEP 文件夹中的文件 PGUP.FIP 移动到考生文件夹下 QEEN 文件夹中，并改名为 NEPA.JEP。

第十套

1. 在考生文件夹下的 YING 文件夹中分别建立名为 ZY 的文件夹和一个名为 ZAB.DBF 的文件。

2. 将考生文件夹下 WEN 文件夹中的 EXE 文件夹取消隐藏属性。

3. 为考生文件夹下的 WORK 文件夹建立名为 WORK 的快捷方式，存入在考生文件夹下。

4. 搜索考生文件夹下以 F 字母打头的 DLL 文件，然后将其复制在刚建立的 ZY 文件夹下。

5. 将考生文件夹下 CAY 文件夹移动到考生文件夹下 YING/ZY 文件夹中，重命名为 RCAY。

第十一套

1. 将考生文件夹下 FENG/WANG 文件夹中的文件 BOOK.PRG 移动到考生文件夹下 CHANG 文件夹中，并将该文件改名为 TEXT.PRG。

2. 将考生文件夹下 CHU 文件夹中的文件 JIANG.TMP 删除。

3. 将考生文件夹下 REI 文件夹中的文件 SONG.FOR 复制到考生文件夹下 CHENG 文件夹中。

4. 在考生文件夹下 MAO 文件夹中建立一个新文件夹 YANG。

5. 将考生文件夹下 ZHOU/DENG 文件夹中的文件 OWER.DBF 设置为隐藏属性。

第十二套

1. 将考生文件夹下的 BROWN 文件夹设置为隐藏属性。

2. 将考生文件夹下的 BRUST 文件夹移动到考生文件夹下 TURN 文件夹中，并改名为 FENG。

3. 将考生文件夹下 FTP 文件夹中的文件 BEER.DOC 复制到同一文件夹下，并命名为 BEER2.DOC。

4. 将考生文件夹下 DSK 文件夹中的文件 BRAND.BPF 删除。

5. 在考生文件夹下 LUY 文件夹中建立一个名为 BRAIN 的文件夹。

第十三套

1. 在考生文件夹下 XYZ 文件夹中新建名为 SHU.TXT 的文件。

2. 将考生文件夹下 DIAN 文件夹中的文件 BEI.EXE 设置成只读属性。

3. 删除考生文件夹下的 JKB 文件夹。

4. 为考生文件夹下的 TQ 文件夹建立名为 TQB 的快捷方式，存入考生文件夹下的 HE 文件夹中。

5. 搜索考生文件夹下的 DEPA．TXT 文件，然后将其复制到考生文件夹下的 FENG 文件夹中。

第十四套

1. 在考生文件夹中分别建立 CCC 和 DDD 两个文件夹。

2. 在 CCC 文件夹中新建一个名为 DESK.TXT 的文件。

3. 删除考生文件夹下 A2009 文件夹中的 HQ.TXT 文件。

4. 为考生文件夹下 XAN 文件夹建立名为 XANB 的快捷方式，存放在考生文件夹下的 DDD 文件夹中。

5. 搜索考生文件夹下的 YU.C 文件，然后将其复制到考生文件夹下的 A2009 文件夹中。

第十五套

1. 在考生文件夹下 INSIDE 文件夹中创建名为 PENG 的文件夹，并设置为隐藏属性。

2. 将考生文件夹下 JIN 文件夹中的 SUN.C 文件复制到考生文件夹下的 MQPA 文件夹中。

3. 将考生文件夹下 HOWA 文件夹中的 GNAEL.DBF 文件删除。

4. 为考生文件夹下 HEIBEI 文件夹中的 QUAN.FOR 文件建立名为 QUAN 的快捷方式，并存放在考生文件夹下。

5. 将考生文件夹下 QUTAM 文件夹中的 MAN.DBF 文件移动到考生文件夹下的 ABC 文件夹中，并命名为 MAN2.DBF。

模块四　Word 2010 文字处理

项目十三　认识 Word 2010

【学习要点】
- ■任务 1　制作文档《望庐山瀑布》
- ■任务 2　修改文档《会议通知书》
- ■任务 3　查找和替换

Word 2010 是 Microsoft 公司推出的文字处理软件。它继承了 Windows 友好的图形界面，可方便地进行文字、图形、图像和数据处理，是最常使用的文档处理软件之一。用户可以使用它建立各种各样的文档，比如写备忘录、商业信函、论文、书籍、报纸、杂志和长篇报告等。

【任务 1】　制作文档《望庐山瀑布》

◆任务介绍

唐朝著名的诗仙李白，一生中创作了许多脍炙人口的诗歌。本任务主要利用 Word 2010 来完成文档《望庐山瀑布》的输入操作。

◆任务要求

学会 Word 2010 启动和退出的方法，并且能够输入简单的文档。

◆任务解析

1．启动 Word 2010 程序

执行"开始"→"程序"→"Microsoft Office"→"Microsoft Word 2010"命令，启动 Word 2010 程序。

此时程序自动建立了一个空白文档，如图 13-1 所示。

2．输入文本内容

使用鼠标在文档中单击确定插入点，单击窗口右下角的▧按钮，弹出输入法选择菜单，如图 13-2 所示，选择相应的中文输入法，通过键盘输入李白的《望庐山瀑布》，如图 13-3 所示。

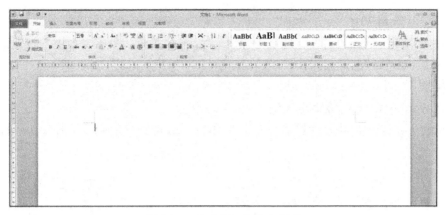

图 13-1　启动 Word 2010 程序

图 13-2　输入法选择

图 13-3　输入文本内容

3．保存文件

单击窗口左上侧的"文件"选项卡，弹出"文件"菜单，如图 13-4 所示，单击选择"保存"命令，弹出"另存为"对话框，如图 13-5 所示。选择正确的保存位置，然后在文件名处输入文件名称"望庐山瀑布"，单击"保存"按钮，完成文档的保存操作。

提示：Word 2010 的文件扩展名为".docx"，在 Word 2003 中不能打开，所以根据使用环境的需要，可以在保存时，选择保存类型为"Word 97-2003(*.DOC)"，这样在更换编辑环境时更灵活。

图 13-4　"开始"菜单

图 13-5　"另存为"对话框

4．退出 Word 2010

单击窗口左上侧的"文件"选项卡弹出"文件"菜单，单击"退出"按钮，完成 Word 2010 软件的退出操作。

◆知识拓展

一、Word 2010 窗口的结构

Office Word 2010 由四个区域组成：标题栏、功能区、文档区和状态栏，如图 13-6 所示。

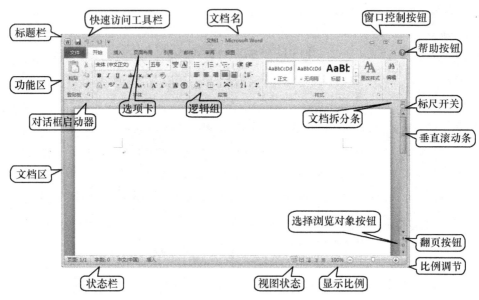

图 13-6　Word 2010 工作窗口

1．标题栏

标题栏位于 Word 2010 窗口的顶端，包括"控制菜单"图标、快速访问工具栏、标题和窗口控制按钮。

2．功能区

功能区分为若干个与某种功能相关的选项卡功能。选项卡中包含与之相关的功能区，每个功能区中包含与之相关的工具。在 Office Word 2010 中，"功能区"是 Office Word 2003 的菜单和工具栏的主要替代控件。"功能区"一般包含 7 个选项卡，分别是"开始"(图 13-7)、"插入"(图 13-8)、"页面布局"(图 13-9)、"引用"(图 13-10)、"邮件"(图 13-11)、"审阅"(图 13-12)和"视图"(图 13-13)，可以通过单击不同选项卡进行功能区的显示切换。

图 13-7　"开始"选项卡功能区

图 13-8 "插入"选项卡功能区

图 13-9 "页面布局"选项卡功能区

图 13-10 "引用"选项卡功能区

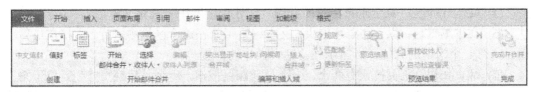

图 13-11 "邮件"选项卡功能区

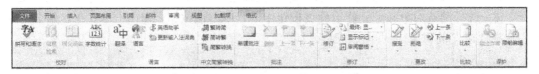

图 13-12 "审阅"选项卡功能区

图 13-13 "视图"选项卡功能区

  每个选项卡功能区的控件细化为几个组，每个组中的命令按钮执行一个命令或显示一个命令菜单。当鼠标指针指向某个命令按钮时，会出现一个简单明了的帮助提示，这样方便使用者对该按钮功能的了解。图 13-14 所示为鼠标指针指向"加粗"按钮时出现的提示，图 13-15 所示为鼠标指针指向"分散对齐"按钮时出现的提示。

  3．文档区

  文档区占据了 Word 2010 窗口的大部分区域，包含以下内容。

  (1) 标尺：位于文档区的左边和上边，分别称为"垂直标尺"和"水平标尺"。设定标尺有两个作用，一是查看正文的宽度，二是设定左右界限、首行缩进位置以及制表符的位置。

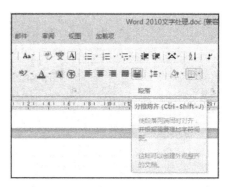

图 13-14 "加粗"按钮 **B** 提示信息　　　　　图 13-15 "分散对齐"按钮提示信息

(2) 滚动条：位于文档区的右边和下边，分别称为"垂直滚动条"和"水平滚动条"。使用滚动条可以滚动文档区中的内容，以显示窗口以外的部分。

(3) 文档拆分条：位于垂直滚动条的上方，拖动它可把文档区分成两部分。

(4) 标尺开关：位于文档拆分条的下方，单击该按钮可显示或隐藏标尺。

(5) 文本选择区：位于垂直标尺的右侧，在这个区域中可选定文本。

(6) 文本编辑区：位于文档区中央，文本编辑工作在这个区域中进行。文档在进行编辑时，有一个闪动的光标，以指示当前编辑操作的位置。

(7) 翻页按钮：翻页按钮有两个，一个是前翻页按钮，一个是后翻页按钮，位于垂直滚动条下方。默认情况下，单击其中一个按钮将前翻一页或后翻一页。如果选择了浏览对象按钮，选择的不是"页面"对象，单击该按钮用来浏览前一个对象或后一个对象。

(8) 选择浏览对象按钮：位于翻页按钮中间，单击该按钮，弹出一个菜单，用户可从中选择要浏览的对象(如页面、表格、图等)。

4．状态栏

状态栏位于 Word 2010 窗口的最下面，用于显示文档的当前状态，包括页码状态、字数统计、校对状态、语言状态、插入状态、视图状态和显示比例。

二、Word 2010 的视图方式

Word 2010 提供了 5 种视图方式：页面视图、阅读版式视图、Web 版式视图、大纲视图和普通视图。单击状态栏中的某个视图按钮，或选择工具组"视图"选项卡的"文档视图"工具组中的相应视图按钮，就会切换到相应的视图方式。

(1) 页面视图：在页面视图中，文档的显示与实际打印的效果一致。在页面视图中可以编辑页眉和页脚，调整页边距、处理栏和图形对象。

(2) 阅读版式：在阅读版式中，文档的内容根据屏幕的大小以适合阅读的方式显示。在阅读版式中，还可以进行文档的编辑工作。

(3) Web 版式视图：在 Web 版式视图中，可以创建能显示在屏幕上的 Web 页或文档，文本与图形的显示与在 Web 浏览器中的显示是一致的。

(4) 大纲视图：在大纲视图中，系统根据文档的标题级别显示文档的框架结构。该视图特别适合用来组织编写大纲。

(5) 草稿视图：草稿视图简化了页面的布局，取消了页面边距、分栏、页眉页脚和图片等元素，仅显示标题和正文，是最节省计算机系统硬件资源的视图方式。

三、新建文档

新建文档有以下 3 种方法。

(1) 启动 Word 2010，自动新建临时名称为"文档 1"的空白文档。

(2) 在 Word 2010 中，单击"快速访问工具栏" ↺ 的右侧的 ▾ 按钮，选择"新建"命令项，将"新建"命令添加到"快速访问工具栏"。这样，通过单击"快速访问工具栏"中的"新建"按钮 ▢，即可新建 Word 文档。

(3) 在 Word 2010 中，单击"文件"选项卡 文件 。在打开的"文件"菜单中单击选择"新建"命令。

① 打开"新建文档"对话框，如图 13-16 所示，在"空白文档和最近使用的文档"中可以选择建立"空白文档"、"博客文章"、"书法字帖"和使用最近的文档模板新建文档。

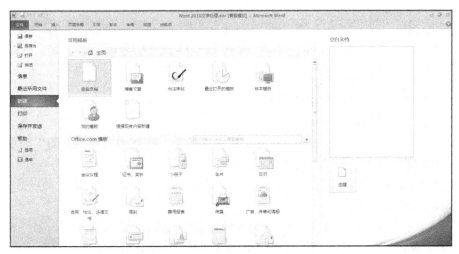

图 13-16 "新建文档"对话框

② 在"模板"栏中单击选择"样本模板"，"新建文档"对话框显示如图 13-17 所示。

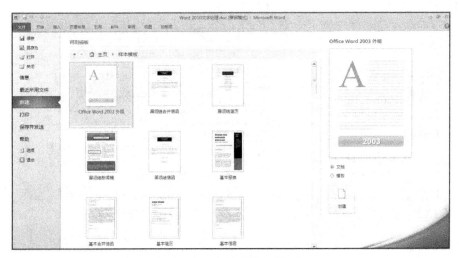

图 13-17 选择"样本模板"

③ 在"模板"栏中单击选择"我的模板"，打开"新建"对话框，如图 13-18 所示。此时可利用自己的模板创建新文档。

④ 在"模板"栏中单击选择"根据现有内容新建…"，打开"根据现有文档新建"对话框，如图 13-19 所示。选择相应的文档，可按其格式创建新文档。

图 13-18　使用"我的模板"　　　　图 13-19　"根据现有文档新建"对话框

四、Word 2010 的退出

Word 2010 的退出有以下 4 种方法。

(1) 双击"控制菜单"按钮⊞。

(2) 单击"控制菜单"按钮⊞，打开文档操作菜单，在其中选择"关闭"命令。

(3) 单击窗口右上角的"关闭"按钮　。

(4) 使用<Alt+F4>组合键。

五、输入符号方法

在输入文档时，有时需要输入一些键盘符号之外的特殊符号，如※、〖、□、¥、§、〗、♨、☺、●、❽、◆、✝、▱、✄、↕等，这时可以使用 Word 自带的大量符号。单击"插入"选项卡，单击"符号"工具组中Ω按钮下边的箭头，打开符号下拉列表，即可输入相应的符号，如图 13-20 所示。如果需要其他符号，可以单击Ω 其他符号(M)… 按钮，打开"符号"对话框，选择需要的符号，如图 13-21 所示。

图 13-20　符号下拉列表

图 13-21　"符号"对话框

◆技巧存储

(1) 通过<Ctrl+N>组合键可以新建 Word 文档。

(2) 按<Ctrl+S>组合键可以保存文档。

(3) 单击“文件”菜单右侧“最近所用文件”中的文件名后面的按钮，可将该文件固定在“最近使用的文档”列表中，以方便该文件以后多次打开使用。

【任务 2】 修改文档《会议通知书》

◆任务介绍

我们前面学习了如何创建一个 Word 文档，本任务是对已有的文档进行修改。修改前后的文档分别如图 13-22 和图 13-23 所示。

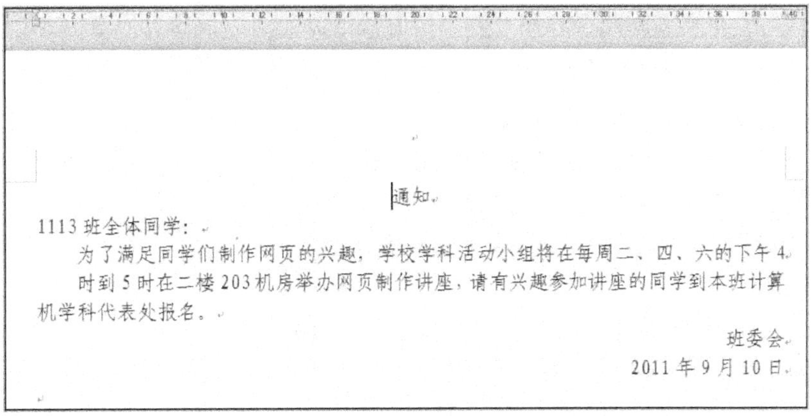

通知

1113 班全体同学：

为了满足同学们制作网页的兴趣，学校学科活动小组将在每周二、四、六的下午 4 时到 5 时在二楼 203 机房举办网页制作讲座，请有兴趣参加讲座的同学到本班计算机学科代表处报名。

班委会

2011 年 9 月 10 日

图 13-22 通知原文

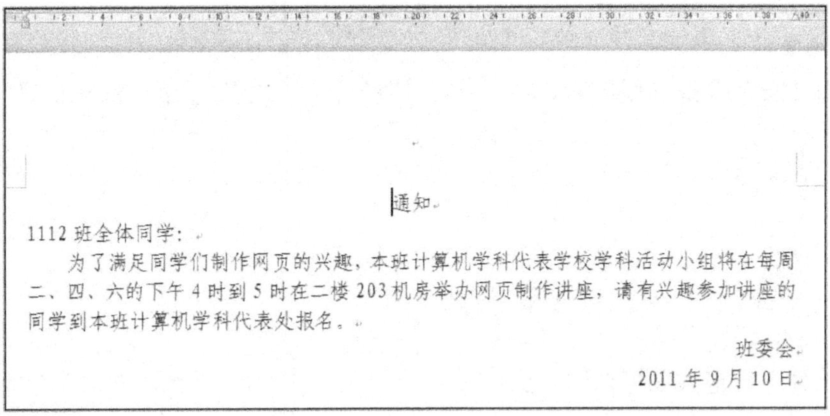

通知

1112 班全体同学：

为了满足同学们制作网页的兴趣，本班计算机学科代表学校学科活动小组将在每周二、四、六的下午 4 时到 5 时在二楼 203 机房举办网页制作讲座，请有兴趣参加讲座的同学到本班计算机学科代表处报名。

班委会

2011 年 9 月 10 日

图 13-23 修改后文档

◆任务要求

熟练掌握打开文档的操作方法，以及文字段落内容的移动、剪切、复制、粘贴和删除操作。

◆任务解析

一、打开文档《会议通知书》

(1) 单击“文件”选项卡，在打开的“文件”菜单(图 13-24)中选择“打开”命令。

(2) 在"打开"对话框中单击"查找范围"列表框中的"我的文档"按钮，如图 13-25 所示。

图 13-24 "文件"菜单

图 13-25 "打开"对话框

(3) 单击选择"通知.docx"文件。

(4) 单击"打开"按钮，完成文档的打开操作。

二、修改文字

将文件中的文字"1113 班"修改为"1112 班"。

操作步骤：

(1) 按住左键拖拽鼠标选取文档中的文字："1113 班"。

(2) 按<Delete>键执行删除操作。

(3) 切换中文输入法，输入文字："1112 班"。

三、复制

复制"本班计算机学科代表"，并将其粘贴到"学校学科活动小组……"之前。

操作步骤：

(1) 按住左键拖拽鼠标选取文字："本班计算机学科代表"，单击鼠标右键，选择"复制"命令。

(2) 将鼠标移动到"学校学科活动小组……"之前，单击鼠标右键，选择"粘贴"命令。

四、移动

剪切"班委会"，并将其粘贴到日期下面。

操作步骤：

(1) 按住左键拖拽鼠标选取"班委会"，单击鼠标右键，选择"剪切"命令。

(2) 将鼠标移动到日期下方，单击鼠标右键，选择"粘贴"命令。

五、撤销

将"班委会"还原到原来的位置。

操作步骤：直接单击"撤消键入"按钮，即可完成一次撤销操作。

◆知识拓展

一、打开文档

(1) 直接双击 Word 文件。在相应的文件夹里直接双击要打开的 Word 文件，可以启动 Word 2010，同时打开该文档。

132

(2) 利用"最近使用的文档"提示打开文档。在 Word 2010 中，单击"文件"选项卡，打开"文件"菜单，在右侧显示的即为"最近使用的文档"列表，如图 13-26 所示。直接单击要打开的文档名即可打开该文档。

(3) 通过"打开"对话框打开文档。弹出"打开"对话框有 2 种方法。

① 使用"快速访问工具栏"按钮。在 Word 2010 中，单击"快速访问工具栏"右侧的 ▪ 按钮，选择"打开"选项，将"打开"命令添加到"快速访问工具栏"。添加了"打开"按钮后，只要单击"快速访问工具栏"中的"打开"按钮，即可弹出"打开"对话框，如图 13-27 所示。

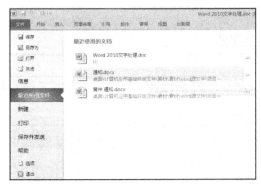
图 13-26　"最近所用文件"

图 13-27　"打开"对话框

② 通过"文件"选项卡的命令打开文档。在 Word 2010 中，单击"文件"选项卡，打开"文件"菜单，单击"打开"命令，可弹出"打开"对话框。

在"打开"对话框中选取要打开的文档，打开文件有多种方式，如图 13-27 所示。其中，"打开"即为普通方式打开所选文档；"以只读方式打开"是以只读方式打开所选文档，对文档修改后不能以原文件名保存；"以副本方式打开"即打开所选文件的复制品；"用浏览器打开"只有当选定的文档是网页文档(HTML 文档)时才可用，即用浏览器来打开所选文档。

二、选取操作对象的方法

在 Word 2010 中进行内容操作时，需要先选择相应的内容，表 13-1 列出的是常用的选择方法。

表 13-1　选择对象方法列表

选 取 操 作	方 　 法
一般选取	将鼠标指针移动到对象前，按住左键拖拽鼠标到对象结尾
选取单词	双击单词
选取一行	在行左侧的选定区(指针形状变为 ⌐)单击
选取一个段落	在段落左侧的选定区双击或快速连续三击段落中的任何位置
选取矩形区域	按住<Alt>键，同时按住左键拖拽鼠标
选取句子	按住<Ctrl>键，单击该句的任意位置
选取不连续的多个文本块	先选中一个文本块，再按住<Ctrl>键，拖动鼠标选中其他的文本块

选取操作	方　　法
选取对象	单击对象，如图形、文本框等；使用<Ctrl>键可以同时选取多个相同对象
选取全部文档	在文档左侧的选定区三击，或按<Ctrl+A>组合键
选取整页文本	先在页的开始处单击，然后按住<Shift>键，再单击页的结尾处
撤销选取的文本	在除选定区外的任何地方单击

三、编辑文档的基本操作

编辑文档时，进行的操作分类如表 13-2 所示。

表 13-2　编辑操作分类表

操作方式	说　　明	操作方法
移动	将对象从文档一处移到另一处，原来位置不再保留该对象	按住鼠标左键将被选取对象拖拽到目标处，然后松开鼠标左键
剪切	将对象转移到"剪贴板"中，原来位置不再保留该对象	单击"剪贴板"组中的"剪切"按钮 ，或者使用<Crl+X>组合键
复制	将对象转移到"剪贴板"中，原来位置保留该对象	单击"剪贴板"组中的"复制"按钮 ，或者使用<Ctrl+C>组合键
粘贴	将"剪贴板"中的对象放置在目标处	单击"剪贴板"组中的"粘贴"按钮 ，或者使用<Ctrl+V>组合键
删除	将对象清除(没有转移到"剪贴板")	按<Backspace>键删除光标前一个字符；按<Delete>键可删除光标后一个字符。 如果选取了对象，按<Delete>键或<Backspace>键可以直接删除该对象

四、剪贴板

执行剪切和复制操作时，操作对象存储在名为"剪贴板"的缓存区中。执行"粘贴"等操作后，对象在"剪贴板"中还保留一个备份，如果需要还可以将对象继续粘贴。Office 2010"剪贴板"可以以任务窗格的形式显示每个剪贴对象，最多可以保留 24 个剪贴对象。复制或剪切第 25 个对象时，会删除第 1 个对象，如此循环。用户可以在"剪贴板"窗格中选择粘贴对象，还可以清空"剪贴板"删除所有剪贴对象。

剪贴板可以包含所有类型的内容：图形、文本、电子表格单元格、PPT 幻灯片、Word 文档、声音等。

◆ **技巧存储**

(1) 按<Ctrl+C>组合键可以完成复制操作。

(2) 按<Ctrl+X>组合键可以完成剪切操作。

(3) 按<Ctrl+V>组合键可以完成粘贴操作。

【任务 3】 查找和替换

◆**任务介绍**

在文档编辑过程中，经常要在文档中查找某些内容，或对某一内容进行统一替换，或把光标定位到文档的某处。对于较长的文档，如果手工完成不仅费时费力，而且可能会有遗漏。利用 Word 2010 提供的查找、替换和定位功能，可以很方便地完成这些工作。

◆**任务要求**

能够通过使用"查找"或者"替换"功能对文档中重复的内容进行修改操作。

◆**任务解析**

一、查找

打开文档"查找与替换.doc"，查找文档中的文字"病毒"，并突出显示。

操作步骤：

(1) 使用鼠标在文档中单击确定开始查找的位置。

(2) 在"开始"选项卡下，单击"编辑"工具组中"查找"按钮![查找]右端的下拉按钮，选择"高级查找"命令，打开"查找与替换"对话框，如图 13-28 所示。

(3) 在"查找"选项卡下的"查找内容"栏中输入文本："病毒"。

(4) 单击"阅读突出显示"按钮。此时文档中的所有"病毒"文字出现黄色底纹显示。

图 13-28 "查找与替换"对话框

二、替换

打开文档"查找与替换.docx"，将其中的"病毒"文字全部替换为"计算机病毒"。

操作步骤：

(1) 单击"开始"选项卡下"编辑"工具组中的"替换"按钮![替换]，打开"查找与替换"对话框，选择"替换"选项卡。

(2) 在"查找内容"右侧输入"病毒"。在"替换为"右侧输入"计算机病毒"。

(3) 单击"全部替换"按钮。替换操作完成后，在弹出的对话框中单击"确定"按钮，如图 13-29 所示。

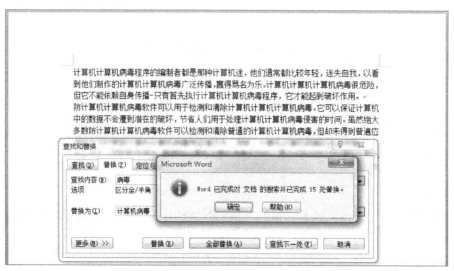

图 13-29　替换文本

◆ **知识拓展**

一、查找文本

Word 2010 的查找功能可以查找任何字符、数字、标点符号，可以查找有特定格式的文本和特殊的符号，可以使用通配符"？"和"*"进行模糊查找。

二、替换文本

Word 2010 的替换操作是先做查找操作，然后对找到的内容做替换操作，可以有选择地替换文本，也可以替换所有指定的文本。

◆ **技巧存储**

(1) 按<Ctrl+F>组合键可以打开"查找和替换"对话框中的查找选项卡。

(2) 按<Ctrl+H>组合键可以打开"查找和替换"对话框中的替换选项卡。

项目十四　设置文档格式

【学习要点】

■任务 1 设置字符格式

■任务 2 设置段落格式

■任务 3 设置项目符号和编号

【任务 1】　设置字符格式

◆任务介绍

以“水调歌头.docx”为例，要求掌握字体、字号、字形、文字颜色、字符的边框和底纹、字符间距、文字效果和一些特殊效果等字符格式设置。

◆任务要求

要求设置标题“水调歌头”为“华文隶书、一号、黑色文字 1、 淡色 15%”字体；设置“作者简介”为粗体；设置文字“不知天上宫阙”为倾斜；文字“明月几时有”添加下划线；文字“(1037-1101)”添加删除线；标题水调歌头设置为“字符缩放 200%”效果，如图 14-1 所示。

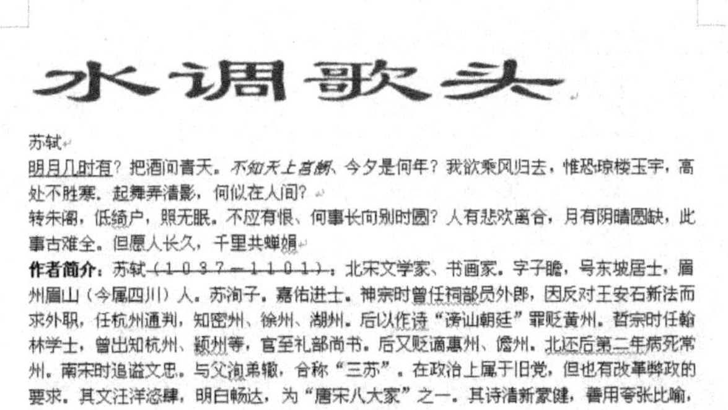

水调歌头

苏轼

明月几时有？把酒问青天。*不知天上宫阙*、今夕是何年？我欲乘风归去，惟恐琼楼玉宇，高处不胜寒。起舞弄清影，何似在人间？

转朱阁，低绮户，照无眠。不应有恨、何事长向别时圆？人有悲欢离合，月有阴晴圆缺，此事古难全。但愿人长久，千里共蝉娟

作者简介：苏轼~~（1037—1101）~~：北宋文学家、书画家。字子瞻，号东坡居士，眉州眉山（今属四川）人。苏洵子。嘉佑进士。神宗时曾任祠部员外郎，因反对王安石新法而求外职，任杭州通判，知密州、徐州、湖州。后以作诗“谤讪朝廷”罪贬黄州。哲宗时任翰林学士，曾出知杭州、颍州等，官至礼部尚书。后又贬谪惠州、儋州。北还后第二年病死常州。南宋时追谥文忠。与父洵弟辙，合称“三苏”。在政治上属于旧党，但也有改革弊政的要求。其文汪洋恣肆，明白畅达，为“唐宋八大家”之一。其诗清新豪健，善用夸张比喻，在艺术表现方面独具风格。少数诗篇也能反映民间疾苦，指责统治者的奢侈骄纵。词开豪放一派，对后代很有影响。

图 14-1　字符格式设置样图

◆任务解析

一、设置字体、字号和字颜色

操作步骤：

(1) 打开文件“水调歌头.docx”，选中标题文字“水调歌头”。

(2) 在“开始”选项卡下“字体”工具组中的字体下拉列表选择“华文隶书”；“字号”下拉列表选择“一号”，如图 14-2 所示。

(3) 单击"字体颜色"下拉列表按钮 ，弹出颜色选择对话框，如图 14-3 所示，选择"黑色文字 1 淡色 15%"。

图 14-2 "字体"工具组

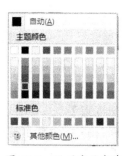
图 14-3 设置字体颜色

二、设置粗体、斜体、下划线和删除线

操作步骤：

(1) 选中文字："作者简介"。

(2) 在"字体"工具组中单击"加粗"按钮 **B**，设置所选文字为"粗体"。

(3) 选中文字："不知天上宫阙"。

(4) 在"字体"工具组中单击"倾斜"按钮 *I*，将文字设置为"倾斜"。

(5) 选中文字："明月几时有"。

(6) 在"字体"工具组中单击"下划线"按钮 **U**，给所选文字添加"下划线"效果。

(7) 选中文字："(1037－1101)"。

(8) 在"字体"工具组中单击"删除线"按钮 abe，将所选文字添加"删除线"效果。

设置后效果如图 14-4 所示。

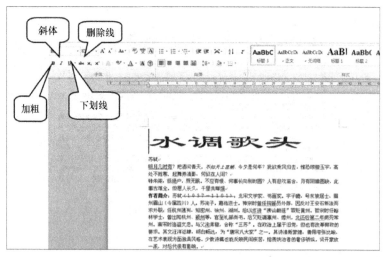
图 14-4 粗体、斜体、下划线和删除线

三、设置字符间距

操作步骤：

(1) 选中文字："水调歌头"。

(2) 单击"字体"工具组右下侧的  按钮打开"字体"对话框，如图 14-5 所示。

(3) 在"字体"对话框中选择"高级"选项卡。

(4) 在"缩放"右侧的下拉菜单中选择"200%"缩放效果。

(5) 单击"确定"按钮，完成字符间距设置操作。

图 14-5　设置字符间距

◆**知识拓展**

一、字符格式

1．字体

字体就是指字符的形体。Word 2010 提供了多种字体，常用的中文字体有宋体、仿宋体、楷体、黑体、隶书等，西文字体有 Times New Roman 等。

2．字号

字号是指字符的大小，常用的字号有"初号"至"八号"字，"初号"字比"八号"字大得多。也可以用"磅"作为字符大小的计量标准。在通常情况下，默认使用的是五号字。

3．字形

字形是指加于字符的一些属性，如粗体、斜体、下划线、空心字、上标、下标、着重号等，也可以综合使用多种属性。

4．字符颜色

Word 默认的字符颜色为黑色，也可以把字符设置为红、黄、蓝、绿等其他颜色。

5．字间距菜单

在图 14-5 所示的"字体"对话框的"高级"选项卡中，可以设置字符的缩放、间距、位置。

二、"字体"工具组

"字体"工具组如图 14-6 所示。

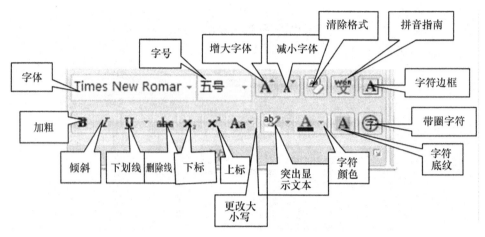

图 14-6 "字体"工具组

◆ **技巧存储**

在 Word 2010 中字符格式的设置操作更为简单。除了使用字体功能区中的工具进行操作外，当我们选择了某些文字时会自动在右上角出现一个字体设置的快捷功能区，可以直接在上面进行选择设置，如图 14-7 所示。

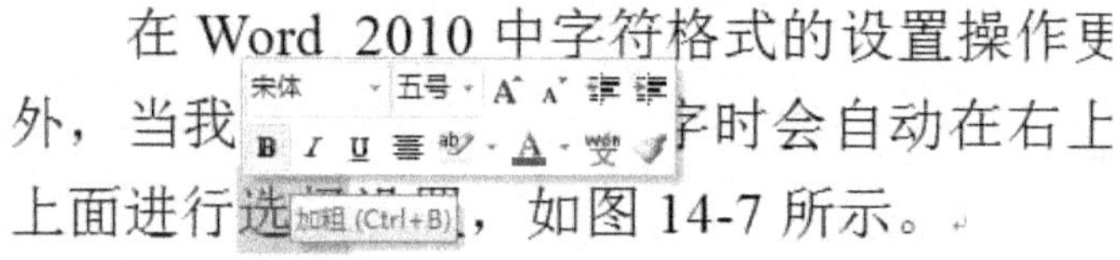

在 Word 2010 中字符格式的设置操作更
外，当我[宋体 · 五号 · A⁺ A⁻ 字 字]字时会自动在右上
[B I U ▀ ᵃᵇᵧ · A · 哟]
上面进行选[加粗 (Ctrl+B)]，如图 14-7 所示。

图 14-7 "字体"快捷工具组

【任务 2】 设置段落格式

◆ **任务介绍**

在 Word 文档中，凡是以段落标记结束的一段内容都称为一个段落，按<Enter> 键后产生的新段落具有与上一段落相同的格式。段落格式包括对齐方式、行距、缩进以及段落前后的间距等，可以根据需要进行调整。本任务主要是对文档"水调歌头.docx"设置相应的段落格式。

◆ **任务要求**

要求设置标题"水调歌头"为水平居中；设置作者"苏轼"为右对齐；第一、二段设置左右缩进 3 字符，并且"行间距"为"1.5 倍行间距"；为段落设置相应的边框和底纹。效果如图 14-8 所示。

◆ **任务解析**

设置段落格式，一般在"开始"选项卡下，使用"段落"工具组中的各个按钮来完成，"段落"工具组如图 14-9 所示。

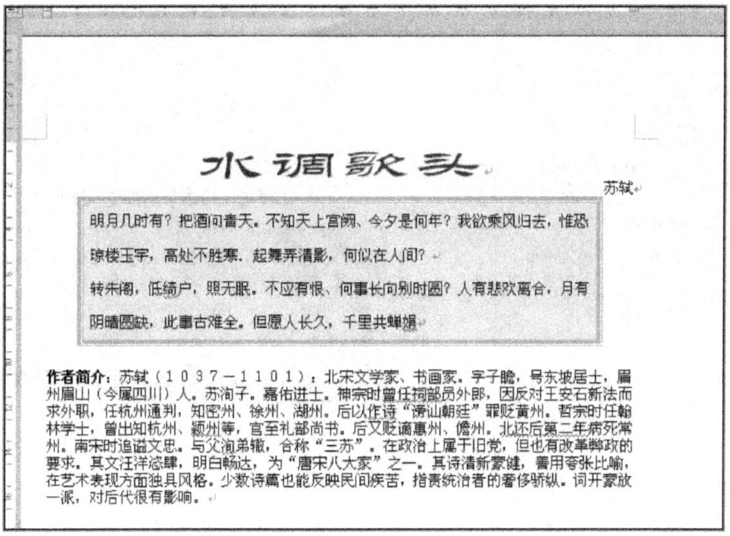

水 调 歌 头
苏轼

明月几时有？把酒问青天。不知天上宫阙、今夕是何年？我欲乘风归去，惟恐

琼楼玉宇，高处不胜寒，起舞弄清影，何似在人间？

转朱阁，低绮户，照无眠，不应有恨、何事长向别时圆？人有悲欢离合，月有

阴晴圆缺，此事古难全，但愿人长久，千里共蝉娟。

作者简介：苏轼（１０３７－１１０１）：北宋文学家、书画家。字子瞻，号东坡居士，眉
州眉山（今属四川）人。苏洵子。嘉佑进士。神宗时曾任祠部员外郎，因反对王安石新法而
求外职，任杭州通判，知密州、徐州、湖州。后以作诗"谤讪朝廷"罢贬黄州，哲宗时任翰
林学士，曾出知杭州、颖州等，官至礼部尚书。后又贬谪惠州、儋州。北还后第二年病死常
州。南宋时追谥文忠，与父洵弟辙，合称"三苏"。在政治上属于旧党，但也有改革弊政的
要求。其文汪洋恣肆，明白畅达，为"唐宋八大家"之一。其诗清新豪健，善用夸张比喻，
在艺术表现方面独具风格。少数诗篇也能反映民间疾苦，指责统治者的奢侈骄纵。词开豪放
一派，对后代很有影响。

图 14-8　段落格式设置样图

图 14-9　"段落"工具组

一、设置对齐方式

操作步骤：

(1) 选中标题段落："水调歌头"。

(2) 单击"段落"工具组上的"居中"按钮▤，将标题设置为居中对齐。

(3) 选中副标题段落："苏轼"。

(4) 单击"段落"工具组中的"文本右对齐"按钮▤，将该段落设置为右对齐。

二、设置段落缩进

操作步骤：

(1) 选中正文第一、二段"明月几时有……千里共蝉娟。"。

(2) 单击"段落"工具组右下角的▤按钮，打开"段落"格式对话框。

(3) 分别设置缩进为：左缩进 3 字符、右缩进 3 字符，如图 14-10 所示。设置后效果
如图 14-11 所示。

三、设置行间距

操作步骤：

(1) 选中正文第一、二段"明月几时有……千里共蝉娟。"。

(2) 单击"段落"工具组右下角的▤按钮，打开"段落"格式对话框。

(3) 在"段落"格式对话框设置行间距为：1.5 倍行距，如图 14-12 所示。

(4) 设置完成后效果如图 14-13 所示。

图 14-10 "段落"格式对话框

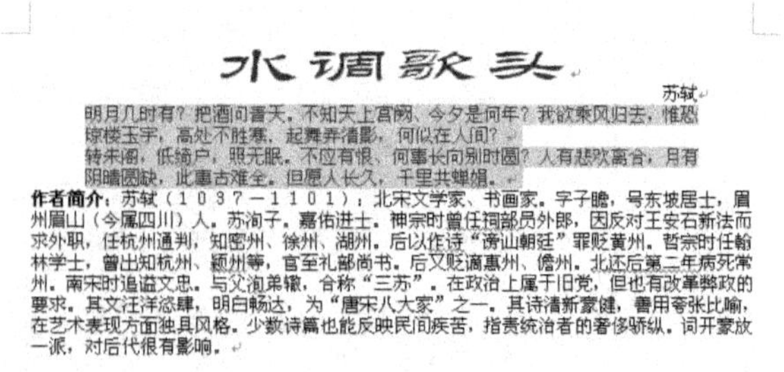

图 14-11 设置"段落"格式效果

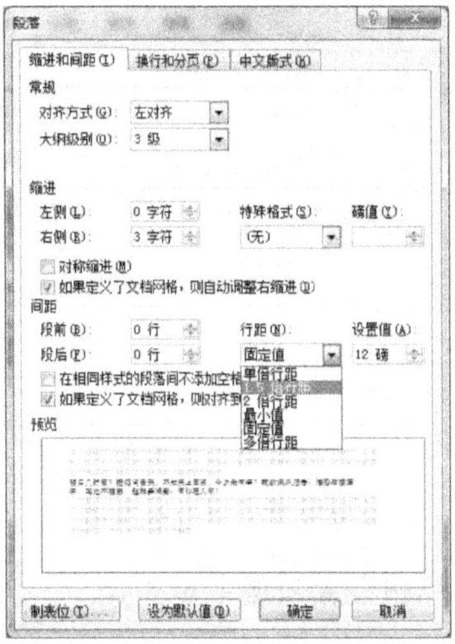

图 14-12 设置"行距"

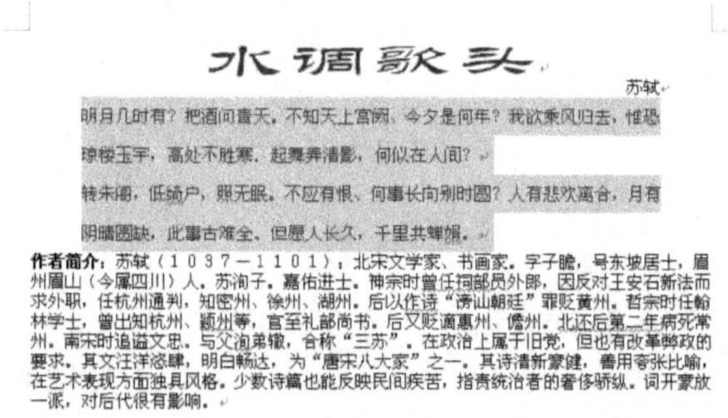

图 14-13 1.5 倍"行距"效果

四、设置段落间距

操作步骤：

(1) 选中正文第一、二段"明月几时有……千里共蝉娟。"。

(2) 单击"段落"工具组右下角的 █ 按钮，打开"段落"格式对话框。

(3) 在"段落"格式对话框中设置段间距为：段前 1.5 行，如图 14-14 所示。

(4) 设置完成后效果如图 14-15 所示。

五、设置边框

操作步骤：

(1) 选中正文第一、二段"明月几时有……千里共蝉娟。"。

(2) 单击"段落"工具组中 ▦ 按钮右侧的下拉菜单箭头按钮 █，弹出下拉列表框。

(3) 在下拉列表框中选择"边框和底纹"按钮 ▦ 边框和底纹(O)...，打开"边框和底纹"对话框，如图 14-16 所示。

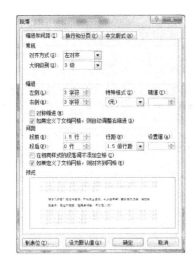

图 14-14 设置段前间距 1.5 行

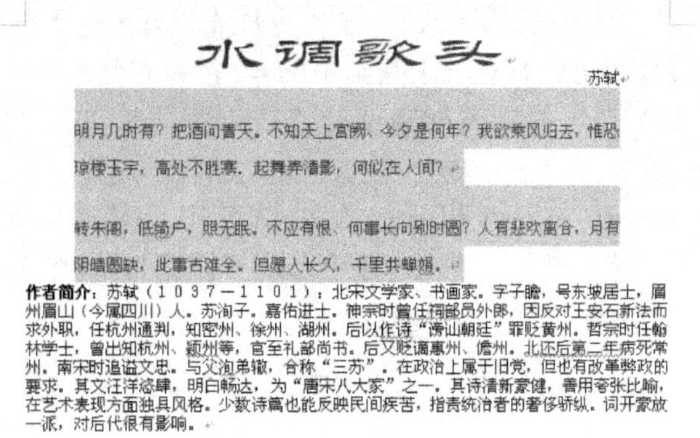

图 14-15 设置段前间距 1.5 行的效果

图 14-16 "边框和底纹"对话框

(4) 在"边框和底纹"对话框中，选择"边框"选项卡。分别设置边框类型为"三维"，"样式"为 ————————，"颜色"为 橙色，强调文字颜色 6，深色 25%，宽度为 3.0 磅，"应用于"选择"段落"。

(5) 单击"确定"按钮后效果如图 14-17 所示。

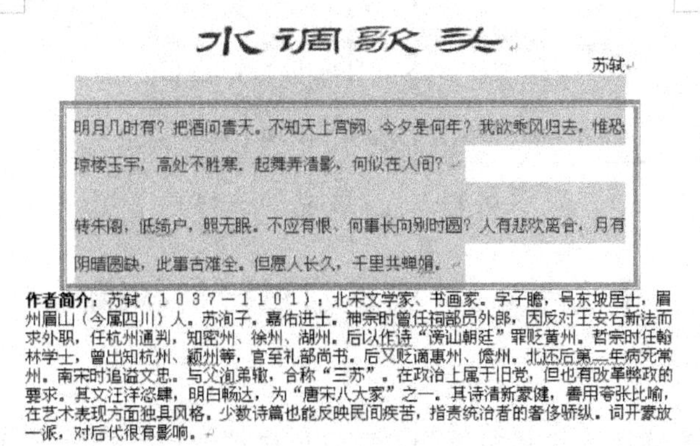

图 14-17 "边框和底纹"设置效果

六、设置底纹

操作步骤：

(1) 选中正文第一、二段"明月几时有……千里共蝉娟。"。

(2) 单击"段落"工具组中的 按钮右侧的下拉菜单箭头按钮，弹出下拉列表框。

(3) 在下拉列表框中选择"边框和底纹"按钮 边框和底纹(O)，打开"边框和底纹"对话框。

(4) 在"边框和底纹"对话框中，选择"底纹"选项卡，设置填充颜色为 红色，强调文字颜色 2，淡色 80%，"应用于"选择"段落"，如图 14-18 所示。

图 14-18　设置"底纹"

(5) 单击"确定"按钮后完成底纹设置。

◆知识拓展

段落格式的设置通常在"开始"选项卡下，使用"段落"工具组中的工具可以完成常用的段落格式设置，图 14-19 为"段落"工具组。

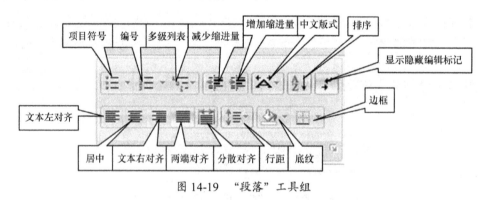

图 14-19　"段落"工具组

【任务3】　设置项目符号和编号

◆任务介绍

给输入文档的列表添加项目符号和编号，可以使文档更有层次感，主次分明，便于阅读和理解。项目符号与编号不同，项目符号使用相同的符号，没有顺序的要求，而编

144

号是一系列的数字或字母，内容排列有顺序要求。

◆**任务要求**

通过完成任务，能够正确地给文档添加项目符号和编号。在此次任务中，使用"项目符号和编号.docx"文件来完成添加相应的项目符号和编号操作，效果如图14-20所示。

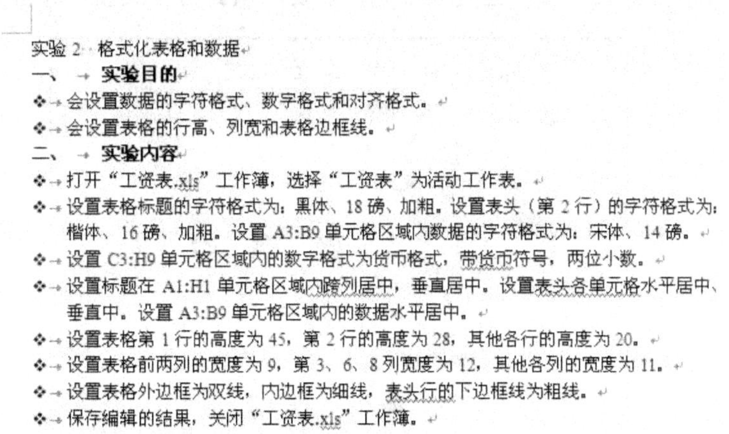

实验2 格式化表格和数据
一、 实验目的
❖ 会设置数据的字符格式、数字格式和对齐格式。
❖ 会设置表格的行高、列宽和表格边框线。
二、 实验内容
❖ 打开"工资表.xls"工作簿，选择"工资表"为活动工作表。
❖ 设置表格标题的字符格式为：黑体、18磅、加粗。设置表头（第2行）的字符格式为：楷体、16磅、加粗，设置A3:B9单元格区域内数据的字符格式为：宋体、14磅。
❖ 设置C3:H9单元格区域内的数字格式为货币格式，带货币符号，两位小数。
❖ 设置标题在A1:H1单元格区域内跨列居中，垂直居中。设置表头各单元格水平居中、垂直中。设置A3:B9单元格区域内的数据水平居中。
❖ 设置表格第1行的高度为45，第2行的高度为28，其他各行的高度为20。
❖ 设置表格前两列的宽度为9，第3、6、8列宽度为12，其他各列的宽度为11。
❖ 设置表格外边框为双线，内边框为细线，表头行的下边框线为粗线。
❖ 保存编辑的结果，关闭"工资表.xls"工作簿。

图14-20 项目符号和编号样图

◆**任务解析**

一、添加编号

操作步骤：

(1) 选定需要添加项目编号的对象："实验目的"、"实验内容"。

(2) 在"段落"工具组中单击"编号"工具按钮 右侧的下拉菜单箭头按钮 ，打开项目编号下拉列表。

在下拉列表中选择需要的编号类型，如图14-21所示。

图14-21 设置"编号"

二、添加项目符号

操作步骤：

(1) 选定需要添加项目符号的对象。

(2) 在"段落"工具组中单击"项目符号"工具按钮 右侧的下拉菜单箭头按钮 ，打开项目符号下拉列表。在下拉列表中选择需要的项目符号类型，如图 14-22 所示。

图 14-22　设置"项目符号"

◆**知识拓展**

自动创建项目符号和编号：

自动创建项目符号：在文档中键入一个星号"*"(或者一、两个连字符"-")，再键入一个空格(或按 TAB 键)，然后键入文本；当按回车键结束该段时，Word 自动将该段转换为项目符号列表，星号会自动转换为黑色的圆点，连字符自动转换成方点，并且在新的一段中也自动添加该项目符号。

自动创建项目编号：在文档中先键入"1."、"a)"、"一"、"第一"等格式，后跟一个空格(或按 TAB 键)，然后键入文本。当按回车键时，在新的一段开头会自动接着上一段进行编号。

删除项目符号和编号：按回车键开始一个新段，然后按<Backspace>键删除为该段添加的符号或编号即可。

项目十五　图　文　混　排

人们常在文档中插入适合主题的图片，不仅使文章图文并茂，还能起到画龙点睛的效果，插入文档中的图片在丰富页面的同时又愉悦了读者的眼球。

【学习要点】

　■任务 1　插入图片

　■任务 2　绘制图形

　■任务 3　艺术字的操作

　■任务 4　文本框的操作

　■任务 5　首字下沉的设置

　■任务 6　在文本中插入剪贴画

　■任务 7　插入页眉、页脚和页码

　■任务 8　插入和编辑数学公式

【任务 1】　插　入　图　片

◆任务介绍

在 Word 2010 中，可以将各种图片插入到文档中，方便进行图文混排。Word 2010 提供的图片操作有：插入图片、编辑图片和设置图片。

◆任务要求

在文档中插入并编辑图片，效果如图 15-1 所示。通过任务的完成，掌握图片的插入及相关的设置操作。

◆任务解析

一、插入图片

操作步骤：

(1) 打开文档后，在其中单击鼠标确定插入点。

(2) 单击"插入"选项卡，切换到"插入"选项卡功能区，如图 15-2 所示。

(3) 在"插图"工具组中，单击"图片"按钮，打开插入图片对话框，如图 15-3 所示。

(4) 在"插入图片"对话框中选择相应图片。

(5) 单击"插入"按钮完成操作。

图 15-1 插入图片排版效果

图 15-2 "插图"工具组

图 15-3 "插入图片"对话框

二、设置图片效果

操作步骤：

(1) 打开已经插入图片的文档，选择图片，出现"格式"选项卡。

(2) 切换到"格式"选择卡，在"图片样式"工具组中选择"金属椭圆"样式，如图15-4所示，完成图片效果设置。

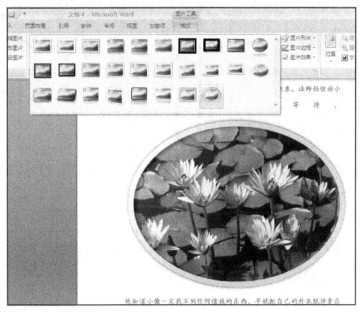

图15-4 设置图片样式

【任务2】 绘 制 图 形

◆任务介绍

学会如何在 Word 文档中插入自选图形，并为图形添加上颜色和旋转翻转图形，以及利用图形之间的组合创作出我们所需要的图形。

◆任务要求

主要在文档"禽流感.docx"中插入自选图形，如图15-5所示。通过任务的完成，掌握绘制图形的方法，以及图形设置的相关操作。

◆任务解析

一、插入自选图形

操作步骤：

(1) 在"插入"选项卡的"插图"工具组中，单击"形状"按钮，打开"形状列表"。

(2) 在"形状列表中"，单击"星与旗帜"类型中的"爆炸性"形状。

(3) 利用鼠标拖动，在相应位置绘制出爆炸图形1，如图15-6所示。

图15-5 自选图形样图

二、设置自选图形颜色

操作步骤：

(1) 选中已经绘制的图形。

(2) 在"格式"选项卡的"形状样式"工具组中，单击  按钮右侧箭头，打开"形状填充"下拉列表，单击选择黄色，如图15-7所示。

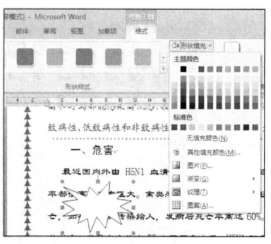

图 15-6　绘制图形列表　　　　　　　图 15-7　设置自选图形颜色

三、设置图形环绕方式

操作步骤：

(1) 选中已经绘制的图形。

(2) 在"格式"选项卡的"排列"工具组中，单击 按钮下边部分，打开下拉列表，选择"衬于文字下方"效果，如图 15-8 所示。

图 15-8　设置图形环绕方式

【任务 3】　艺术字的操作

◆任务介绍

Word 2010 中的艺术字结合了文本和图形的特点，使文本具有图形的某些属性，如旋转、立体、弯曲等。可以利用 Word 2010 中艺术字的功能来美化我们的文档。

◆任务要求

主要在文档中插入艺术字，如图 15-9 所示。通过任务的完成，掌握艺术字的插入方法，以及艺术字格式设置的相关操作。

图 15-9　艺术字样图

◆**任务解析**

一、插入艺术字

操作步骤：

(1) 在"插入"选项卡的"文本"工具组中，单击"艺术字"按钮，打开"艺术字"下拉列表，选择"艺术字样式 28"，如图 15-10 所示。

(2) 在打开的"编辑艺术字文字"对话框中输入需要设置的文字"艺术效果"，如图 15-11 所示。

(3) 单击"确定"按钮，完成文字编辑，效果如图 15-9 所示。

图 15-10　选择"艺术字样式"

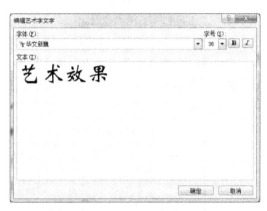

图 15-11　"编辑艺术字文字"对话框

二、编辑艺术字

操作步骤：

在"格式"选项卡的"排列"工具组中，单击"自动换行"按钮，打开下拉列表，选择"紧密型环绕"方式，如图 15-12 所示。

图 15-12　选择文字环绕方式

151

【任务4】 文本框的操作

◆**任务介绍**

在文档排版时，将文本添加在文本框中，随意地拖动文本框的位置就能够使文本自由移动，这种针对对象的操作不受周围文字的影响。

◆**任务要求**

要求掌握文本框的插入、编辑，学会使用文本框来进行较为复杂的排版，样例效果如图 15-13 所示。

图 15-13 文本框样图

◆**任务解析**

一、插入文本框

操作步骤：

(1) 在文档中单击鼠标确定插入点。

(2) 在"插入"选项卡的"文本"工具组中，单击"文本框"按钮，打开"文本框"下拉列表，在其中列出了 Word 2010 的内置文本框样式，选择"简单文本框"，如图 15-14 所示。

(3) 此时文档中出现文本框，如图 15-15 所示。

(4) 在文本框中输入文本"关注禽流感"，并将文本设置为："华文楷体、二号字体、居中"。效果如图 15-16 所示。

图 15-14 文本框样式选择

图 15-15 文本框

图 15-16 输入文本

二、编辑文本框

要求将文本框内格式设置为：线条颜色为无；填充颜色为双色：颜色 1 为白色，颜色 2 为水绿色；透明度为 0%，高度为 1.38 厘米，宽度为 9.53 厘米。

操作步骤：

(1) 单击文本框边沿，选中文本框。

(2) 在"格式"选项卡的"文本框样式"工具组中，单击右下角的对话框启动器按钮，打开"设置文本框格式"对话框，如图 15-17 所示。

(3) 在"设置文本框格式"对话框的"线条颜色"选项中，选择"无颜色"。

(4) 在"设置文本框格式"对话框的"填充颜色"选项中，单击 填充效果 按钮，打开"填充效果"对话框。

(5) 在"填充效果"对话框中选择"渐变"选项卡。

(6) "颜色"选择"双色"(颜色1：白色；颜色2：绿色)。

(7) 单击"填充效果"对话框中的"确定"按钮。

(8) 单击"设置文本框格式"对话框中的"确定"按钮，操作完成效果如图 15-18 所示。

◆技巧存储

默认情况下，在 Word 2010 文档中插入的文本框均为矩形。实际上，Word 2010 提供了多种形状的文本框，如箭头、标注、旗帜等形状，用户可以根据需要改变文本框的形状。在 Word 2010 文档中改变文本框形状的步骤如下：

打开 Word 2010 文档窗口，单击选中文本框。在打开的"格式"工具组中单击"文本框样式"工具组中的"更改形状"按钮，打开如图 15-19 所示的形状列表，在基本形状、箭头总汇、流程图、标注、星与旗帜分组中选择需要的形状即可。

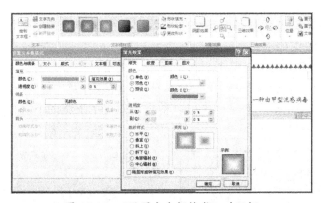

图 15-17 "设置文本框格式"对话框

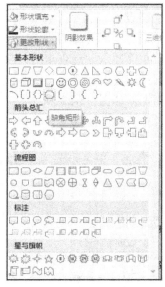

图 15-19 文本框工具格式选项卡

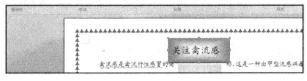

图 15-18 设置文本框效果

【任务5】 首字下沉的设置

◆任务介绍

在实际的排版操作中，常常需要将段落的第一个字(即首字)放大显示，以吸引读者的注意。Word 2010 的首字下沉功能可以很好地帮助我们解决这一问题：设置段落的第一行第一个字字体变大，并且向下沉一定的距离，段落的其他部分保持原样。

◆任务要求

给文档"禽流感.docx"的第三段文字添加"首字下沉"效果，如图 15-20 所示。通过任务的完成，掌握使用"首字下沉"的排版方法。

图 15-20 "首字下沉"效果样图

◆任务解析

操作步骤：

(1) 用鼠标定位到要设置首字下沉的段落中。

(2) 在"插入"选项卡的"文本"工具组中，单击"首字下沉"按钮，在打开的"首字下沉"下拉列表选择"下沉"，如图 15-21 所示。

◆知识拓展

在设置"首字下沉"时，如果要进行精确的参数设置，则需要打开"首字下沉"对话框，在其中进行设置，具体操作如下：

在"插入"选项卡的"文本"工具组中，单击"首字下沉"按钮，在打开的首字下沉下拉列表中选择"首字下沉选项"按钮 首字下沉选项(D)... ，可以打开"首字下沉"对话框，如图 15-22 所示。在"首字下沉"对话框中可以精确设置首字下沉的下沉行数以及距正文的距离等。

图 15-21 设置"首字下沉"

图 15-22 "首字下沉"对话框

【任务6】 在文本中插入剪贴画

◆任务介绍

Word 2010 为我们提供了丰富的剪贴画内容。在 Word 中可以插入一些剪贴画来美化我们的文档。

◆任务要求

在文档"数学思想漫谈.docx"中插入剪贴画，如图 15-23 所示。通过任务的完成，掌握剪贴画的插入方法、剪贴画的编辑以及简单的设置方法。

图 15-23　插入剪贴画效果

◆**任务解析**

一、插入剪贴画

操作步骤：

(1) 在文档中确定插入点。

(2) 在"插入"选项卡的"插图"工具组中，单击"剪贴图"按钮，在窗口右侧打开了"剪贴画"任务窗格。

(3) 输入搜索文字"思考"。

选择相应的剪贴画，拖动剪贴画至文档中，如图 15-24 所示。

图 15-24　插入剪贴画

二、设置剪贴画的版式

操作步骤：

(1) 选中已经插入文档的剪贴画。

(2) 在"格式"选项卡的"排列"工具组中，单击打开"文字环绕"按钮，在下拉列表中选择"紧密型环绕"方式，效果如图 15-25 所示。

图 15-25　设置剪贴画的版式

【任务 7】　插入页眉、页脚和页码

◆任务介绍

页眉是文档中每个页面的顶部区域。页脚是文档中每个页面的底部区域。在 Word 文档中常用于显示文档的附加信息，可以插入时间、图形、公司徽标、文档标题、文件名或作者姓名等。页码是指书的每一页面上标明次序的号码或其他数字，用以统计书籍的面数，便于读者检索。

◆任务要求

为文档"数学思想漫谈.docx"添加相应的页眉、页脚以及页码。通过任务的完成，掌握页眉、页脚以及页码的插入、编辑方法。

◆任务解析

Word 2010 的页眉、页脚和页码工具位于"插入"选项卡下，三个功能命令组成一个"页眉和页脚"工具组，如图 15-26 所示。

图 15-26　"页眉和页脚"工具组

一、页眉的插入

操作步骤：

(1) 在"插入"选项卡下，单击"页眉和页脚"工具组的"页眉"工具按钮，打开页眉下拉菜单，选择第一种页眉类型。

(2) 在页面顶端出现页眉编辑区域，在【键入文字】处输入页眉内容"数学中矛盾"，如图 15-27 所示。

(3) 此时在"设计"选项卡下有设置页眉的各种功能按钮，设置完成后单击"关闭页眉和页脚"结束编辑。

二、页脚的插入

操作步骤：

(1) 在"插入"选项卡功能区中，单击"页眉和页脚"工具组的"页脚"工具按钮，打开页脚下拉菜单，选择第一种页脚类型。

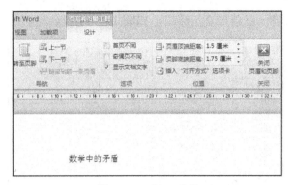

图 15-27　插入页眉

(2) 在页面底端出现页脚编辑区域，在【键入文字】处输入页脚内容"编辑时间："，如图 15-28 所示。

图 15-28　输入页脚文本

(3) 此时在"设计"选项卡下"插入"工具组中，单击"日期和时间"按钮，弹出"日期和时间"对话框，如图 15-29 所示。选择插入的日期格式，单击"确定"按钮。设置完成后单击"关闭页眉和页脚"结束编辑。

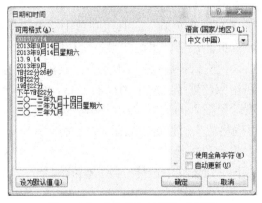

图 15-29　"日期和时间"对话框

三、页码的插入

操作步骤：

在"插入"选项卡的"页眉和页脚"工具组中，单击"页码"按钮，打开页码下拉菜单，选择"页面底端→三角形2"样式，如图15-30所示。

图 15-30 插入页码

◆**知识拓展**

一、页眉和页脚工具

在页面进入页眉或者页脚编辑状态时，功能区中会增添一个"设计"选项卡，如图15-31所示。其中包含页眉和页脚、插入、导航、选项、位置以及关闭功能区，可以对页眉、页脚以及页码进行编辑操作以及退出。

图 15-31 "设计"选项卡功能区

二、设置页码格式对话框

在"插入"选项卡的"页眉和页脚"工具组中单击"页码"按钮，打开页码样式下拉菜单。选择前4个命令(页面顶端、页面底端、页边距、当前位置)中的一个命令后，会打开相应的页码类型子菜单，选择一种页码类型后，在相应位置插入相应类型的页码。选择"删除"页码命令，删除已插入的页码。选择"设置页码格式"命令，会弹出"页码格式"对话框，如图15-32所示。在页码格式对话框中可以进行以下操作：

(1) 在"编号格式"下拉列表框中选择一种页码的编号格式。

(2) 如果选择"包含章节号"复选框，页码中可包含章节号，并可继续进行相应设置。

图 15-32 "页码格式"对话框

(3) 如果选择"续前节"单选框，页码接着前一节的编号；如果整个文档只有一节，页码从1开始编号。

(4) 如果选择"起始页码"单选框，可在其右边的数值框中输入或调整起始的页码。

(5) 单击"确定"按钮，设置页码格式。

【任务8】 插入和编辑数学公式

◆任务介绍

在人们的学习生活中总是离不开公式的使用，例如制作一份数学试卷，涉及的公式更是不胜枚举。此次任务就是要完成一份试卷中的公式输入。

◆任务要求

通过任务的完成，掌握常用公式的插入、编辑方法。

◆任务解析

一、打开公式工具

操作步骤：

(1) 在文档中确定插入点。

(2) 在"插入"选项卡的"符号"工具组中，单击"公式"按钮 π 打开下拉列表，选择"插入新公式"，打开公式工具，如图 15-33 所示。

图 15-33 打开公式工具

二、输入运算符

操作步骤：

在"设计"选项卡功能区的"结构"工具组中，单击"运算符"按钮 运算符 ，打开下拉列表，可以选择需要的运算符号，这里选择"+="符号，如图 15-34 所示。

三、完成公式

完成公式"$\sqrt{9} - \sqrt{5} = \sqrt{4}$"的输入。

操作步骤：

(1) 将光标移动到"+"前，确定插入点。

(2) 在"设计"选项卡的"结构"工具组中，单击"根式" 根式 工具按钮，打开"根式结构"下拉列表，选择 $\sqrt{\square}$ 。

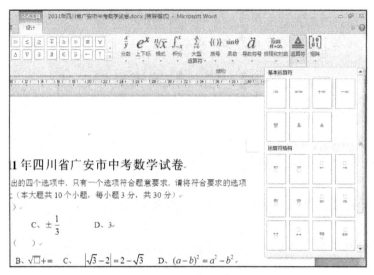

图 15-34　选择运算符

(3) 单击根式结构中的公式插入槽，用键盘键入 9，完成 $\sqrt{9}$ 的输入。

(4) 用类似的步骤完成 $\sqrt{4}$、$\sqrt{5}$ 的输入，完成公式 "$\sqrt{9}-\sqrt{4}=\sqrt{5}$" 的输入，如图 15-35 所示。

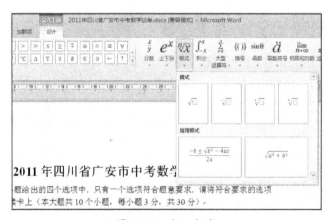

图 15-35　插入根式

项目十六　表格的使用

表格在办公文档中经常被使用，Word 为制作表格提供了许多方便灵活的工具和手段，可以制作出满足各种要求的复杂表格，并且还能对数据进行简单计算和排序。

【学习要点】
■任务 1　课程表的制作
■任务 2　表格数据的计算
■任务 3　文本与表格的相互转换

【任务 1】　课程表的制作

◆**任务介绍**

通过课程表的制作，讲解了表格的创建、表格的编辑以及表格格式的设置。

◆**任务要求**

主要完成课程表，如图 16-1 所示。通过任务的完成，能够掌握表格的基本操作。

◆**任务解析**

表格由单元格组成，横向排列的单元格形成行，纵向排列的单元格形成列。每个单元格都是独立的，可以对其格式化或调整大小。

一、创建表格

创建一个 10 行 6 列的表格。

操作步骤：

(1) 用鼠标在文档中单击确定表格插入位置。

(2) 在"插入"选项卡功能区的"表格"工具组中单击"表格"下拉按钮。

(3) 选择"插入表格"命令，弹出"插入表格"对话框，如图 16-2 所示。

(4) 在"插入表格"对话框中输入"列数"和"行数"分别为 6 和 10，如图 16-2 所示。

课程表					
星期 节次	星期一	星期二	星期三	星期四	星期五
第一节	化学	物理	政治	数学	英语
第二节	英语	历史	化学	英语	数学
第三节	物理	地理	英语	物理	化学
第四节	历史	政治	物理	化学	物理
第五节	政治	英语	地理	历史	地理
第六节	地理	历史	物理	英语	化学
第七节					

图 16-1　课程表样图

图 16-2　"插入表格"对话框

(5) 单击"确定"按钮，完成 10 行 6 列表格的插入。

二、编辑表格

编辑表格包括合并、拆分单元格，选择对齐方式，拆分表格等操作。

1．合并单元格

将第一行单元格合并，将第七行单元格合并。

操作步骤：

(1) 鼠标指针移到表格左侧，指针形状变为"↗"后，单击，选定表格第一行。

(2) 切换到"布局"选项卡，在"合并"工具组中单击"合并单元格"按钮，如图 16-3 所示。

(3) 同理，完成第七行单元格的合并。

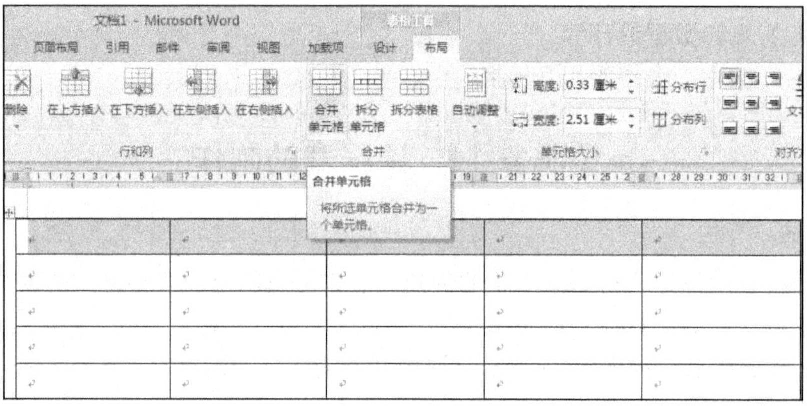

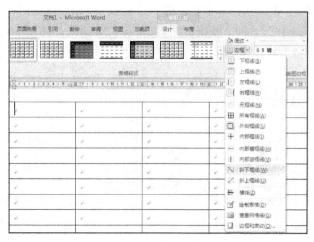

图 16-3 "合并单元格"

2．添加斜线表头

(1) 单击选中表格第二行第一个单元格。

(2) 切换到"设计"选项卡功能区。

(3) 在"表格样式"工具组中单击"边框"下拉按钮，在下拉列表中选择"斜下框线"样式，如图 16-4 所示。

图 16-4 制作斜线表头

三、输入文字

依次用鼠标定位单元格，然后输入课表文字，如图 16-5 所示。

课程表					
星期 节次	星期一	星期二	星期三	星期四	星期五
第一节	化学	物理	政治	数学	英语
第二节	英语	历史	化学	英语	数学
第三节	物理	地理	英语	物理	化学
第四节	历史	政治	物理	化学	物理
第五节	政治	英语	地理	历史	地理
第六节	地理	历史	物理	英语	化学
第七节					

图 16-5　输入表格文字

四、美化表格

1. 选择表格样式

为表格添加"中等深浅网格 3-强调文字颜色 2"样式美化表格。

操作步骤：

(1) 单击表格左上角的 ⊞ 按钮，选中整个表格。

(2) 切换到"设计"选项卡功能区。

(3) 在"表格样式"工具组中单击选择样式："中等深浅网格 3-强调文字颜色 2"，如图 16-6 所示。

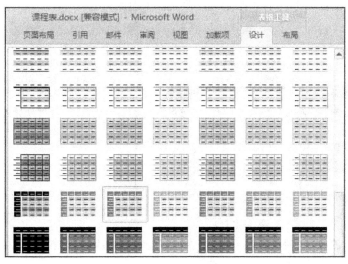

图 16-6　选择表格样式

2. 将表格文字设置为水平居中对齐

操作步骤：

(1) 在表格中用鼠标拖曳选中表格中的所有文字。

(2) 切换到"开始"选项卡，在"段落"工具组中单击"居中"按钮，使所有单元格中的文字居中对齐，如图 16-7 所示。

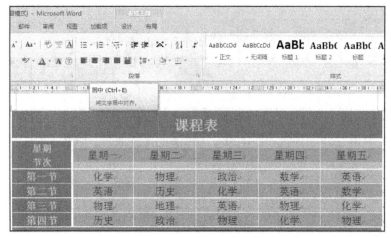

图 16-7　文字居中

3. 设置行高

设置表格第一行和第七行的行高为 1 厘米。

操作步骤:

(1) 选中表格第一行。

(2) 单击鼠标右键,选择"表格属性",如图 16-8 所示,打开"表格属性"对话框。

(3) 在表格属性对话框中切换到"行"选项卡,如图 16-9 所示。

(4) 设置行尺寸的"指定高度"为"1 厘米"。

(5) 同理,设置第七行的"指定高度"为"1 厘米"。

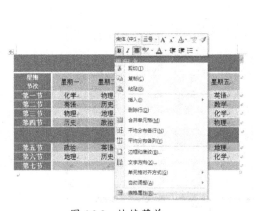

图 16-8　快捷菜单

图 16-9　"表格属性"对话框

◆知识拓展

一、编辑表格文本的操作

表格内移动光标:只有将光标移动到某一单元格,才可以在该单元格中输入、修改或删除文本。单击某单元格,光标会自动移动到该单元格,也可通过快捷键在表格内移动光标。

移动光标快捷键列表见表 16-1。

表 16-1　移动光标快捷键列表

按键	功　　能	按键	功　　能
↑	光标向上移动一个单元格	<Alt+Home>	光标移到当前行的第一个单元格
↓	光标向下移动一个单元格	<Alt+ End>	光标移到当前行的最后一个单元格
←	光标向左移动一个字符	<Alt+Page Up>	光标移到当前列的第一个单元格
→	光标向右移动一个字符	<Alt+Page Down>	光标移到当前列的最后一个单元格
Tab	光标移到下一个单元格	<Shift + Tab>	光标移到上一个单元格

二、选定表格、行、列和单元格

1．选定表格

(1) 把鼠标指针移动到表格的左上方，会出现一个表格移动手柄 ✛，单击该手柄即可选定表格。

(2) 在"布局"选项卡的"表"工具组中，单击选择按钮 ↘，在打开的菜单中选择"选择表格"命令。

2．选定表格行

(1) 将鼠标指针移动到表格左侧，鼠标指针变为 ↗ 形状时单击鼠标，选定相应行。

(2) 将鼠标指针移动到表格左侧，鼠标指针变为 ↗ 形状时拖动鼠标，选定多行。

(3) 在"布局"选项卡的"表"工具组中，单击选择按钮 ↘，在打开的菜单中选择"选择行"命令，选定光标所在行。

3．选定表格列

(1) 将鼠标指针移动到表格顶部，鼠标指针变为 ↓ 形状时单击鼠标，选定相应列。

(2) 将鼠标指针移动到表格顶部，鼠标指针变为 ↓ 形状时拖动鼠标，选定多列。

(3) 在"布局"选项卡的"表"工具组中，单击选择按钮 ↘，在打开的菜单中选择"选择列"命令，选定光标所在列。

4．选定单元格

(1) 将鼠标指针移动到单元格左侧，鼠标指针变为 ➧ 形状时单击鼠标，选定相应单元格。

(2) 将鼠标指针移动到单元格左侧，鼠标指针变为 ➧ 形状时拖动鼠标，选定多个相邻单元格。

(3) 在"布局"选项卡的"表"工具组中，单击选择按钮 ↘，在打开的菜单中选择"选择单元格"命令，选定光标所在单元格。

【任务 2】　表格数据的计算

◆任务介绍

通过成绩单中总分的计算过程，讲解了表格中数据的计算。

◆任务要求

通过任务的完成，掌握利用 Word 提供的函数对表格中数据进行统计、计算。

◆**任务解析**

一、计算总分

操作步骤：

(1) 在要计算总分的单元格中单击确定插入点。

(2) 在"布局"选项卡下"数据"工具组中，单击"公式"按钮 $\overset{fx}{\underset{公式}{}}$，打开"公式"对话框，在"公式"下的文本框中输入公式"=SUM(LEFT)"，如图 16-10 所示。

图 16-10 "公式"对话框

(3) 单击"确定"按钮，完成对该单元格左侧各数据的求和计算，结果如图 16-11 所示。

姓名	语文	数学	英语	体育	总分
郝敏	88	85	89	85	347
刘菊萍	85	84	82	85	
汪扬	85	95	96	92	
张敏	88	85	87	95	
章颖	85	85	82	86	
祝美英	58	25	65	92	

图 16-11 求和计算

二、计算平均分

操作步骤：

(1) 在要计算平均分的单元格中单击确定插入点。

(2) 在"布局"选项卡的"数据"工具组中，单击"公式"按钮 $\overset{fx}{\underset{公式}{}}$，打开"公式"对话框，在"公式"下的文本框中输入公式"=AVERAGE (LEFT)"，如图 16-12 所示。

图 16-12 "公式"对话框

(3) 单击"确定"按钮，完成对该单元格左侧所有单元格数据的求平均值计算，结果如图 16-13 所示。

姓名	语文	数学	英语	体育	平均分
郝敏	88	85	89	85	86.75
刘菊萍	85	84	82	85	
汪杨	85	95	96	92	
张敏	88	85	87	95	
章颖	85	85	82	86	

图 16-13 求平均计算

【任务3】 文本与表格的相互转换

◆**任务介绍**

在工作中，人们经常会遇到需要将表格转换为文本或者将文本转换为表格的问题，本次任务就是要解决此类问题。

◆**任务要求**

要求将一张成绩单转换为文本格式。

◆**任务解析**

一、文本转换为表格

将如图 16-14 所示的文档内容转换为表格的形式。

操作步骤：

(1) 选中文本内容。

(2) 在"插入"选项卡的"表格"工具组中，单击"表格"按钮，在打开的表格下拉列表中选择"文本转换成表格"命令，如图 16-15 所示。

(3) 打开"将文字转换成表格对话框"，如图 16-16 所示。

姓名, 语文, 数学, 英语, 总分
王良, 76, 68, 73, 217
张晨, 84, 95, 87,
张珊, 80, 74, 83,
杨文, 93, 90, 88,

图 16-14 文本样图

在对话框中设置"列数"为 5，"固定列宽"，"文字分割位置"选择"逗号"，单击"确定"按钮完成转换操作。

图 16-15 选择"文本转换成表格"命令

图 16-16 "将文字转换成表格"对话框

二、表格转换为文本

操作步骤：

(1) 选中整个表格。

(2) 在"布局"选项卡的"数据"工具组中，单击"转换为文本"按钮，打开"表格转换成文本"对话框，在其中选择"文字分隔符"为"制表符"，如图 16-17 所示。

(3) 单击"确定"按钮完成转换操作。

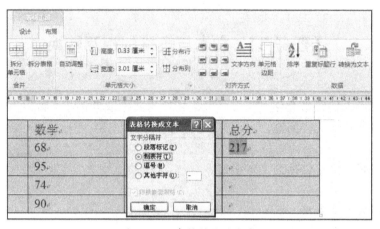

图 16-17　表格转换为文本

项目十七 打印输出

文档编辑排版完成后，通常需要打印输出，在打印前应当对页面进行设置，以使文档的版面能够正确输出。在 Word 2010 中进行页面设置，通常使用"页面布局"选项卡工具组中的工具来完成。

【学习要点】
  ■任务 1 页面设置
  ■任务 2 设置背景和边框
  ■任务 3 添加分栏和分隔符
  ■任务 4 打印预览与打印

【任务 1】 页 面 设 置

◆任务介绍

要将文档打印输出到纸张上，首先要对文档页面进行一些必要的设置，如打印纸张大小、纸张方向、页边距等，这样在打印时才能使文档正确输出到纸张上。

◆任务要求

掌握打印输出前的纸张方向、纸张大小以及页面边距的设置。

◆任务解析

一、设置纸张方向

打印输出时，纸张有纵向和横向两种，切换到"页面布局"选项卡，在"页面设置"工具组中单击"纸张方向"按钮，在弹出的下拉列表中选择其中之一即可，如图 17-1 所示。

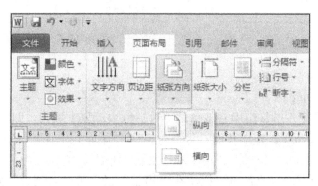

图 17-1 设置纸张方向

二、设置纸张大小

在打印时，实际使用的纸张有各种型号，不同型号的纸张大小不同，所以在打印前需要先根据实际用的纸张大小进行对应设置。

操作步骤：

(1) 切换到"页面布局"选项卡功能区。

(2) 在"页面设置"工具组中，单击"纸张方向"按钮 的下半部分，打开"纸张大小"下拉列表。选择 A3 (29.7 x 42 cm) 20.7 厘米 x 42 厘米 将纸张设置为 A3 型纸张，如图 17-2 所示。

三、设置页面边距

操作步骤：

(1) 切换到"页面布局"选项卡功能区。

(2) 在"页面设置"工具组中，单击"页边距"工具按钮，打开"页边距"下拉列表。选择预设好的页边距，也可以单击"自定义页边距"命令，弹出"页面设置"对话框，如图 17-3 所示，输入实际需要的页边距。

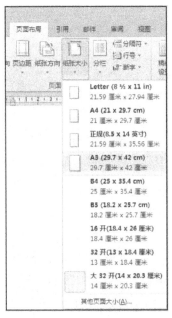

图 17-2　纸张大小

图 17-3　设置"页边距"

◆**知识拓展**

页面设置对话框：

单击"页面设置"工具组中右下角的"对话框启动器"按钮，即可打开"页面设置"对话框，如图 17-3 所示。在"页面设置"对话框中有 4 个选项卡，分别是"页边距"选项卡、"纸张"选项卡、"版式"选项卡和"文档网格"选项卡。

在每个选项卡中均有"预览"栏，在"预览"栏中可以看到设置效果，且效果会随着相应项目框中输入值的改变而改变。

在每个选项卡中均有"默认"按钮，单击该按钮可将当前设置值设置为默认值，存于 Normal 模板。保存的页面设置值会影响所有基于 Normal 模板的新建文档。

1. "页边距"选项卡

可设置页边距、装订线的位置、纸张方向和页码范围。页边距也可以用标尺进行设置。

2. "纸张"选项卡

可设置纸张的大小(如 A4、B5、16 开、32 开或自定义)和纸张来源。

3. "版式"选项卡

可设置节的起始位置，页眉、页脚在首页以及奇数页、偶数页是否相同。还可设置文档内容较少时文字在纸张上的位置，有"顶端对齐"、"居中对齐"、"两端对齐"和"底端对齐"4 个可选项。在此选项卡中还可设置行号和页面边框。

4. "文档网络"选项卡

可设置页面的行数与每行的字符数、文字的方向，并可确定是否显示行列网格。一般 Word 2010 会根据纸张和字体的大小来决定每页中的行数和每行中的字符数，当有特殊需要时可以在此选项卡进行设置。在此选项卡中还可以更改字体、字号，还可进行分栏操作。

【任务 2】 设置背景和边框

◆任务介绍

在 Word 2010 中，用户不仅能对文档进行排版，还可以对页面进行排版。通过页面背景和边框的添加，可以使文档更加美观。

◆任务要求

主要对文档"战国策.docx"的页面进行设置，效果如图 17-4 所示。通过任务的完成掌握页面背景和边框的设置方法。

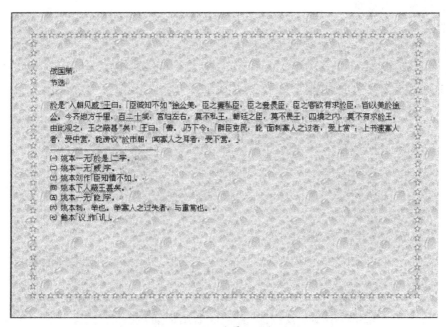

图 17-4　页面背景和边框效果

◆**任务解析**

一、设置页面背景

操作步骤：

(1) 切换到"页面布局"选项卡功能区。

(2) 在"页面背景"工具组中，单击"页面颜色"按钮，打开"页面颜色"选择对话框，如图 17-5 所示。

(3) 单击"填充效果"按钮，打开"填充效果"对话框，如图 17-6 所示。切换到"纹理"选项卡，单击选择"水滴" 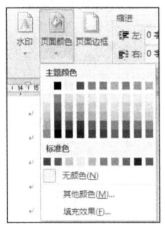 纹理效果。

(4) 单击"确定"按钮。

图 17-5　页面颜色下拉列表

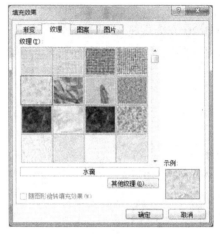

图 17-6　"填充效果"对话框

二、设置页面边框

操作步骤：

(1) 切换到"页面布局"选项卡功能区。

(2) 在"页面背景"工具组中，单击"页面边框"按钮，打开"边框和底纹"对话框。默认当前选项卡为"页面边框"，如图 17-7 所示。

图 17-7　"边框和底纹"对话框

(3) 设置边框的“艺术型”为☆☆☆☆☆，“应用于”为“整篇文档”。

(4) 单击“确定”按钮完成设置。

【任务 3】 添加分栏和分隔符

◆任务介绍

在进行文档的排版时，往往需要将文档的内容(全部或部分)分成多列显示，使版式更加灵活多样，增加美感。分列显示时每一列称为一栏。而要将一个文档分成多个部分进行版式设置，可以将其按要求进行分隔，分隔符可以完成这一效果。

◆任务要求

主要对文档“家用计算机.docx”中的文字进行分栏操作和分隔符的添加，效果如图 17-8 所示。

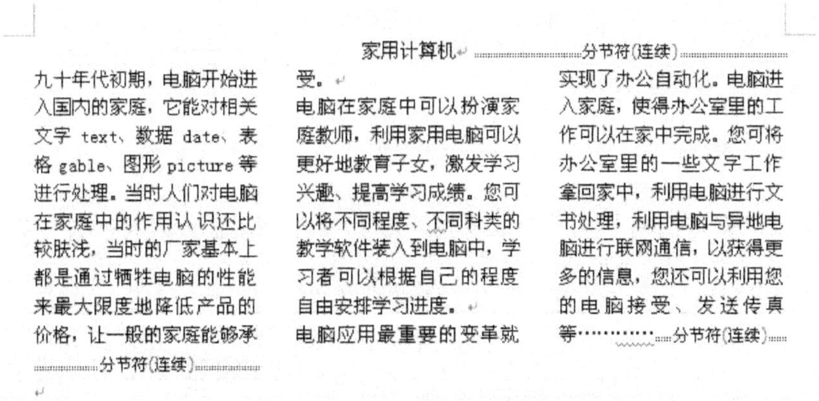
家用计算机 分节符(连续)

九十年代初期，电脑开始进入国内的家庭，它能对相关文字 text、数据 date、表格 gable、图形 picture 等进行处理。当时人们对电脑在家庭中的作用认识还比较肤浅，当时的厂家基本上都是通过牺牲电脑的性能来最大限度地降低产品的价格，让一般的家庭能够承受。

电脑在家庭中可以扮演家庭教师，利用家用电脑可以更好地教育子女，激发学习兴趣、提高学习成绩。您可以将不同程度、不同科类的教学软件装入到电脑中，学习者可以根据自己的程度自由安排学习进度。

电脑应用最重要的变革就实现了办公自动化。电脑进入家庭，使得办公室里的工作可以在家中完成。您可将办公室里的一些文字工作拿回家中，利用电脑进行文书处理，利用电脑与异地电脑进行联网通信，以获得更多的信息，您还可以利用您的电脑接受、发送传真等………… 分节符(连续)

分节符(连续)

图 17-8 分栏和分隔符效果

◆任务解析

一、文档的分栏

操作步骤：

(1) 选择要进行分栏显示的文本内容。

(2) 切换到“页面布局”选项卡功能区。

(3) 在“页面设置”工具组中，单击“分栏”按钮，在下拉列表框中选择默认的常用分栏样式，如图 17-9 所示，即可完成分栏操作。

二、分隔符的设置

操作步骤：

(1) 确定分隔符插入点。

(2) 切换到“页面布局”选项卡功能区。

(3) 在“页面设置”工具组中，单击“分隔符”按钮，在下拉列表框中选择分节符为“连续”，如图 17-10 所示。

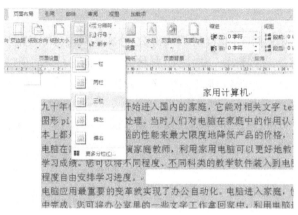

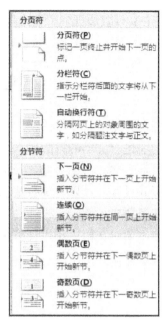

图 17-9　分栏　　　　　　　　　　　　　　　图 17-10　分隔符

◆ **知识拓展**

一、分隔符的类型和功能

进行分隔文档时，会有不同的分隔需要，表 17-1 中列出了分隔符的各种类型。

表 17-1　分隔符类型

种　类	功　　　能
分页符	使插入点后的文字或段落内容移到下一页
分栏符	在多栏文档中，使插入点的文字或段落移到下一栏
换行符	强迫使插入点后的文字或段落移动到下一行，但换行后的文字或段落仍属于同一段落
下一页	插入符，使下一节由下一页开始编辑
连续	插入分节符，使下一页接续本
偶数页	插入分节符，使下一节由下面的偶数页开始编辑
奇数页	插入分节符，使下一节由下面的奇数页开始编辑

二、"分栏"对话框

在"页面设置"工具组中单击"分栏"按钮，在分栏下拉列表中选择"更多分栏"命令可以打开"分栏"对话框，如图 17-11 所示。在"分栏"对话框可对页面设置栏宽、栏与栏之间的间距，在各栏间可加分隔线。

◆ **技巧存储**

(1) 分页符和分节符在页面视图下其标志不相同，如果没有显示标志可以单击"开始"选项卡中"段落"工具组中的"显示/隐藏段落标记按钮"按钮。如果想删除分页符或分节符，只要把插入点移到分页符或分节符的水平虚线前面，按<Delete>键即可。

174

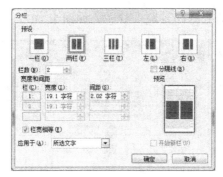

图 17-11　"分栏"对话框

(2) 文档设置分栏后，最后一页常常会出现这样的情况：最后一栏与前面栏的高度不同。这时只要在最后一栏的末尾插入一个"连续"分节符即可。

【任务 4】　打印预览与打印

◆任务介绍

　　Word 文档的打印效果可以采用打印预览的方式查看。人们可以通过打印预览功能预览打印效果，一切满意后再打印。

◆任务要求

　　通过本任务，能够根据需要设置打印方式。

◆任务解析

一、打印预览

　　在进行打印输出前，先可以通过"打印预览"查看文档的打印效果，并且可以根据需要调整打印效果，如页边距、纸张方向、纸张大小等。

　　操作步骤：

　　(1) 单击"文件"选项卡，在"文件"选项卡的功能区中选择"打印"菜单，如图 17-12 所示。

图 17-12　"打印"菜单

(2) 打印菜单的右侧为"打印预览"状态，如图 17-13 所示。

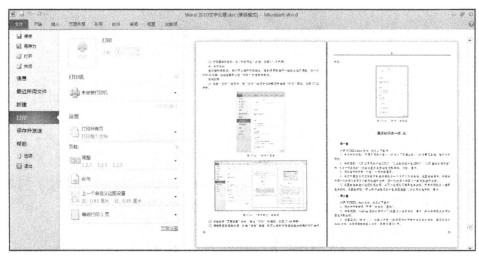

图 17-13 "打印预览"工具组

二、打印文档

当文档排版完成，我们可以进行打印输出，有时候需要进行一些输出选项调整，如一次打印 10 份等，这些设置可以在"打印"对话框中完成。

操作步骤：

(1) 单击"文件"选项卡，在"文件"选项卡的功能区中选择"打印"菜单，如图 17-12 所示。

(2) 单击选择"页面设置"命令，弹出"打印"对话框，如图 17-14 所示。

图 17-14 "打印"工具组

(3) 根据需要设置完成后，单击"确定"按钮，就可以把打印任务发送给相关打印机进行打印。

通级知识练一练(三)

第一套

打开 WORD1.**docx** 文件，完成以下操作：

1. 将文件的首段("中国对服务外包……分为以下四类业务;")分为等宽三栏，栏间加分隔线。

2. 将标题段("1.IT 应用服务外包(ITO)"、"2.业务流程外包(BPO)"、"3.IT 基础设施服务"和"4.设计研发服务")文字设置为三号红色阴影黑体、加粗、居中。

3. 将文档中的所有"外包"一词加着重号。

4. 将文中最后 6 行文字按照制表符转换为一个 6 行 3 列的表格。设置表格居中，将表格中第一列的第 1 到第 3 个单元格进行合并、第一列的第 4 和第 5 个单元格进行合并。

5. 设置表格左右外边框为无边框，上下外边框为 3 磅黑色单实线；所有内框线为 1 磅黑色单实线。设置表标题("商业银行金融服务外包主要类型")为三号红色宋体，居中。

第二套

打开 WORD2.**docx** 文件，完成以下操作：

1. 将文中所有错词"严肃"替换为"压缩"。

2. 将标题段("winImp 压缩工具简介")设置为小三号宋体、居中，并为标题段文字添加蓝色阴影边框。

3. 设置正文("特点……。如表一所示")各段落中的所有中文文字为宋体、英文文字为 Arial 字体；各段落悬挂缩进 2 字符，段前间距 0.5 行。

4. 将文中最后 3 行数字转换成一个 3 行 4 列的表格，表格形式采用自动套用格式中的"简明型 1"。

5. 设置表格居中、表格宽度为 13 厘米、表格所有内容水平居中，并设置表格底纹为"灰色-10%"；以原文件名保存文档。

第三套

打开 WORD3.**docx** 文件，完成以下操作：

1. 将文中所有错词"燥声"替换为"噪声"，并加着重号。

2. 将标题段文字("噪声的危害")设置为三号红色宋体、居中、加黄色底纹。

3. 正文文字("噪声是任何一种……影响就更大了")设置为小四号楷体 GB2312，各段落首行缩进 2 字符，段前间距 1 行，将第三段("噪声会严重干扰……的一大根源")移至第二段("强烈的噪声……听力显著下降")之前。

4. 将表格标题("声音的强度与人体感受之间的关系")设置为小四号黑体、红色、加粗、居中。

5. 将文中最后 8 行文字转换成一个 8 行 2 列的表格，表格居中，列宽 3 厘米，表格中的内容设置为五号宋体、第一行内容对齐方式为中部居中，其他几行内容靠下右对齐。

第四套

打开 WORD4-1.**docx** 文件，完成以下操作：

1. 将文中所有错词"网罗"替换为"网络";将标题段文字("首届中国网络媒体论坛在青岛开幕")设置为三号空心黑体、红色、加粗、居中并添加波浪下划线。

2. 将正文各段文字("6月22日，……评选办法等。")设置为12磅宋体;第一段首字下沉，下沉行数为2，距正文0.2厘米;除第一段外的其余各段落左、右各缩进1.5字符，首行缩进2字符，段前间距1行。

3. 将正文第三段("论坛的主题是…….管理和自律。")分为等宽两栏，其栏宽为17字符。

打开WORD4-2.docx文件，完成以下操作:

1. 在表格顶端添加一表标题"利民连锁店集团销售统计表"，并设置为小二号楷体-GB2312、加粗，居中。

2. 在表格末尾插入一行，在该行第一列的单元格中输入行标题"小计"，其余各单元格中填入该列各单元格中数据的总和。

第五套

打开WORD5-1.docx文件，完成以下操作:

1. 将标题段("8086/8088CPU的BIU和EU")的中文设置为四号红色宋体、英文设置为四号红色Arial字体;标题段居中、字符间距加宽2磅。

2. 将正文各段文字("从功能上看……。FLAGS中。")的中文设置为五号仿宋—GB2312、英文设置为五号Arial字体;将文中所有"数据"加着重号;各段落首行缩进2字符、段前间距0.5行。

3. 将正文第三段("EU的功能是……FLAGS中。")分为等宽的两栏、栏宽18字符、栏间加分隔线。

打开WORD5-2.docx文件，完成以下操作:

1. 将表格第一行第二列单元格中的内容"X"添加"补码"下标;设置表格居中;设置表格中第一行文字水平居中，其他各行文字右对齐。

2. 设置表格列宽为2厘米、外框线为红色3磅双窄线、内框线为绿色1磅单实线;第一行单元格为黄色底纹。

第六套

打开WORD6.docx文件，完成以下操作:

1. 将文档中倒数第一行至第九行字体大小设置为五号、红色、宋体;倒数第十行文字("绩效管理方法")设置为四号、蓝色、加粗、居中，文字效果设置为"礼花绽放"。

2. 将标题段("绩效管理的主要方法")设置为三号黑体、居中，并将文中所有的"彼教"改为"比较"。将文档中第二行至第十六行所有段落右缩进设置4字符、首行缩进2字符，行距为1.3倍。

3. 设置页边距:上、下边距为3.5厘米，左、右边距为4厘米，纸张为16开(18.4×26厘米)。在页面底端(页脚)居中位置插入页码(首页显示页码);设置页眉为"绩效管理方法"，字号为六号。

4. 将正文倒数第一行至第九行转换为一个9行3列的表格，表格居中，表格第一、二列列宽为3厘米，第三列列宽为4厘米。

5. 将表格中第一列的第一单元格至第九单元格进行合并，再将表格中第二列的第一至第四单元格进行合并、第五单元格至第七单元格进行合并、第八和第九个单元格进行合并；设置表格所有框线为1磅蓝色单实线。

第七套

打开 WORD7-1.docx 文件，完成以下操作：

1. 将标题段("调查表明京沪穗网民主导'B2C'")设置为小二号空心黑体、红色、居中，并添加黄色底纹，设置段后间距为1行。

2. 将正文各段("根据蓝田市场研究公司……更长的时间和耐心。")中所有的"互联网"替换为"因特网"；各段落文字设置为小五号宋体，各段落左、右各缩进0.5字符，首先缩进2字符，行距18磅。

打开 WORD7-2.docx 文件，完成以下操作：

1. 在表格最右左边插入一个空列，输入列标题"总分"，在这一列下面的各单元格中计算其左边相应3个单元格中数据的总和。

2. 将表格设置为列宽2.4厘米；表格外围框线为3磅单实线，表内线为1磅单实线；表内所有内容对齐方式为中部居中。

第八套

打开 WORD8-1.docx 文件，完成以下操作：

1. 将文中所有"教委"替换为"教育部"，并设置为红色、斜体、加着重号。

2. 将标题段文字("高校科技实力排名")设置为红色三号黑体、加粗、居中，字符间距加宽4磅。

3. 将正文第一段("由教育部授权，……。权威性是不容质疑的。")左右各缩进2字符，悬挂缩进2字符，行距18磅，将正文第二段("根据6月7日公布的数据……，本版特公布其中的'高校科研经费排行榜'。")分为等宽的两栏，并设置首字下沉2行。

打开 WORD8-2.docx 文件，完成以下操作：

1. 插入一个6行6列表格，设置表格列宽为2厘米、行高为0.4厘米；设置表格外框线为3磅绿色单实线、内框线为1磅绿色单实线。

2. 将第一行所有单元格合并，并设置该行为黄色底纹。

第九套

打开 WORD9-1.docx 文件，完成以下操作：

1. 将标题段文字("'星星连珠1'会引发灾害吗？")设置为蓝色小三号阳文宋体、加粗、居中。

2. 设置正文各段落("'星星连珠'时，……可以忽略不计。")左右各缩进0.5字符，段后间距0.5行。

3. 将正文第一段("'星星连珠'时，……。特别影响。")分为等宽的两栏，栏间距为0.18厘米。

打开 WORD9-2.docx 文件，完成以下操作：

1. 在表格最右边插入一列，输入列标题"实发工资"，并计算出各职工的实发工资。

2. 设置表格居中，表格列宽为2厘米，行高为0.6厘米，表格所有内容中部居中；设置表格所有框线为1磅红色单实线。

第十套

打开 WORD10. docx 文件，完成以下操作：

1. 将标题段（"袁隆平现攀高峰"）文字设置为小二号红色空心黑体、加粗、居中。

2. 设置正文各段落（"本报讯……冲刺目标点。"）的中文文字为 5 号宋体，西文文字为 5 号 Arial 字体；设置正文各段落悬挂缩进 2 字符，行距 18 磅，段前间距 0.5 行。

3. 插入页眉，并在页眉居中位置输入小五号宋体文字"科技新闻"。设置页面纸张大小为"B5(JIS)"。

4. 将文中后 7 行文字转换成一个 7 行 2 列的表格，设置表格居中，并以"根据内容调整表格"选项自动调整表格，设置表格所有文字中部居中。

5. 设置表格外框线为 3 磅蓝色双窄实线、内框线为 1 磅蓝色单实线；设置表格为浅黄色底纹。

第十一套

打开 WORD11. docx 文件，完成以下操作：

1. 将文中所有错词"偏食"替换为"片式"。将标题段文字（"中国片式元器件市场发展态势"）设置为三号红色阴影黑体、居中、段后间距 0.8 行。

2. 将正文第一段（"90 年代中期以来……。方式二极管。"）移至第二段（"我国……。新的增长点。"）之后；设置正文各段落（"我国……片式化率达 80%。"）左右各缩进 3 字符。

3. 页面纸型设置为"16 开(18.4×26 厘米)"。

4. 将文中最后 9 行文字转换成一个 9 行 4 列的表格，设置表格居中，并按"2000年"列递增排序表格内容。

5. 设置表格第一列列宽为 4 厘米、其余列列宽为 1.6 厘米、行高为 0.5 厘米；设置表格外框线为 3 磅蓝色双窄线、内框线为 1 磅蓝色单实线。

第十二套

打开 WORD12-1. docx 文件，完成以下操作：

1. 将标题段文字（"我国实行渔业污染调查鉴定资格制定"）设置为三号黑体、红色、加粗、居中并添加蓝色方框，段后间距设置为 1 行。

2. 将正文各段文字（"农业部今天向……技术途径。"）设置为四号仿宋-GB2312，首行缩进 2 字符，行距为 1.5 倍行距。

3. 将正文第三段（"农业部副部长……技术。"）分为等宽的两栏。

打开 WORD12-2. docx 文件，完成以下操作：

1. 删除表格的第 3 列（"职务"），在表格最后一行之下增添 3 个空行。

2. 设置表格列宽：第 1 列和第 2 列为 2 厘米，第 3、4、5 列为 3.2 厘米；将表格外部框线设置成蓝色，3 磅，表格内部也为蓝色，1 磅；第一行加天蓝色底纹。

第十三套

打开 WORD13. docx 文件，完成以下操作：

1. 将标题段文字（"谨慎对待信用卡业务外包"）设置为楷体-GB2312、三号字、加粗、居中并加下划线。将倒数第八行文字设置为三号字、居中。

2. 设置正文各段落（"如果一家城市商业银行……更不可完全照搬。"）悬挂缩进 2

字符、行距为 1.3 倍，段前和段后间距各为 0.5 行。

3. 将正文第二段("许多已经……不尽如人意。")分为等宽的两栏，栏宽为 18 字符，栏中间加分隔线；首字下沉 2 行。

4. 置表格居中，表格中所有文字靠下居中，并设置表格行高为 0.8 厘米。

5. 设置表格外框线为 3 磅红色单实线，内框线为 1 磅黑色单实线，其中第一行底纹设置为灰色-25%。

第十四套

打开 WORD14.docx 文件，完成以下操作：

1. 将标题段文字("4.IBM 电子商务专利的特点")设置为黑体、三号、加粗、居中并加下划线。将倒数第 16 行("表 4－5IBM 电子商务专利特点分类统计")文字设置为四号字，并为该行中"电子商务专利"加着重号。

2. 设置正文各段落("通过 IBM e-commerce……结合 USPTO 网的专利查询归纳总结出来的。")悬挂缩进 2 字符、行距为 1.3 倍，段前和段后间距各 0.5 行。

3. 将正文第二段("技术专利是……总结出来的")分为等宽的两栏，栏宽为 16 字符，栏中间加分隔线；首字下沉 3 行。

4. 将倒数第 1 行到第 15 行的文字根据制表符转换为一个 15 行 3 列的表格(如果转换后有空行请删除)。设置表格行高为 0.8 厘米，表格居中，表格中所有文字靠上居中。

5. 合并表格第 1 列的第 2~5 单元格、第 1 列的第 6~13 单元格。设置表格外框线为 3 磅单实线，内框线为 1 磅黑色单实线。

第十五套

打开 WORD15.docx 文件，完成以下操作：

1. 将文中所有的错词"集锦"替换为"基金"。

2. 将标题段("中报显示多数基金上半年亏损")文字设置为浅蓝色小三号仿宋_GB2312、居中、加绿色底纹。

3. 设置正文各段落("截至昨晚 10 点……面值以下。")左右各缩进 1.5 字符、段前间距 0.5 行、行距为 1.1 倍行距；设置正文第一段("截至昨晚 10 点……都是亏损的。")首字下沉 2 行(距正文 0.1 厘米)。

4. 将文中后 6 行文字转换成一个 6 行 3 列的表格，并依据"基金代码"列按"数字"升序排列表格内容。

5. 设置表格列宽为 2.2 厘米、表格居中；设置表格外框线及第 1 行的下框线为红色 3 磅单实线、表格其余框线为红色 1 磅单实线。

模块五 Excel 2010 电子表格

项目十八 Excel 2010 基本操作

【学习要点】
　　■任务 1 启动与退出 Excel 2010 程序
　　■任务 2 工作簿文件的操作

　　Excel 2010 是 Microsoft 公司推出的 Office 办公系列软件中的一个重要组成部分，是当今流行的电子表格综合处理软件，它具有强大的制作表格、处理数据、分析数据功能，能以多种形式的图表方式来表现数据，它还能对数据进行诸如排序、检索和分类汇总等数据库操作。

【任务 1】 启动与退出 Excel 2010 程序

◆任务介绍
　　在使用 Excel 2010 时，要按照正常的步骤进行启动或者退出，不可直接关闭主机电源退出。非正常操作将导致数据丢失。

◆任务要求
　　学习正常启动和退出 Excel 2010 程序。

◆任务解析
　　在计算机中安装了 Office 2010 之后，可以执行以下操作启动 Excel 2010 程序：
　　执行"开始"→"所有程序"→Microsoft Office→Microsoft Office Excel 2010 命令，如图 18-1 所示。

◆技巧存储

　　快速启动 Excel 2010：直接双击桌面 Excel 快捷方式图标 。
　　快速退出 Excel 2010：用以下四种方法均可：
　　(1) 双击窗口左上角的"控制菜单"按钮 。
　　(2) 单击"控制菜单"按钮 ，打开文档操作菜单，在其中选择"关闭"命令。
　　(3) 单击 Excel 2010 窗口标题栏右侧的"关闭"按钮 。
　　(4) 按<Alt+F4>组合键。

图 18-1 从"开始"按钮启动 Excel 2010

◆知识拓展

一、Excel 2010 工作窗口

和以前的版本相比，Excel 2010 的工作界面颜色更加柔和，更贴近于 Windows 7 操作系统。Excel 2010 的工作界面主要由"控制菜单"按钮、标题栏、快速访问工具栏、功能区、编辑栏、工作表区、滚动条和状态栏等组成，如图 18-2 所示。

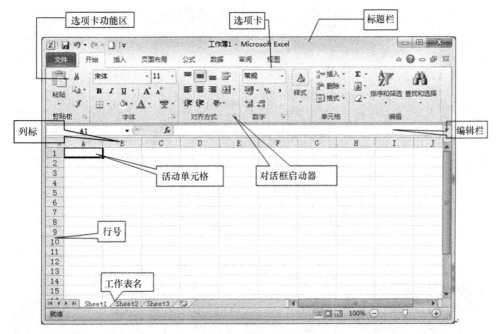

图 18-2 Excel 2010 工作窗口

1."文件"按钮

单击选项卡右端的"文件"按钮 文件 ，可以打开"文件"菜单。在该菜单中，用户可以利用其中的命令新建、打开、保存、打印、共享以及发布工作簿。也可以从中查看近期使用过的文件，如图18-3所示。

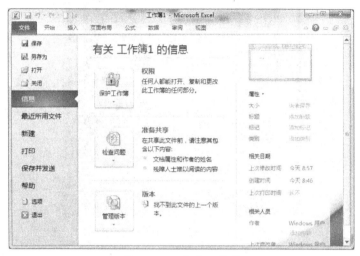

图 18-3 "文件"菜单

2.快速访问工具栏

Excel 2010的快速访问工具栏默认情况下位于"控制菜单"按钮 的右侧，它包含最常用操作的快捷按钮，方便用户使用。单击快速访问工具栏中的按钮，可以执行相应的功能。用户也可以自定义快速访问工具栏，将经常使用的命令添加到其中，如图18-4所示。

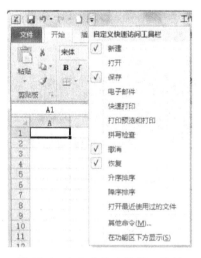

图 18-4 自定义快速访问工具栏

3.标题栏

标题栏位于窗口的最上方，用于显示当前正在运行的程序名及文件名等信息，如图18-5所示。如果是刚打开的新工作簿文件，用户所看到的文件名是工作簿2，这是 Excel 2010 默认建立的文件名。单击标题栏右端的按钮 — □ × 可以最小化、最大化或关闭窗口。

图 18-5 Excel 2010 标题栏

4. 功能区

功能区是在 Excel 2010 工作界面中添加的新元素，它将旧版本 Excel 中的菜单栏与工具栏结合在一起，以选项卡的形式列出 Excel 2010 中的操作命令。

默认情况下，Excel 2010 功能区中的选项卡包括："开始"选项卡、"插入"选项卡、"页面布局"选项卡、"公式"选项卡、"数据"选项卡、"审阅"选项卡、"视图"选项卡以及"加载项"选项卡。

(1) 选项卡：位于功能区的顶部。标准的选项卡为"开始、插入、页面布局、公式、数据、审阅、视图、加载项"，默认的选项卡为"开始"选项卡，用户可以在想选择的选项卡上单击，再选择该选项卡。

(2) 组：位于每个选项卡内部。例如，"开始"选项卡中包括"剪贴板、字体、对齐"等组，相关的命令组合在一起来完成各种任务。

(3) 命令：其表现形式有框、菜单或按钮，被安排在组内。

注：在任一选项卡中双击鼠标可以隐藏功能区，在隐藏状态下，可单击某选项卡来查看功能并选择其中的命令。再次双击鼠标该功能区恢复显示。

与标准的选项卡一样，功能区中会出现与当前任务相关的其他两类选项卡："上下文"选项卡和"程序"选项卡。

在使用艺术字、图表或表时，会出现"上下文"选项卡。例如，选择图表时，在"图表工具"下会增加出现"设计、布局、格式"选项卡，这些上下文选项卡为操作图表提供了更多合适的命令。当没有选中这些对象时，与之相关的上下文选项卡也将隐藏。

5. 编辑栏

编辑栏用来输入、编辑单元格或图表的数据，也可以显示或修改活动单元格中的数据或公式。

编辑栏的最左侧是名称框，用来定义单元格或区域的名字，或者根据名字查找单元格或区域。如果没有定义名字，在名称框中显示活动单元格的地址名称。

名称框右侧是复选框，复选框用来控制数据的输入，随着活动单元数据的输入，复选框被激活，出现 ✕、✓ 和 f_x 3 个标记按钮。其中单击 ✕ 按钮表示取消本单元格数据的输入；单击 ✓ 按钮表示确认单元格数据的输入；单击 f_x 按钮进入到编辑公式状态，输入公式后单击"确定"按钮结束公式编辑，单击"取消"按钮取消公式的输入。

编辑栏右侧是编辑区。当在单元格中键入内容时，除了在单元格中显示内容外，还在编辑区中显示。有时单元格的宽度不能显示单元格的全部内容，则通常在编辑区中编辑内容。当把鼠标指针移到编辑区中时，在需要编辑的地方单击鼠标选择此处作为插入点，可以插入新的内容或者删除插入点左右的字符，如图 18-6 所示。

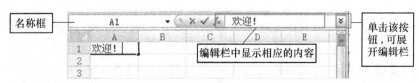

图 18-6 编辑栏

6．状态栏与显示模式

状态栏位于窗口底部，用来显示当前工作区的状态。Excel 2010 支持 3 种显示模式，分别为"普通"模式、"页面布局"模式与"分页预览"模式，单击 Excel 2010 窗口左下角的 按钮可以切换显示模式。

普通视图：是 Excel 系统打开时的默认视图。

页面布局视图：通过该视图可以查看文档的打印外观，包括文档的开始位置和结束位置、页眉和页脚等。在该视图中，还可以设置页面的页眉页脚效果、通过标尺调整页边距等内容。

分页预览视图：使用该视图用户可以了解打印时的页面分页位置。

7．行号与列标

行号：用阿拉伯数字显示行名称，位于每一行的左侧，帮助用户辨别当前所在行。

列标：用英文字母显示列名称，位于每一列的顶端，帮助用户辨别当前所在列。

8．滚动条

窗口右侧和和下边各有一个滚动条，通过拖动滚动条可以调整窗口中显示的内容。右侧的滚动条控制窗口的上下移动，下面的滚动条控制窗口的左右移动。

二、Excel 的基本概念

1．单元格

在 Excel 中，操作的基本单位是单元格。

行、列交叉点上的矩形区域称为单元格。每个工作表都被划分成网格形状，其中的每个格是一个单元格。一个表格可以含有 1048576 行，沿着工作表的左边缘用 1～1048576 进行标注；可以含有 16384 列，沿着工作表的上边缘用 A 到 XFD 进行标注。这样，每个工作表可以含有 17179869184 多个单元格。每个单元格拥有一个名称(也称作"地址")，由所在列的字母和所在行的数字组成，可记作如 A3 或 B5 等。

2．活动单元格

单击某个单元格，使此小格边框加粗选中，它便成为活动单元格，它的地址在编辑栏的"名称"框内，它的数据显示在编辑栏的"编辑区"上，可向活动单元格内输入数据，这些数据可以是字符串、数学公式、图形等。

3．工作表

工作表是显示在工作簿窗口的表格。默认情况下一个工作簿有 3 个工作表，分别是 Sheet1、Sheet2、Sheet3，其中白色的工作表标签表示活动的工作表，单击某个工作表标签，则该工作表为活动工作表。如图 18-2 所示，Sheet1 为活动工作表。

如果工作时打开的工作表较多，那么窗口中只能显示部分标签的标题，可通过单击标签标题左侧的"标签滚动按钮" 找到其他标签，使其成为活动的工作表。用户可以根据需要添减工作表，一个工作簿最多可以包含 255 个工作表。

4．工作簿

Excel 用于保存表格内容的文件叫工作簿，扩展名为.xlsx(默认的工作簿名称为工作簿 1.xlsx)。工作簿窗口位于中央区域，主要由工作表、工作表标签(标签上显示的是工作表的名称)、滚动条等组成。Excel 2010 允许打开多个工作簿，但任一时刻只允许对一个工作簿操作，这个工作簿称为当前工作簿。

一个工作簿由若干个工作表组成。通常，完成一项具体的工作可能需要包括若干个表，在存盘时，它们被存放在一起，形成一个工作簿，而这些表包括工作表、图表和宏表。每个 Excel 文件即为一个工作簿，一个工作簿文件在默认情况下，会打开三个工作表。如果需要打开更多的工作表，单击"Sheet3"图标旁边的  图标即可。

5．工作簿、工作表和单元格之间的关系(见图 18-7)

图 18-7　工作簿、工作表和单元格之间的关系

【任务 2】 工作簿文件的操作

◆任务介绍

在 Excel 2010 中，工作簿是保存 Excel 文件的基本单位。启动 Excel 后，系统会自动打开一个空白的工作簿。用户可以在该工作簿中输入数据、公式等。完成这些工作后，用户必须将其保存。在工作过程中，用户可以在任何时候创建工作簿，并且几个工作簿可以同时在屏幕中显示。工作簿的基本操作包括新建、保存、关闭、打开和保护等。

◆任务要求

学会创建、打开、保存、关闭工作簿文件。

◆任务解析

一、创建工作簿

1．在已打开工作簿 1 的情况下创建一个工作簿

运行 Excel 2010 后，会自动创建一个新的工作簿 1，用户在已打开工作簿 1 的情况下可再创建一个新的工作簿。

操作步骤：

(1) 单击"文件"按钮 文件 ，在弹出的下拉菜单中选择"新建"命令，打开"新建工作簿"对话框，如图 18-8 所示。

图 18-8　创建工作簿

(2) 在"可用模板"窗格中选择"空白工作簿"选项。

(3) 单击"创建"按钮即可创建出相应的工作簿。

2．利用模板创建工作簿

除了使用"新建工作簿"对话框创建工作簿外，用户还可以利用模板创建工作簿。模板将已经设计好的含有数据、公式和其他项目的工作簿提前保存在软件中，这样可以为用户节省很多时间。Excel 中提供了关于销售报表、考勤表以及零用金报销单等多种模板。

本例中要求创建贷款分期付款表。

操作步骤：

(1) 单击"文件"按钮 文件 ，在弹出的下拉菜单中选择"新建"命令，打开"新建工作簿"对话框。

(2) 在"可用模板"窗格中选择"样本模板"选项，这时显示可用模板如图 18-9 所示，选择"贷款分期付款"模板，右侧的"预览"窗口可查看模板的样式。

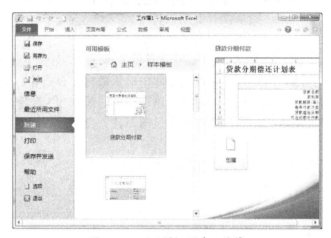

图 18-9　利用模板创建工作簿

(3) 单击右侧的"创建"按钮，创建一个名为"贷款分期付款 1"的工作簿，Excel 将显示一个空白的"贷款分期偿还计划表"，如图 18-10 所示。

图 18-10　贷款分期偿还计划表

二、打开工作簿

当工作簿被保存后，即可在 Excel 2010 中再次打开该工作簿。

操作步骤：

(1) 单击"文件"按钮 文件 ，选择"打开"命令，弹出"打开"对话框，如图 18-11 所示。

(2) 在"打开"对话框中选择文件所在的驱动器和目录，找到需要打开的文件"11

计 1 打字排行榜.xlsx"。

(3) 单击"打开"按钮。

图 18-11 "打开"对话框

三、保存工作簿

要想继续使用当前的工作簿，必须在退出 Excel 或者关闭计算机之前保存当前的工作簿。在使用 Excel 工作簿过程中，在另一个阶段工作开始之前、打印之前或第一次执行某些命令之前，最好保存工作簿，这样，即使断电，计算机也不会因出现硬件或其他问题而丢失数据。所以，先保存文件就是提高效率、节省时间的良好工作习惯。

操作步骤：

(1) 选择任务栏中的工作簿 2，激活该工作簿。

(2) 单击"文件"按钮，选择"另存为"命令，打开"另存为"对话框，如图 18-12 所示。

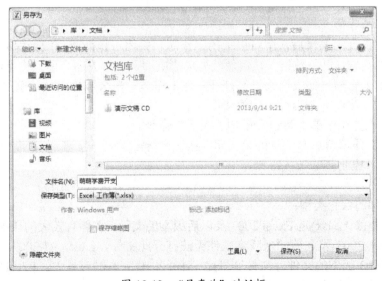

图 18-12 "另存为"对话框

(3) 在"文件名"组合框中输入 "萌萌学费开支"作为新工作簿的名称，保存类型：Excel 工作簿(*.xlsx)。

(4) 单击"保存"按钮，保存该工作簿。

◆技巧存储

一、其他方法打开工作簿

(1) 单击"文件"按钮 ，最近使用过的 Excel 工作簿将出现在"最近使用的文档"列表中，用户可根据需要单击工作簿名称打开工作簿。"最近所用文件"列表中最多可容纳 50 个。

(2) 按<Ctrl+O>组合键，打开"打开"对话框，双击需要打开的文档即可。

二、保存工作簿

(1) 手动保存：通过选择"文件"菜单中的"保存"菜单项或者单击"快速启动工具栏"中的保存按钮，工作簿可以直接保存。第一次保存工作簿，Excel 将会提示输入文件名，我们可以自己命名文件，以便日后再次打开它。

(2) 自动保存：除了手动保存以外，还可以设置自动保存，即每隔一段时间自动保存文档，单击 "文件"菜单下的"选项"弹出"Excel 选项"对话框，在其中可对保存时间、类型等进行设定，使用自动保存可以有效地防止断电、死机等造成数据丢失。

(3) 按< Ctrl+S >组合键，打开"另存为"对话框，以对工作簿的保存位置、名称、类型等重新设定。

(4) 关闭时保存提示：对工作簿操作完成后，未进行任何保存操作，关闭时会出现保存提示对话框，如图 18-13 所示，单击"是"按钮保存。

图 18-13　保存提示对话框

三、关闭工作簿

当结束工作表的编辑后，就可以关闭工作簿。关闭工作簿时系统会保存工作簿中所有未保存过的数据，以免数据受任何偶然变动影响而丢失。关闭当前工作簿，Excel 会显示其他打开的工作簿，如果当前没有打开其他工作簿，那么屏幕上显示空白窗口。

以下三种方法可关闭当前工作簿文件：

(1) 单击"控制菜单"按钮 中的"关闭"命令。

(2) 单击工作簿窗口右上角的"关闭"按钮 。

(3) 双击"控制菜单"按钮 。

◆知识拓展

Excel 文件的保存类型：

Excel 工作簿(*.xlsx)是 Excel 2007 及以后版本的文件，文件有较大的压缩比，文件容量很小。Excel 2003 及之前的低版本软件无法打开此文件。Excel 97-2003 工作簿(*.xls)是 Excel 97-2003 版本的文件。文件容量比 Excel 2010 版本的容量大。Excel 97 及以上版本的软件都可以打开此类文件(向下兼容)。

项目十九　管理工作表

【学习要点】
■任务 1　工作表的基本操作
■任务 2　数据输入
■任务 3　填充数据
■任务 4　单元格基本操作
■任务 5　行与列的操作

【任务 1】　工作表的基本操作

◆任务介绍

Excel 工作簿是一系列工作表的集合。每个工作表是一个单独的表格，但是每个表格之间可以相互关联。表格中使用的公式可以引用任意工作表中的任意单元格，以便于将数据放在一起计算。用户要避免将所有的信息全部放在一个工作簿中，这会导致打开、保存和运行表格的时间过长。应该将不相关的信息分别放在不同的工作簿中。

Excel 可以更改工作表的名称，也可以添加、删除、复制或移动工作表。除了插入和删除工作表外，管理工作表还经常需要使用工作表标签。

◆任务要求

学会使用工作表的切换、插入、删除、移动、复制、重命名等操作。

◆任务解析

一、重命名工作表

Excel 用 Sheet1、Sheet2、Sheet3、……来区别不同的工作表，这样可以有效地帮助用户区别工作簿。用户可以重新命名工作表，使它们更具有描述性。在一个工作簿有很多张工作表的情况下，重命名工作表可以使用户更容易地找出要使用的工作表。

下面我们采用不同的方法重命名工作表，将 Sheet2 改名为 11 计 1 成绩表，Sheet3 改名为打字排行榜。

操作步骤：

(1) 双击工作表标签 Sheet2，Sheet2 反白显示，进入编辑状态。

(2) 在标签处直接输入"11 计 1 成绩表"，如图 19-1 所示。

(3) 按<Enter>键确定。

(4) 右键单击工作表标签"Sheet3"。

(5) 在弹出的快捷菜单中选择"重命名"命令，如图 19-2 所示。

(6) 在标签处输入"打字排行榜"，按<Enter>键确定。

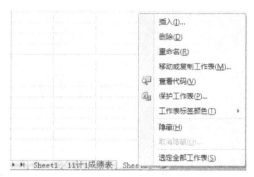

图 19-1　工作表更名前后对照图　　　　　　　图 19-2　"重命名"命令

二、增加工作表

新建工作簿后，Excel 会默认包含三个工作表，工作表以"Sheet1"、"Sheet2"、"Sheet3"来命名。这个默认的数量可以更改。用户可以在任意时刻添加新的工作表。

现在需要在工作表(资助信息)前增加一个工作表(班级人数)，该如何操作呢？

操作步骤：

(1) 在"资助信息"工作表标签上单击鼠标右键，在弹出的快捷菜单中选择"插入"命令，如图 19-3 所示。

(2) 在"插入"对话框中，选择"工作表"选项，然后单击"确定"按钮，已增加工作表"Sheet4"。

(3) 双击"Sheet4"，重命名为"班级人数"即可。

结果如图 19-4 所示。

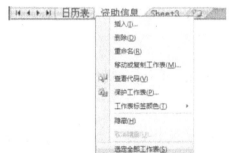

图 19-3　"插入"工作表命令　　　　　　　图 19-4　插入工作表后工作表标签

三、删除工作表

如果不再需要某张工作表，可以将其删除。

操作步骤：

(1) 选择要删除的工作表。

(2) 在"开始"选项卡上的"单元格"工具组中，单击"删除"下边的三角箭头，然后单击"删除工作表"命令，如图 19-5 所示。

四、移动工作表

通过移动功能改变工作簿中工作表的排列顺序，有助于组织整理多重工作表，尤其是八个以上的工作表。

操作步骤：

(1) 打开"工作簿 1.xlsx"工作簿。

(2) 在"Sheet1"工作表标签上单击鼠标右键，在弹出的快捷菜单中选择"移动或复制工作表"命令，弹出"移动或复制工作表"对话框，如图 19-6 所示。

(3) 在"下列选定工作表之前"列表框中选择位置(移至最后)，单击"确定"按钮。

图 19-5 "删除工作表"命令

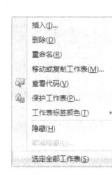

图 19-6 移动或复制工作表对话框

五、复制工作表

复制工作表的方法与移动工作表的方法很相似，只是在复制工作表的时候需要选中【移动或复制工作表】对话框中的【建立副本】复选框。

◆技巧存储

1. 快速插入工作表

若要在现有工作表的末尾快速插入新工作表，可以单击屏幕底部的"插入工作表"按钮，如图 19-7 所示。

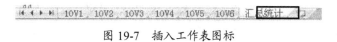
图 19-7 插入工作表图标

2. 快速移动工作表

单击要移动的工作表标签，然后用鼠标拖动至新位置即可。此时会看到鼠标光标的箭头上多了一个文档的标记，同时在标签栏中有一个黑色的三角指示着工作表拖到的位置。

3. 复制工作表

拖动要复制的工作表标签，同时按<Ctrl>键，此时鼠标光标上的文档标记会增加一个小的加号，松开鼠标，我们就把选中的工作表制作了一个副本。

【任务 2】 数 据 输 入

◆任务介绍

当工作簿建立之后，就可以在工作簿的每一个工作表中输入数据了。数据的输入和基本操作均是在工作表的单元格中完成的。在 Excel 工作表的单元格中可以输入文本、数字、日期、时间和公式等。

◆**任务要求**

能利用工作表数据的输入和编辑方法，完成不同类型数据的输入。

◆**任务解析**

此次任务，要求在不同的单元格输入数字、文本、日期和时间等各种不同类型的数据。

要在单元格中输入数据，必须先选定一个活动单元格，选好后直接输入数据，输入完成后按<Enter>键，此时鼠标移动到该单元格的下一行。参照图19-8完成相关操作。

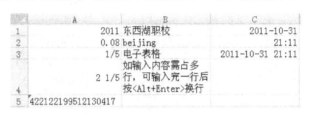

图19-8　在工作表中输入数据

操作步骤：

(1) 在A1、A2中直接输入普通数字2011和0.08；在B1、B2、B3中直接输入表格中各文本。

(2) 在A3中先输入0，然后输入空格，再输入分数1/5；在A4中先输入2，然后输入空格，再输入1/5。

(3) 在A5中先输入半角的单引号'，再输入身份证号码422122199512130417。

(4) 在B4中输入"如输入内容需占多"，按< Alt+Enter >组合键换行，再输入文本"行，可输入完一行后"，再按< Alt+Enter >组合键换行，再输入后面的文字。

◆**技巧存储**

换行文字：若输入内容需占用多行，可输入完一行后按<Alt+Enter>组合键实现单元格内的换行。

◆**知识拓展**

在Excel 2010中，一个工作簿中可以含有任意多个工作表。每一个工作表由大量的单元格所组成。每一个单元格可以输入的数据主要包括数值、文本、公式等类型。

数值和文本可以在单元格中直接输入，这些数据包括数值、日期、时间、文字等，而且在编辑完这些数据后其值保持不变。公式则是以"="(等号)开始的一串数值、单元格引用位置、函数、运算符号的集合，它的值会随着工作表中引用单元格的变化而发生变化。

一、数据类型

1．文本

文本可以是数字、字符或者字符与数字的组合、公式及与公式相关的值。所有在Excel单元格内输入的数据，只要不是数值、日期、时间，文本均为左对齐，并且一个单元格内最多可以输入32767个字符。

2．数值型数据

数值具有可计算的特性，由以下字符组成：0 1 2 3 4 5 6 7 8 9 + - ( ) ！$ ％ E e。Excel忽略在数值前面的正号(+)，E或e为科学计数法的标记，表示以10为幂次的数。

输入到单元格中的内容如果被认为是数值，则采用右对齐方式。

3．日期和时间

日期和时间是一种特殊的数据类型。在 Excel 中，日期和时间以数字储存。根据单元格的格式决定日期的显示方式。输入日期时，应按日期的表示形式输入，常用斜杠或减号分隔日期的年、月、日部分，而时间通常用冒号来分隔。

在 Excel 2010 中，可以输入以下几种形式的日期和时间：

① 2009/1/20　　表示的日期是 2009 年 1 月 20 日。

② 09-1-20　　　表示的日期是 2009 年 1 月 20 日。

③ 1/20　　表示的日期是 1 月 20 日，年份则以计算机的系统时间为准。

④ 20-jan-2009　　表示的日期是 2009 年 1 月 20 日。

⑤ 2009 年 1 月 20 日　　表示的日期是 2009 年 1 月 20 日。

⑥ 9:40　　表示的时间是上午 9 点 40 分，如果不带有上午或下午的标志，则按照 24 小时表示法计算。

⑦ 9:40:15　　表示的时间是上午 9 点 40 分 15 秒。

⑧ 9:40 pm　　表示时间是下午 9 点 40 分。

二、手动输入数据

1．输入文本

若要将输入的数字作为文本表示，可用以下 3 种方法。

在数字前加半角的单引号"'"。

在输入的数字前加等号"="，再用双引号将数字括起来即可。

将单元格设置为"文本"格式，再输入数字。

2．输入数值

输入分数：在单元格中可以输入分数，如果按普通方式输入分数，会将其转换为日期。例如：在单元格中输入"1/5"，Excel 会将其当作日期，显示为"1 月 5 日"。因此要输入分数，需要在其前面输入整数部分，如："0 1/5"(要求在输入的整数部分和分数部分中间有一个空格)。这样，Excel 才将该数作为一个分数处理，并将该分数转为小数保存。

使用千位分隔符：在输入数字时，在数字间可以加入逗号作为千位分隔符。但是如果加入逗号的位置不符合千位分隔符的要求，Excel 将输入的数字和逗号作为文本处理。

使用科学计数法：当输入很大或很小的数值时，Excel 会自动用科学计数法来显示。

超宽度数值的处理：当输入的数值宽度超过单元格宽度，Excel 将在单元格中显示"####"号，只有加大本列的列宽，数字才会正确地显示出来。

【任务 3】　填 充 数 据

◆任务介绍

在 Excel 2010 中复制某个单元格的内容到一个或多个相邻的单元格中，使用复制和粘贴功能可以实现。但是对于较多的单元格，使用自动填充功能可以更好地节约时间。另外，使用填充功能不仅可以复制数据，还可以按需要自动应用序列。对于相邻单元格中要输入相同或按某种规律变化的数据，可以用 Excel 2010 的智能填充功能实现快速输入。

◆**任务要求**

使用 Excel 中智能填充功能输入相同数据、等差数列、等比数列、日期序列，并学会自定义新系列清单。

◆**任务解析**

一、填充相同数据

操作步骤：

(1) 在 A1 单元格中输入数据，如"东方之珠"。

(2) 单击 A1，将鼠标指针指向该单元格右下角的填充柄，使其形状由空心的十字形变为黑色的十字形。

(3) 按住鼠标左键，拖动单元格填充柄到要填充的单元格区域。结果如图 19-9 所示。

二、等差序列

填入 1、4、7、…，一共有 10 个数的等差序列。

操作步骤：

(1) 在 A1、A2 两个单元格内，分别输入 1、4，表示起始值是 1，步长为 3。

(2) 选取这两个单元格，拖曳填充柄到 A10，就会填充成为 10 个递增数组成的等差序列。结果如图 19-10 所示。

图 19-9　填充相同数据

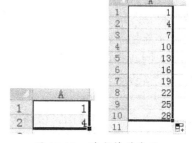

图 19-10　填充等差序列

三、等比序列

填入 2、6、…，一共有 8 个数的等比序列。

操作步骤：

(1) 在 A1 单元格中输入第一个数据 2，如图 19-11 所示。

(2) 选定从 A1 开始的列方向单元格区域 A1:A8。

(3) 单击"开始"选项卡上"编辑"组中的"填充"按钮，在展开的列表中单击"系列"项，如图 19-11 所示。

(4) 打开"序列"对话框，设置各项参数，如图 19-12 所示。

(5) 设置完毕单击"确定"按钮。

(6) 等比序列结果如图 19-13 所示。

四、自定义序列

填入人民币、港币、美元、日元，一共有 4 个币种的序列。

在 Excel 中预设了一份序列清单，所以当输入某些规则性的文字，例如：星期一、一月、第一季、甲乙丙丁、子丑寅卯、Sunday、January 等文字时，再利用自动填充功能，即

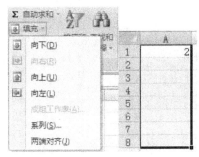
图 19-11 "填充"命令

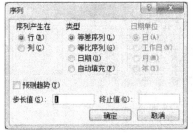
图 19-12 "序列"对话框

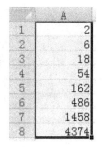
图 19-13 等比序列

可在其他单元格中填入规则性的文字，但在此任务中的 4 个币种并不在序列清单内，所以首先要创建一个新序列清单。

操作步骤：

(1) 单击"文件"按钮，在打开的菜单中单击"选项"命令，打开"Excel 选项"对话框，如图 19-14 所示，单击"编辑自定义列表(O)"按钮，打开"自定义序列"对话框。

图 19-14 "Excel 选项"对话框

(2) 在"输入序列"框中依次输入人民币、港币、美元、日元，如图 19-15 所示。

(3) 单击"添加"按钮，该序列就成功添加进来了，如图 19-16 所示，单击"确定"按钮。

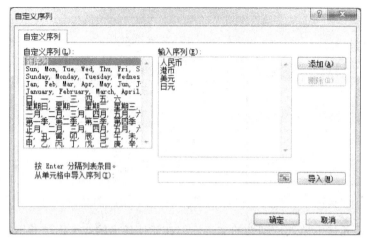

图 19-15 "自定义序列"对话框

图 19-16 添加新序列结果

◆知识拓展

一、填充柄

在选取单元格时，在单元格的右下角有个黑点，叫做"填充柄"，将鼠标移至此控点上，鼠标指针呈十字状，单击鼠标左键并向某一方向拖动(即拖动填充柄)，所经过的若干单元格会被一组有规律的数据填充。此时，在单元格的右下角会有一个 图标，该图标为"自动填充选项"，当单击此图标后，即可在菜单中选择需要填充的方式，如图 19-17所示。

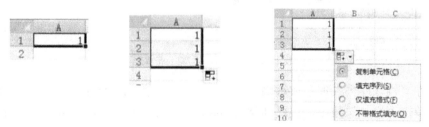

图 19-17 填充柄的使用

二、时间和日期等可扩展序列的自动填充

如果在起始单元格中包含 Excel 可扩展序列中的数字、日期或时间段，那么在使用单元格填充柄进行填充操作时，相邻单元格的数据将按序列递增或递减方式填充。Excel 可扩展序列是 Microsoft Excel 提供的默认自动填充序列，包括数字、日期、时间以及文本数字混合序列等。表 19-1 列出了部分 Excel 可扩展序列。

表 19-1 可扩展的自动填充序列

初 始 值	扩 展 序 列
8:00	9:00，10:00，11:00，……
Mon	Tue，Wed，Thu，……
Jan	Feb，Mar，Apr，……
1996	1997，1998，1999，……
星期一	星期二，星期三，星期四，……
一月	二月，三月，四月，……
产品 1	产品 2，产品 3，产品 4，……
产品 1、延期交货	产品 2、延期交货，产品 3、延期交货，产品 4、延期交货，……

对于时间和日期等可扩展序列的填充，操作步骤如下：

(1) 在需要输入序列的第一组单元格中输入序列的初始值。

(2) 单击该单元格，使其成为当前单元格，或选中单元格区域。

(3) 向指定方向拖动该单元格或单元格区域右下角的填充柄，这时 Excel 就会自动填充序列的其他值，如图 19-18 所示。

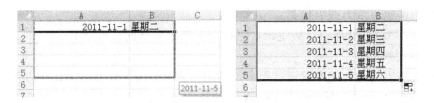

图 19-18 可扩展序列的填充

【任务 4】 单元格基本操作

◆任务介绍

Excel 2010 是以工作表的方式进行数据处理和数据分析的，而工作表的基本单元是单元格，因此绝大多数的操作都是针对单元格来完成的，掌握单元格的各种基本操作是学习 Excel 软件应用的基础。

◆任务要求

学会选定单元格与单元格区域，合并与拆分单元格，插入与删除单元格，保护单元格等操作。

◆任务解析

一、合并与拆分单元格

使用 Excel 2010 制作表格时，为了使表格更加专业与美观，常常需要将一些单元格合并或拆分。

当合并两个或多个相邻的水平或垂直单元格时，这些单元格就成为一个跨多列或多行显示的大单元格。其中一个单元格的内容出现在合并的单元格(合并单元格：由两个或多个选定单元格创建的单个单元格，合并单元格的单元格引用是原始选定区域的左上角单元格。)的中心。

可以将合并的单元格重新拆分成多个单元格，但是不能拆分未合并过的单元格。

合并单元格操作步骤：

(1) 选择两个或更多要合并的相邻单元格。

(2) 切换到"开始"选项卡，在"对齐方式"工具组中，单击"合并后居中"按钮（要合并单元格而不居中显示内容，请单击"合并后居中"旁的箭头，然后单击"跨越合并"或"合并单元格"），如图 19-19、图 19-20 所示。

图 19-19　"对齐方式"工具组

图 19-20　"合并后居中"按钮

拆分单元格操作步骤：

(1) 单击选择曾合并的单元格。此时"合并后居中"按钮　在"开始"选项卡上"对齐方式"组中也显示为选中状态。

(2) 单击"合并后居中"按钮。之前合并的单元格就被拆分了。

二、插入单元格

在对工作表的输入或者编辑过程中，可能会发生错误，例如将单元格"C5"的数据输入到了单元格"C4"中；或者在编辑过程中，发现要在某一单元格的位置插入一个单元格等类似操作。这时候，就需要在工作表中插入单元格。

操作步骤：

(1) 打开"部门支出"工作簿文件。

(2) 单击选中 A2 单元格。

(3) 在"开始"选项卡的"单元格"工具组中，单击"插入"下拉按钮，在弹出的下拉菜单中选择"插入单元格"命令，如图 19-21 所示。

(4) 在"插入"对话框中，选择"活动单元格下移"单选按钮，如图 19-22 所示。

(5) 单击"确定"按钮。

三、删除单元格

当工作表的某些数据及其位置不再需要时，可以将它们删除。这里的删除与按下<Delete>键删除单元格或区域的内容不一样，按<Delete>键仅清除单元格内容，其空白单

图 19-21　"插入"下拉按钮

图 19-22　"插入"对话框

元格仍留在工作表中；而删除单元格或区域，其内容和单元格将一起从工作表中消失，空的位置由周围的单元格补充。

删除单元格的操作和插入单元格的操作类似。在对工作表的编辑过程中，例如将单元格"C4"的数据输入到了单元格"C5"中；只要将"C4"单元格删除即可，而不必在"C4"单元格重新输入一遍单元格"C5"的内容。

操作步骤：

(1) 打开"部门支出"工作表。

(2) 单击选中 A4 单元格。

(3) 在"开始"选项卡的"单元格"组中单击"删除"下拉按钮，在弹出的下拉菜单中选择"删除单元格"命令，如图 19-23 所示。

(4) 在"删除"对话框中，选择"下方单元格上移"单选按钮，如图 19-24 所示。

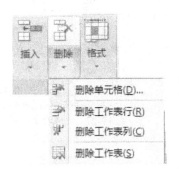

图 19-23　"删除"下拉按钮

图 19-24　"删除"对话框

(5) 单击"确定"按钮。效果比照如图 19-25 所示。

图 19-25　删除单元格 A4 前后效果对比图

注意：请认真观察图 19-25 删除单元格 A4 前后结果的变化与区别。

四、保护单元格

为了防止其他人擅自改动单元格中的数据，可以将一些重要的单元格锁定。在 Excel 2010 中可以设定单元格不能被锁定、编辑、显示计算公式等，以达到保护单元格的目的。

操作步骤：

(1) 选择允许编辑的单元格区域。

(2) 在"开始"选项卡的"单元格"工具组中，单击"格式"下拉按钮，在弹出的下拉菜单中选择"设置单元格格式"命令，弹出"设置单元格格式"对话框，如图 19-26 所示。

(3) 在"设置单元格格式"对话框中选择"保护"标签，将"锁定"选项勾消，单击"确定"按钮。

(4) 在"开始"选项卡的"单元格"组中单击"格式"下拉按钮，在弹出的下拉菜单中选择"保护工作表"命令，弹出"保护工作表"对话框。

(5) 在"保护工作表"对话框中，取消"选定锁定单元格"选项，如图 19-27 所示。

(6) 最后设置密码，比如"123"易记的密码等，单击"确定"按钮。

图 19-26 "设置单元格格式"对话框

图 19-27 "保护工作表"对话框

◆ **知识拓展**

一、单元格的选取

1. 选取相邻的单元格

要选取相邻的单元格时，用鼠标拖曳出一个区域，在区域范围内的单元格就会被选取，被选取的范围也会有一个粗黑的框，并呈蓝色状态，如图 19-28 所示。

2. 选取不相邻的单元格

要选取不相邻的单元格时，先单击第一个要选取的单元格，然后按住 <Ctrl> 键不放，再单击其他要选取的单元格，如图 19-29 所示。

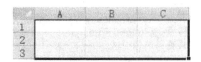

图 19-28 选取相邻的单元格

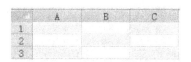

图 19-29 选取不相邻的单元格

3．选取单一列(行)或多列(行)

若要选取单一列(行)，直接在该列(行)号上单击即可；若要选取相邻多列(行)，从第一个要选取的列(行)开始，按住鼠标左键不放，拖曳鼠标至最后一个要选取的列(行)即可；若要选取不相邻多列(行)，先单击第一个要选取的列(行)号，按住<Ctrl>键不放，再单击其他需要选取的列(行)，如图 19-30 所示。

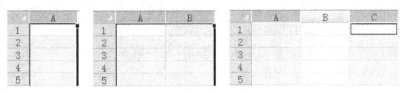

图 19-30　选取单一列或多列

二、选定操作

在 Excel 中，无论是在工作表中输入数据还是在使用 Excel 的命令时，首先都必须要进行选定工作表、单元格、区域或者对象等。

1．选定单个单元格

用鼠标单击某个单元格即激活该单元格，此时单元格被粗边包围。

2．选定一个矩形区域

首先用鼠标单击要选定矩形区域的左上角单元格，然后按住<Shift>键，单击该区域的右下角单元格。如果用鼠标选定一个单元格区域，先用鼠标单击区域左上角的单元格，按住鼠标左键并拖动鼠标到区域的右下角，然后放开鼠标左键即可。

3．选定整行或整列

单击行号可以选定对应行，单击列号可以选定对应列，借助于<Shift>键和<Ctrl>键可以选定连续或不连续的多行或多列。

4．选定整个工作表

使用鼠标单击工作表左上角的行列标题交叉处，可以选择整个工作表。

5．选定多个不连续的区域

先选定第一个区域，然后按住<Ctrl>键不放，拖动鼠标依次选定其他区域。

注意：被选定区域反白显示，鼠标单击任意单元格可以取消选定。

【任务 5】　行与列的操作

◆任务介绍

在 Excel 中，行与列的交叉下构成单元格。根据实际工作的需要，可以在工作表中直接插入新的行和列，也可以在已有数据之间插入行或列；可以删除多余的行或列；也能够调整行高或列宽来满足实际需要。

◆任务要求

学会使用不同的方法在工作表中插入行或列、删除行或列、调整行高或列宽等。

◆任务解析

一、插入行、列

使用插入行或列的方式可以方便用户在已有的数据之间增添新的信息，也可以通过添加空白行和列将数据区分隔开，便于观察和阅读数据。

此任务中，学习在工作表中已有的数据间插入新的行和列。

操作步骤：

(1) 打开"部门支出"工作表。

(2) 选择第 4 行中的任意单元格。

(3) 在"开始"选项卡的"单元格"工具组中，单击"插入"下拉按钮，在弹出的下拉菜单中选择"插入工作表行"命令，如图 19-31 所示。

(4) 在第 6、7 行行号的位置上单击并拖动，选中第 6、7 行。

(5) 单击鼠标右键，选择"插入"命令，可插入两空白行。

(6) 在 B 列列标的位置上单击，选中 B 列，单击鼠标右键选择"插入"命令，如图 19-32 所示，则在左侧插入一列。

图 19-31 "插入"命令

图 19-32 快捷菜单"插入"

二、删除行、列

Excel 可以添加新的行或列，同样也可以删除多余的行或列。

删除行或列时可能会意外地删除了同一行或列中有用的数据，这可能是因为被删除的有用的数据当时没有出现在屏幕上。因此，在进行删除时，要格外小心，最好滚动滚动条，确定是否还有有用的数据被包括在选择区域内，再进行删除操作。

操作步骤：

(1) 打开"删除行或列.xlsx"文件。

(2) 单击行号"5"灰色方块处，选中第 5 行。

(3) 在"开始"选项卡的"单元格"工具组中，单击"删除"下拉按钮，在弹出的下拉菜单中选择"删除工作表行"命令，如图 19-33 所示。

(4) 单击选择 D 列。

(5) 单击鼠标右键，在快捷菜单中选择"删除"命令，可删除 D 列。

三、调整行高和列宽

在向单元格输入文字或数据时，常常会出现这样的现象：有的单元格中的文字只显示了一半；有的单元格中显示的是一串"＃"号，而在编辑栏中却能看见对应单元格的数据。其原因在于单元格的宽度或高度不够，不能将这些字符正确显示。因此，需要对工作表中的单元格高度和宽度进行适当的调整。

1．调整行高

改变行高的主要原因有两个：一是为了容纳更大的字符；二是让较长的文本以多行显示的方式在一个单元格中显示，而不是延展到右边的单元格里。

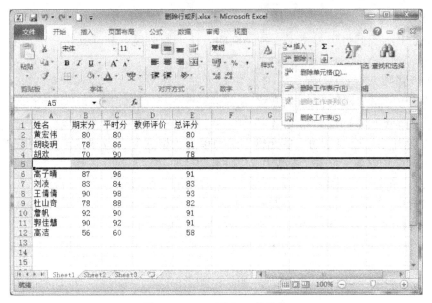

图 19-33 "删除"下拉按钮

在此任务中，学习使用多种不同的方法，调整行高将单元格中的内容完全显现出来。
操作步骤：

(1) 打开"客户调查(行高).xlsx"文件。

(2) 选择第 1 行中的任意单元格。

(3) 在"开始"选项卡的"单元格"组中，单击"格式"下拉按钮，在弹出的下拉菜单中选择"行高"命令，打开"行高"对话框，如图 19-34 所示。

(4) 在"行高"文本框中输入"23"，然后单击"确定"按钮，如图 19-35 所示。

图 19-34 "格式"下拉按钮

图 19-35 "行高"对话框

(5) 将鼠标指针指向第 5、6 行的分隔线处，此时鼠标呈双向十字，按住鼠标左键，然后向上拖动十字使此行变窄。当行高大小适合容纳文本当前内容时，释放鼠标左键即可。

(6) 在第 8 行上鼠标单击右键，选择"行高"命令，打开"行高"对话框，输入行高值，确定即可。

2．调整列宽

在工作表中，默认的列宽可能不足以显示当前单元格中的文本。如果右侧的单元格是空的，该单元格中的文本可以延伸到右侧的单元格中，从而显示整个单元格中的文本。但如果右侧的单元格中有内容，那么前面单元格的文本会因为被右侧单元格遮盖而无法全部显示。

此任务中，我们将学习使用三种不同的方法调整列宽，将单元格中的内容完全显现出来。

操作步骤：

(1) 打开"甜心糖果制造(列宽)"工作表。

(2) 选择 A 列中的任意单元格。

(3)在"开始"选项卡的"单元格"组中单击"格式"下拉按钮，在弹出的下拉菜单中选择"列宽"命令，打开"列宽"对话框。

(4) 在"列宽"文本框中输入"12"，然后单击"确定"按钮。

(5) 将鼠标指针指向 B 列标右侧的竖线，按住鼠标左键，然后向右拖动该竖线使此列变宽。当列宽可以容纳当前内容时，释放鼠标左键即可。

(6) 在 D 列上单击右键，选择"列宽"命令，打开"列宽"对话框，输入列宽值，确定即可。

◆ **技巧存储**

(1) 插入行或列，可以通过以下方法实现：

① 在"开始"选项卡的"单元格"组中单击"插入"下拉按钮，在弹出的下拉菜单中选择"插入工作表行/列"命令。

② 将鼠标指针指向要在其前或后插入新行或新列的行号或列标的位置上，按<Ctrl+Shift+"="">组合键。

③在要插入行或列名称的位置上右击，在弹出的快捷菜单中选择"插入"命令，在打开的对话框中选择"整行"或者"整列"单选按钮，如图 19-36 所示。

(2) 删除行或列，可以通过以下方法实现：

① 在"开始"选项卡的"单元格"组中单击"删除"下拉按钮，在弹出的下拉菜单中选择"删除工作表行/列"命令。

② 在要删除行或列名称的位置上右击，在弹出的快捷菜单中选择"删除"命令，在打开的"删除"对话框中选择"整行"或者"整列"单选按钮，如图 19-37 所示。

图 19-36 "插入"对话框

图 19-37 "删除"对话框

③ 选择要删除的行号或列标的灰色方格，然后按< Ctrl+->组合键。

用户可以一次性删除任意的多行或多列，还可以删除不连续的行或列。

◆ **知识拓展**

自动调整功能：

用户可以通过 Excel 的自动调整功能调整列中每个单元格的列宽。通过这个功能可以使每个单元格的全部内容清楚完整地显示出来。

自动调整列宽可以通过以下方法来实现：

(1) 在"开始"选项卡的"单元格"组中单击"格式"下拉按钮，在弹出的下拉菜单中选择"自动调整列宽"命令。

(2) 双击列标右侧的竖线，自动调整列宽，鼠标光标将显示为双向十字。

用户也可以使用类似的方法调整行高。

项目二十 工作表格式化

【学习要点】
■任务 1 单元格格式化
■任务 2 使用条件格式

使用 Excel 2010 创建工作表后，还可以对工作表进行格式化操作，使其更加美观。Excel 2010 提供了丰富的格式化命令，利用这些命令可以具体设置工作表与单元格的格式，帮助用户创建更加美观的工作表。

【任务 1】 单元格格式化

◆任务介绍

单元格格式化是标准化表格的重要方法，也是美化表格的重要手段，这对于制作美观、实用、标准的电子表格是很有帮助的。

◆任务要求

在 Excel 2010 中，对工作表中的不同单元格数据，可以根据需要设置不同的格式，如设置单元格数据类型、文本的对齐方式和字体、单元格的边框和图案等。

◆任务解析

一、设置数字格式

工作表中有大量的数据为"数字"，在特定情况下，需要对数字进行特殊类别的设置，如货币专用符号、会计专用的数字格式、科学计数格式、中文大写数字等，Excel 提供了 10 类不同的数字显示格式，供用户根据不同的情况进行选用。

此任务中，以"数字格式.xlsx"为例，要求将"利率"的内容用百分比形式显示，保留两位小数，"本金"栏各数据前加人民币符号。

操作步骤：

(1) 打开文件"数字格式.xlsx"，如图 20-1 所示。

(2) 鼠标拖动选中相应单元格 A2:A9。

(3) 单击鼠标右键选择"设置单元格格式"命令，在"数字"选项卡中，单击"百分比"，小数位数设置为 2，单击"确定"按钮。

(4) 选中本金栏，打开"设置单元格格式"对话框，在数字选项卡中单击"货币"，选择货币符：￥，小数位数：2，单击"确定"按钮，如图 20-2 所示。

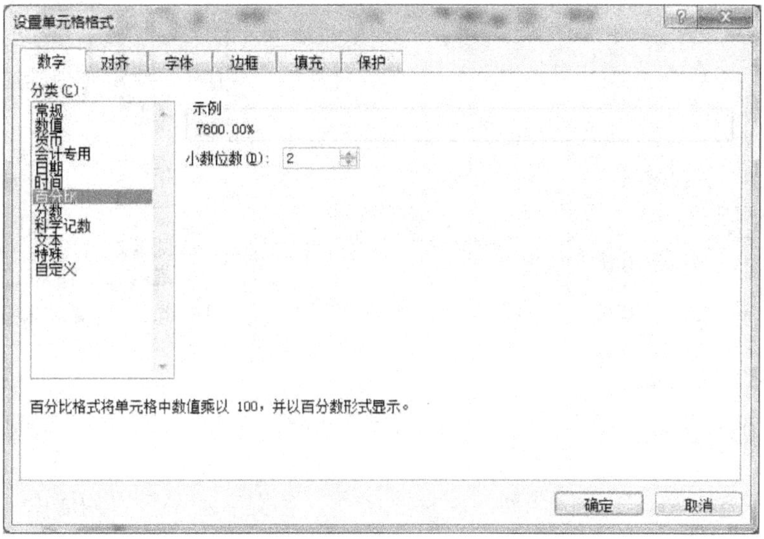

图 20-1 设置"百分比"格式

图 20-2 设置"货币"格式

二、设置字体

为了工作表中某些数据醒目与突出,可根据实际需要对不同的单元格设置不同的字体。

以"11计1打字排行榜.xlsx"为例,将标题设为:黑体,18号;列字段名设为:宋体,加粗,12号。

操作步骤:

(1) 选中单元格区域 A1:D1。

(2) 在"开始"选项卡功能区的"字体"工具组中,选择字体为"黑体",字号为18号,如图 20-3 所示。

(3) 同理,设置 A2:D2 的字体为"宋体",字号为 12 号,效果如图 20-4 所示。

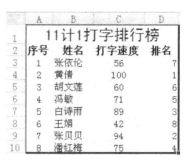

	A	B	C	D
1		11计1打字排行榜		
2	序号	姓名	打字速度	排名
3	1	张依伦	56	7
4	2	黄倩	100	1
5	3	胡文莲	60	6
6	4	冯敏	71	5
7	5	白诗雨	89	3
8	6	王娟	42	8
9	7	张贝贝	94	2
10	8	潘红梅	75	4

图 20-3　"字体"工具组　　　　　　　　　　　图 20-4　设置字体效果

三、设置对齐方式

Excel 中默认情况下输入的数字一般是右对齐的，输入的文字是左对齐的，输入的日期和时间是右对齐的。可以根据实际需要，对其对齐方式进行详细的设定。

以"对齐方式.xlsx"为例，要求将标题居中，各文字水平垂直均居中。

操作步骤：

(1) 选中区域单元格 A1：D1，切换到"开始"选择卡功能区，在"对齐方式"工具组中单击"合并后居中"按钮，如图 20-5 所示。

(2) 选中区域单元格 A2：D10。

(3) 单击鼠标右键，在弹出的快捷菜单中，选择"设置单元格格式"命令，打开"设置单元格格式"对话框，切换到"对齐"选项卡，设置水平和垂直对齐均为"居中"，如图 20-6 所示，单击"确定"按钮完成操作。

图 20-5　"对齐方式"工具组　　　　　　　　图 20-6　"对齐方式"选项卡

四、设置边框

默认情况下，Excel 并不为单元格设置边框，工作表中的框线在打印时并不显示出来。但在一般情况下，用户在打印工作表或突出显示某些单元格时，都需要添加一些边框以使工作表更美观和容易阅读。

以"设置边框.xlsx"为例，将外边框设置成红色双实线，内框线设置成暗红色虚线。

操作步骤：

(1) 选中要设置边框的单元格区域 A2：D10。

(2) 单击鼠标右键选择"设置单元格格式"命令,打开"设置单元格格式"对话框,切换到"边框"选项卡,如图 20-7 所示。

(3) 在"线条"样式中选择双实线,"颜色"中选择红色,单击"外边框"按钮。选择虚线和暗红色,单击"内部"按钮。

(4) 设置完成后,单击"确定"按钮,效果如图 20-8 所示。

图 20-7　设置"边框"

图 20-8　设置边框后效果

【任务 2】　使用条件格式

◆任务介绍

在 Excel 中采用条件格式可以突出显示所关注的单元格或单元格区域;强调异常值;用数据条、色阶、图标集直观地显示数据。条件格式基于条件更改单元格区域的外观。Excel "条件格式"功能可以根据单元格内容有选择地自动应用格式,它为 Excel 增色不少的同时,还为我们带来很多方便。如果将"条件格式"和公式结合使用,则可以发挥更大的威力。

◆任务要求

Excel 提供条件格式功能,可以设定某个条件成立后才呈现所设定的单元格格式。

◆任务解析

以"学生的成绩.xlsx"为例,将不及格的分数(<60)以红色、粗体的方式强调呈现。

操作步骤:

(1) 选取想要设定条件格式的单元格范围,本例中为 C5:F16。

(2) 切换到"开始"选项卡功能区,在"样式"工具组中单击"条件格式"按钮,选择"新建规则"命令,如图 20-9 所示。

(3) 在"新建格式规则"对话框中,选择规则类型:"只为包含以下内容的单元格设置格式"。

(4) 编辑规则说明:在下拉列表框中选择"单元格值"、"小于"、"60",如图 20-10 所示。

(5) 单击"格式"命令,打开"设置单元格格式"对话框,设置字形为"加粗",颜色为"红色"。

(6) 单击"确定"按钮,结果参照"条件格式实例结果.xlsx"。

图 20-9　条件格式下拉菜单

图 20-10　"新建格式规则"对话框

项目二十一 数 值 计 算

【学习要点】
■任务1 自定义公式
■任务2 函数使用

Excel 2010 具有强大的数据计算功能,为用户分析和处理工作表中的数据提供了极大的方便。数据计算功能是指使用公式和函数对工作表中的数据进行计算。公式是函数的基础,它是单元格中的一系列值、单元格引用、名称或运算符的组合,利用其可以生成新的值。函数则是 Excel 预定义的内置公式,可以进行数学、文本、逻辑的运算或者查找工作表的信息。

【任务1】 自定义公式

◆任务介绍

在公式中,可以对工作表数值进行加、减、乘和除等运算。只要输入正确的计算公式之后,就会立即在单元格中显示计算结果。如果工作表中的数据有变动,系统会自动将变动后的答案算出,使用户能够随时观察到正确的结果。公式以一个等号 "=" 作为开头,在一个公式中可以包含各种运算符、常量、变量、函数以及单元格引用等。

◆任务要求

认识 Excel 中的公式,能使用公式完成工作表中的数据处理。在学习应用公式时,首先应掌握公式的基本操作,包括输入、修改、显示、复制以及删除等。

◆任务解析

Excel 公式与一般数学方程式一样,也是由 "=" 建立而成的。等号左边的值,是存放计算结果的单元格;等号右边的算式,是实际计算的公式。因此,建立公式时,会选取一个单元格,然后从 "=" 开始输入。

一、建立公式

以 "计算机成绩.xlsx" 为例,如要计算 "总评分" 这一列数据,公式为 "期末分*60%+平时分*40%"。

操作步骤:

(1) 单击 D2,选中该单元格。

(2) 按下键盘上的 "=" 符号,接着输入 "B2*60%+C2*40%",如图 21-1 所示。

(3) 单击<Enter>键或者单击编辑栏中的 "输入" 按钮✔,计算结果如图 21-2 所示。

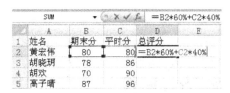

图 21-1 公式计算 　　　　　　　　　图 21-2 公式计算结果

提示：在 D2 单元格中自动算出正确的值，而在编辑栏上显示的是该单元格中建立的公式。

二、复制公式

在 D3：D11 单元格中的计算与 D2 类似，无需每个单元格都用公式来计算一遍，采用复制公式的方法可以很快完成计算。

操作步骤：

(1) 单击 D2，选中此单元格。

(2) 将鼠标放置在该单元格的右下角，当鼠标成细十字线状时(通常称为"填充柄")，拖动鼠标至 D11 单元格，如图 21-3 所示。

(3) 拖过的单元格中都被复制了该公式，计算出的结果如图 21-4 所示。

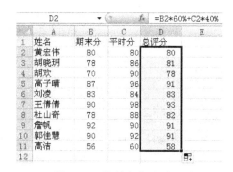

图 21-3 复制公式前 　　　　　　　　　图 21-4 复制公式后的结果

◆ **技巧存储**

一、公式的输入

输入公式的操作类似于输入文字。用户可以在编辑栏中输入公式，也可以在单元格里直接输入公式。

1．在单元格中输入公式

步骤如下：

(1) 单击要输入公式的单元格。

(2) 在单元格中输入等号和公式。

(3) 按回车键或者单击编辑栏中的"输入"按钮。

2．在编辑栏中输入公式

步骤如下：

(1) 单击要输入公式的单元格。

(2) 单击编辑栏，在编辑栏中输入等号和公式。

公式输入完毕，编辑栏中也显示了公式。这时只要按回车键或单击编辑栏中"输入"

214

按钮，在单元格 B1 中就会显示出计算结果，如图 21-5 所示。在编辑栏中仍然显示当前单元格的公式，以便于用户编辑和修改。

◆知识拓展

一、使用运算符

在 Excel 2010 中，公式遵循一个特定的语法或次序：最前面是等号"="，后面是参与计算的数据对象和运算符。每个数据对象可以是常量数值、单元格或引用的单元格区域、标志、名称等。运算符用来连接要运算的数据对象，并说明进行了哪种公式运算。

1. 运算符的类型

运算符对公式中的元素进行特定类型的运算。Excel 2010 中包含了 4 种类型的运算符：算术运算符、比较运算符、文本运算符与引用运算符。

文本运算符：文本运算符只有一个"&"，利用它可以将文本连接起来。例如，在单元格 A1 中输入"十月一日"，在 B3 中输入"国庆节"，在 A5 中输入公式"＝A1&B3"，如图 21-6 所示。按回车键或者单击编辑栏中的"输入"按钮，结果如图 21-7 所示。

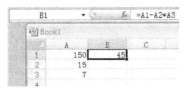

图 21-5　在编辑栏编辑公式

图 21-6　输入公式

图 21-7　计算结果

算术运算符和比较运算符：算术运算符可以完成基本的数学运算，如加、减、乘、除等，还可以连接数字并产生数字结果。比较运算符可以比较两个数值并产生逻辑值，即其值只能是"TRUE"和"FALSE"二者之一。表 21-1 列出了算术运算符和比较运算符的含义及示例。

表 21-1　算术运算符和比较运算符

算术运算符	含 义	示 例	比较运算符	含 义	示 例
+	加	8+4	=	等于	B1=C1
−	减	8-4	<	小于	B1<C1
*	乘	8*4	>	大于	B1>C1
/	除	8/4	<>	不等于	B1<>C1
%	百分号	8%	<=	小于等于	B1<=C1
^	乘幂	8^2	>=	大于等于	B1>=C1

引用运算符：引用运算符可以将单元格区域合并计算，它包括冒号、逗号和空格。表 21-2 列出了引用运算符的含义及示例。

2. 运算符的优先级

如果公式中同时用到多个运算符，Excel 2010 将会依照运算符的优先级来依次完成运算。如果公式中包含相同优先级的运算符，例如公式中同时包含乘法和除法运算符，则 Excel 将从左到右进行计算。Excel 2010 中的运算符优先级，如表 21-3 所示。其中，运算符优先级从上到下依次降低。

表 21-2　引用运算符

引用运算符	含义	示例
:（冒号）	区域运算符，对两个引用之间，包括两个引用在内的所有单元格进行引用	A1:A4
,（逗号）	联合运算符，将多个引用合并为一个引用	SUM(A1:A4,B2:C4)
（空格）	交叉运算符，产生对同时隶属于两个引用的单元格区域的引用	SUM(B5:B15 A4:D7)(在本例中，单元格 B5:B7 同时隶属于两个区域)

表 21-3　运算符优先级

运算符	说明
:（冒号）　（单个空格）,（逗号）	引用运算符
−	负号
%	百分比
^	乘幂
* 和 /	乘和除
+ 和 −	加和减
&	连接两个文本字符串
= < > <= >= <>	比较运算符

即运算次序是：引用运算→算术运算→文本运算→比较运算。如果要改变计算次序，可把公式中要先计算的部分括上圆括号。

二、公式的引用

公式的引用就是对工作表中的一个或一组单元格进行标识，从而告诉公式使用哪些单元格的值。通过引用，可以在一个公式中使用工作表不同部分的数据，或者在几个公式中使用同一单元格的数值。在 Excel 2010 中，引用公式的常用方式包括相对引用、绝对引用与混合引用。

相对引用：是把一个含有单元格地址的公式复制到一个新的位置，公式不变，但对应的单元格地址发生变化，即在用一个公式填入一个区域时，公式中的单元格地址会随着改变。利用相对引用可以快速实现对大量数据进行同类运算。例如，G3 单元格的公式为"=(G3−B3)/365"，复制公式后 G4 单元格的公式自动变为"=(G4−B4)/365"。

绝对引用：某些操作中，常需引用固定单元格地址中的内容进行运算，这个不变的单元格地址的引用就是绝对引用，它在公式中始终保持不变。Excel 2010 设置绝对地址是通过在行号和列号前加上符号"$"实现的。例如，将工作表中 A2 的公式改写为绝对引用"=$A$1*2"，则公式复制到 B2 时仍然为"=$A$1*2"。

混合引用：是指在一个单元格地址中，既有绝对引用又有相对引用。例如，单元格地址"$D3"表示保持列不发生变化，而行随着新的复制位置发生变化；"D$3"表示保持行不发生变化，而列随着新的复制位置发生变化。

【任务 2】 函数使用

◆**任务介绍**

Excel 2010 将具有特定功能的一组公式组合在一起以形成函数。函数是 Excel 事先定义好的公式，专门处理复杂的计算过程。与直接使用公式进行计算相比较，使用函数进行计算的速度更快，同时减少了错误的发生。

◆**任务要求**

掌握使用函数的基本操作方法，学会使用 SUM、AVERAGE、IF、COUNTIF、SUMIF、RANK 等常用函数进行计算，完成工作中的数据处理。

◆**任务解析**

使用函数可以不需要输入冗长或复杂的计算公式，例如，我们要计算“A1”到“A8”的总和时，若用公式，必须输入“＝A1+A2+A3+A4+A5+A6+A7+A8”；若用函数，只要输入“＝SUM(A1:A8)”即可。下面来学习几个常用函数。

一、求和函数(SUM)

求和函数表示对选择单元格或单元格区域进行加法运算。

下面以“11 计 1 成绩.xlsx”为例，计算每一位同学的总分。

操作步骤：

(1) 单击 E2，选中该单元格。

(2) 输入公式“＝SUM(B2:D2)”。

(3) 按<Enter>键。即成功算出 B2：D2 三个单元格值的总和，如图 21-8 所示。

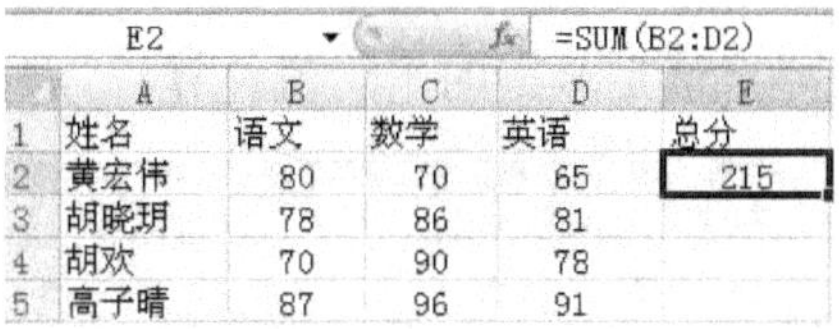

E2 =SUM(B2:D2)

	A	B	C	D	E
1	姓名	语文	数学	英语	总分
2	黄宏伟	80	70	65	215
3	胡晓玥	78	86	81	
4	胡欢	70	90	78	
5	高子晴	87	96	91	

图 21-8 求和函数

二、平均值函数(AVERAGE)

Excel 中的函数种类众多，要一一记起来也不太容易，而且每个函数的使用规则也不太一样。因此可以使用“插入函数”按钮，它会在建立函数的过程中，告诉你函数该怎么用，参数该如何选择，使建立函数变得很简单。

下面我们来利用“插入函数”按钮建立一个平均函数，求出每一位同学的平均分。

操作步骤：

(1) 选中要输入函数的单元格 E2，单击编辑栏上的“插入函数”按钮，如图 21-9 所示。

(2) 在弹出的“插入函数”对话框中，选择函数“AVERAGE”，单击“确定”按钮，如图 21-10 所示。

图 21-9 单击"插入函数"按钮　　　　　　图 21-10 "插入函数"对话框

(3) 在弹出的"函数参数"对话框中，单击第一个参数栏右侧的█按钮，如图 21-11 所示，弹出"函数参数"选择对话框，如图 21-12 所示。

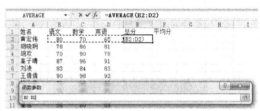

图 21-11 "函数参数"对话框　　　　　　图 21-12 "函数参数"选择对话框

(4) 在工作表中选择"B2:D2"单元格，选择完成后再单击█按钮，返回"函数参数"对话框，如图 21-13 所示。

(5) 单击"确定"按钮完成选定范围的平均值计算。

图 21-13 完成函数参数选择

三、条件函数(IF)

条件函数 IF 可以实现真假值的判断，它根据逻辑计算的真假值返回不同的结果。

以 6 位女同学身高为例，现在我们要为这六个身高加以评定。若身高大于或等于 160

厘米，评定为"良好"，低于 160 厘米的，评定为"加强锻炼"。

操作步骤：

(1) 单击选中 C2 单元格，单击编辑栏上的"插入函数"按钮f_x，选择"IF"函数，单击"确定"按钮。

(2) 在弹出的"函数参数"对话框中，输入三个参数栏的参数，如图 21-14 所示。

(3) 单击"确定"按钮后，C2 显示"加强锻炼"，其他单元格中都复制该函数。拖曳 C2 单元格右下角的填充句柄至 C7，计算结果如图 21-15 所示。

图 21-14 IF 函数参数设置　　　　　　图 21-15 IF 函数计算结果

提示：在 Excel 中输入公式或函数时，输入的是文本，必须使用英文半角标点状态下的双引号括起来，否则无法计算出正确结果。

四、排位函数(RANK)

RANK 函数返回某一数值在一列数值中的相对于其他数值的排位。

以"打字速度.xlsx"为例，要求给每一位同学的打字速度排名。

操作步骤：

(1) 单击选中 D2 单元格，单击编辑栏上的"插入函数"按钮，选择"RANK"函数，单击"确定"按钮。

(2) 在弹出的"函数参数"对话框中，输入三个参数栏的参数，如图 21-16 所示。

(3) 单击"确定"按钮后 D2 显示数值"7"，其他单元格中都复制该函数。拖曳"D2"单元格右下角的填充句柄至 D7，计算结果如图 21-17 所示。

图 21-16 RANK 参数设置　　　　　　图 21-17 排名计算结果

五、条件计数函数(COUNTIF)

COUNTIF 用来计算区域中满足给定条件的单元格的个数。

以"打字速度.xlsx"为例，统计打字速度在 80 字/分以上的人数。

操作步骤：

(1) 单击选中 C10 单元格，单击编辑栏上的"插入函数"按钮，选择"COUNTIF"

函数，单击“确定”按钮。

(2) 在弹出的“函数参数”对话框中，输入两个参数栏的参数，如图 21-18 所示。

(3) 单击“确定”按钮后 C10 显示结果为“3”，表示满足条件“打字速度在 80 字/分以上”的有三个同学，如图 21-19 所示。

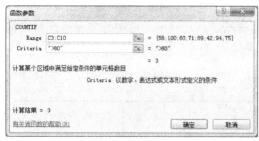

图 21-18 COUNTIF 函数参数设置

C10 =COUNTIF(C2:C9,">80")

	A	B	C	D	E
1	序号	姓名	打字速度	排名	
2	1	张依伦	56		
3	2	黄倩	100		
4	3	胡文莲	60		
5	4	冯敏	71		
6	5	白诗雨	89		
7	6	王娟	42		
8	7	张贝贝	94		
9	8	潘红梅	75		
10			3		

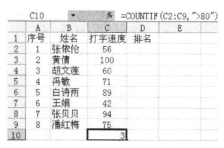

图 21-19 统计结果

六、条件求和函数(SUMIF)

SUMIF 函数能计算符合指定条件的单元格区域内的数值的和。

以“语文成绩.xlsx”为例，求出表中所有男生语文总分。

操作步骤：

(1) 单击选中 C13 单元格。

(2) 在 C13 中输入公式：=SUMIF(B2：B11，“男”，C2：C11)。

(3) 按<Enter>键确认，在 C13 中计算出所有男生语文科目分数的总和，如图 21-20 所示。

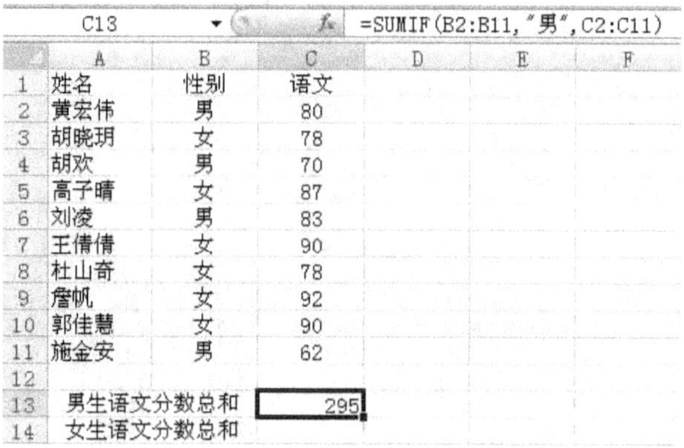
C13 =SUMIF(B2:B11,"男",C2:C11)

	A	B	C	D	E	F
1	姓名	性别	语文			
2	黄宏伟	男	80			
3	胡晓玥	女	78			
4	胡欢	男	70			
5	高子晴	女	87			
6	刘凌	男	83			
7	王倩倩	女	90			
8	杜山奇	女	78			
9	詹帆	女	92			
10	郭佳慧	女	90			
11	施金安	男	62			
12						
13	男生语文分数总和		295			
14	女生语文分数总和					

图 21-20 SUMIF 函数计算

◆**技巧存储**

Excel 提供了两种输入函数的方法，一种是直接输入法；另一种是使用“插入函数”命令输入函数。

1．直接输入法

如果用户对某些函数非常熟悉，可采用直接输入法，具体操作步骤如下：

(1) 单击要输入函数的单元格。

(2) 依次输入等号、函数名、左括号、具体参数和右括号。

(3) 单击编辑栏中的"输入"按钮或按回车键，此时在输入函数的单元格中将显示公式运算结果。

2. 使用"插入函数"命令

(1) 选定要输入函数的单元格。

(2) 单击"公式"选项卡上"函数库"组中的"插入函数"按钮或单击"编辑栏"中的"插入函数"按钮，弹出"插入函数"对话框。

(3) 在"插入函数"对话框的"搜索函数"框中输入想要插入的函数名，然后单击"转到"按钮或在"或选择类别"列表框中选择所需函数类别，然后在下面的"选择函数"列表中选择要使用的函数，此时列表框的下方会出现关于该函数功能的简单提示，如图 21-21 所示。

(4) 单击"确定"按钮，这时弹出"函数参数"对话框，如图 21-22 所示。

(5) 给函数添加参数。方法是：单击"函数参数"对话框中各参数框，在其中输入数值、单元格或单元格区域引用等，或者用鼠标在工作表中选定区域。参数输入完后，公式计算的结果将出现在对话框下方"计算结果="的后面。

(6)单击"确定"按钮，计算结果将显示在选择的单元格中。

图 21-21　"插入函数"对话框

图 21-22　"函数参数"对话框

◆ 知识拓展

一、认识函数

函数的一般形式：=函数名(参数)

每个函数由一个函数名和相应的参数组成。参数位于函数名的右侧并用括号括起来，它是一个函数用以生成新值或完成运算的信息。大多数参数的数据类型都是确定的，可以是数字、文本(引用时加"")、逻辑值、数组、单元格引用、表达式或其他函数等。参数最多可以用到 30 个，各参数间用"，"分隔。参数的具体值由用户提供。

用函数当参数，也就是函数里又包含函数，例如" =SUM(B2:F7,SUM(B2:F7))"称为"嵌套函数"，而嵌套函数最多可达 64 层。

有些函数非常简单，不需要参数。例如，用户在一个单元格中输入"=TODAY()"，Excel 就会在单元格里显示当天的日期。当用户每次打开包含该函数的工作表时，单元格中的日期就会更新。

二、函数的分类

Excel 提供了丰富的函数，有 120 多种，每一个函数功能都不相同，而函数依其特性，大致可以分为七大类：

(1) 日期与时间函数：在公式中分析和处理日期值和时间值。

(2) 逻辑函数：用于进行真假值判断或者进行复合检验。

(3) 查找和引用函数：对指定的单元格、单元格区域返回各项信息或运算。

(4) 数学和三角函数：处理各种数学计算。

(5) 文本函数：用于在公式中处理文字串。

(6) 财务函数：对数值进行各种财务运算。

(7) 其他函数。包括数据库函数：分析和处理数据清单中的数据。统计函数：对数据区域进行统计分析。信息函数：用于确定保存在单元格中的数据类型。工程函数：对数值进行各种工程上的运算和分析。

表 21-4 列出了 Excel 提供的常用函数。

表 21-4　Excel 提供的常用函数

函　数	格　式	功　能
SUM	=SUM(Number1，Number2，…)	返回单元格区域中所有数值的和
AVERAGE	=AVERAGE(Number1，Number2，…)	计算所有参数的算术平均值
IF	=IF(Logical，Value_if_true，Value_if_false)	执行真假值的判断，它根据逻辑计算的真假值返回不同的结果
COUNT	=COUNT(Value1，Value2，…)	计算参数表中的数字参数和包含数字的单元格的个数
MAX	=SUM(Number1，Number2，…)	返回一组参数的最大值，忽略逻辑值及文本字符
SUMIF	=SUMIF(Range，Criteria，Sum_range)	根据指定条件对若干单元格求和
PMT	=PMT(Rate，Nper，pv，fv，Type)	返回在固定利率下，投资或贷款的等额分期偿还额
SIN	=SIN(Number)	返回给定角度的正弦值
STDEV	=STDEV(Number1，Number2，…)	估算基于给定样本的标准方差

三、函数详解

1. ABS 函数

函数名称：ABS

主要功能：求出相应数字的绝对值。

使用格式：ABS(Number)

参数说明：Number 代表需要求绝对值的数值或引用的单元格。

应用举例：如果在 B2 单元格中输入公式：=ABS(A2)，则在 A2 单元格中无论输入正数(如 100)还是负数(如-100)，B2 中均显示出正数(如 100)。

特别提醒：如果 Number 参数不是数值，而是一些字符(如 A 等)，则 B2 中返回错误值 "#VALUE!"。

2. ROUND 函数

函数名称：ROUND

主要功能：根据指定的位数，对数值进行四舍五入。

使用格式：ROUND (Number，Num digits)

参数说明：Number 为四舍五入的数值；　Num digits 为保留的小数点后的位数。

应用举例：在 A1 单元格输入公式：＝ROUND(123.567,1)，确认后，A1 单元格的结果是 123.6。

3．AVERAGE 函数

函数名称：AVERAGE

主要功能：求出所有参数的算术平均值。

使用格式：AVERAGE(Number1，Number2，…)

参数说明：Number1，Number2，…，需要求平均值的数值或引用单元格(区域)，参数不超过 30 个。

应用举例：在 B8 单元格中输入公式：=AVERAGE(B7:D7)，确认后，即可求出 B7 至 D7 区域的平均值。

特别提醒：如果引用区域中包含"0"值单元格，则计算在内；如果引用区域中包含空白或字符单元格，则不计算在内。

4．COUNTIF 函数

函数名称：COUNTIF

主要功能：统计某个单元格区域中符合指定条件的单元格数目。

使用格式：COUNTIF(Range，Criteria)

参数说明：Range 代表要统计的单元格区域；Criteria 表示指定的条件表达式。

应用举例：在 C17 单元格中输入公式：=COUNTIF(B1：B13，">=80")，确认后，即可统计出 B1 至 B13 单元格区域中，数值大于等于 80 的单元格数目。

特别提醒：允许引用的单元格区域中有空白单元格出现。

5．IF 函数

函数名称：IF

主要功能：根据对指定条件的逻辑判断的真假结果，返回相对应的内容。

使用格式：=IF(Logical，Value_if_true，Value_if_false)

参数说明：Logical 代表逻辑判断表达式；Value_if_true 表示当判断条件为逻辑"真(TRUE)"时的显示内容，如果忽略返回"TRUE"；Value_if_false 表示当判断条件为逻辑"假(FALSE)"时的显示内容，如果忽略返回"FALSE"。

应用举例：在 C29 单元格中输入公式：=IF(C26>=18，"符合要求"，"不符合要求")，确认以后，如果 C26 单元格中的数值大于或等于 18，则 C29 单元格显示"符合要求"字样，反之显示"不符合要求"字样。

特别提醒：本文中类似"在 C29 单元格中输入公式"中指定的单元格，读者在使用时，并不需要受其约束，此处只是配合本文所附的实例需要而给出的相应单元格。

6．MAX 函数

函数名称：MAX

主要功能：求出一组数中的最大值。

使用格式：MAX(Number1，Number2…)

参数说明：Number1，Number2…代表需要求最大值的数值或引用单元格(区域)，参数不超过 30 个。

应用举例：输入公式：=MAX(E44：J44，7，8，9，10)，确认后即可显示出 E44 至 J44 单元和区域及数值 7，8，9，10 中的最大值。

特别提醒：如果参数中有文本或逻辑值，则忽略。

7．MIN 函数

函数名称：MIN

主要功能：求出一组数中的最小值。

使用格式：MIN(Number1，Number2…)

参数说明：Number1，Number2…代表需要求最小值的数值或引用单元格(区域)，参数不超过 30 个。

应用举例：输入公式：=MIN(E44：J44，7，8，9，10)，确认后即可显示出 E44 至 J44 单元和区域及数值 7，8，9，10 中的最小值。

特别提醒：如果参数中有文本或逻辑值，则忽略。

8．RANK 函数

函数名称：RANK

主要功能：返回某一数值在一列数值中的相对于其他数值的排位。

使用格式：RANK(Number，ref，order)

参数说明：Number 代表需要排序的数值；ref 代表排序数值所处的单元格区域；order 代表排序方式参数(如果为"0"或者忽略，则按降序排名，即数值越大，排名结果数值越小；如果为非"0"值，则按升序排名，即数值越大，排名结果数值越大)。

应用举例：在"打字速度.xlsx"中，如在 D2 单元格中输入公式：=RANK(C2,$C$2:$C$9,0)，确认后即可得出张依伦同学的打字速度在全班成绩中的排名结果。

特别提醒：在上述公式中，我们让 Number 参数采取了相对引用形式，而让 ref 参数采取了绝对引用形式(增加了一个"$"符号)，这样设置后，选中 D2 单元格，将鼠标移至该单元格右下角，成细十字线状，按住左键向下拖拉，即可将上述公式快速复制到 D 列下面的单元格中，完成其他同学打字速度的排名统计。

9．SUM 函数

函数名称：SUM

主要功能：计算所有参数数值的和。

使用格式：SUM(Number1，Number2…)

参数说明：Number1、Number2…代表需要计算的值，可以是具体的数值、引用的单元格(区域)、逻辑值等。

应用举例：在 E2 单元格中输入公式：=SUM(B2：D2)，确认后即可求出黄宏伟同学的总分。

特别提醒：如果参数为数组或引用，只有其中的数字将被计算。数组或引用中的空白单元格、逻辑值、文本或错误值将被忽略。

10．SUMIF 函数

函数名称：SUMIF

主要功能：计算符合指定条件的单元格区域内的数值的和。

使用格式：SUMIF(Range，Criteria，Sum_Range)

参数说明：Range 代表条件判断的单元格区域；Criteria 为指定条件表达式；Sum_Range 代表需要计算的数值所在的单元格区域。

应用举例：在"语文成绩.xlsx"中，在 C13 单元格中输入公式：=SUMIF(B2:B11，"男"，C2：C11)，确认后即可求出"男"生的语文成绩和。

特别提醒：如果把上述公式修改为：C14=SUMIF(B2：B11，"女",C2:C11)，即可求出"女"生的语文成绩和；其中"男"和"女"由于是文本型的，需要放在英文状态下的双引号("男"、"女")中。

项目二十二　数 据 处 理

【学习要点】

■任务 1　数据排序

■任务 2　数据筛选

■任务 3　数据分类汇总

■任务 4　创建图表

■任务 5　创建数据透视表

Excel 2010 与其他的数据管理软件一样，拥有强大的排序、检索和汇总等数据管理方面的功能。Excel 2010 不仅能够通过记录单来增加、删除和移动数据，而且能够对数据清单进行排序、筛选、汇总等操作。

【任务 1】　数 据 排 序

◆**任务介绍**

数据排序是指按一定规则对存储在工作表中的数据进行整理和重新排列。数据排序可以为数据的进一步管理作好准备。Excel 2010 提供了多种方法对数据清单进行排序，可以按升序、降序的方式，也可以由用户自定义排序。

◆**任务要求**

学会使用 Excel 2010 的排序功能。

◆**任务解析**

Excel 2010 的数据排序包括简单排序、高级排序等。如果需要对工作表中的数据按某一字段进行排序时，可利用 Excel 的简单排序功能完成。

一、数据简单排序

如果按照单列的内容进行排序，可以直接在"开始"选项卡的"编辑"组中完成排序操作。

以"计算机成绩.xlsx"为例，要求按学生的期末分降序排列。

操作步骤：

(1) 单击选中 B1(将要排序的字段名)单元格，如图 22-1 所示。

(2) 单击"数据"选项卡中的"排序和筛选"组中的"降序"按钮 ，如图 22-2 所示。

(3) 操作后结果如图 22-3 所示。期末分按规律(从高到低)排列。

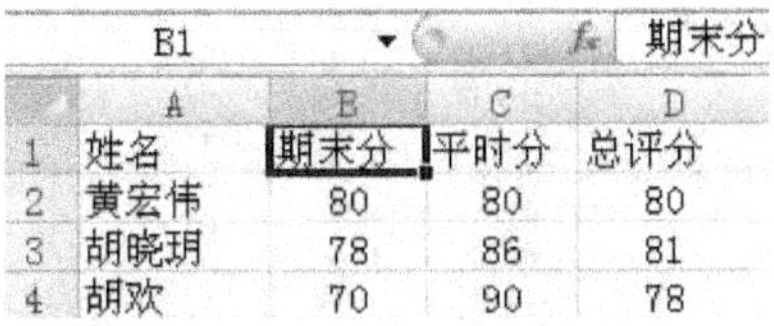

	A	B	C	D
1	姓名	期末分	平时分	总评分
2	黄宏伟	80	80	80
3	胡晓玥	78	86	81
4	胡欢	70	90	78

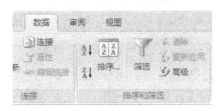

图 22-1　单击排序的字段名

图 22-2　“排序和筛选”工具组

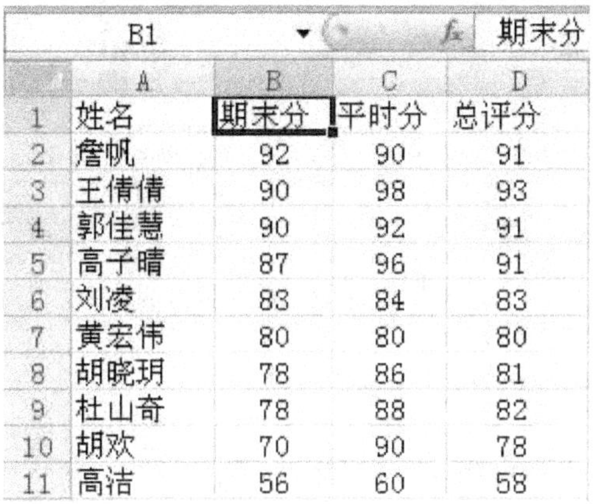

	A	B	C	D
1	姓名	期末分	平时分	总评分
2	詹帆	92	90	91
3	王倩倩	90	98	93
4	郭佳慧	90	92	91
5	高子晴	87	96	91
6	刘凌	83	84	83
7	黄宏伟	80	80	80
8	胡晓玥	78	86	81
9	杜山奇	78	88	82
10	胡欢	70	90	78
11	高洁	56	60	58

图 22-3　按“期末分”的“降序”排序

二、数据高级排序

数据的高级排序是指按照多个条件对数据清单进行排序，这是针对简单排序后仍然有相同数据的情况进行的一种排序方式。如上例中，在经过排序后，第 8 行与 9 行中的分数相同，如果要再次排序，则还需再添加一个排序条件。

仍然以“计算机成绩.xlsx”为例，要求按期末分降序排列，当期末分相同时，按平时分降序排列。

操作步骤：

(1) 单击工作表中数据区域任一单元格。

(2) 切换到“数据”选项卡功能区，单击“排序和筛选”组中的“排序”按钮，弹出“排序”对话框，如图 22-4 所示。

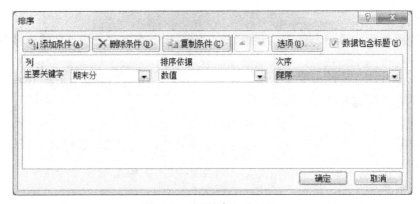

图 22-4　“排序”对话框

(3) 如图 22-5 所示，设置主要关键字的列、排序依据、次序信息。

(4) 单击“添加条件(A)”按钮，添加次要关键字的排序信息。

(5) 单击“确定”按钮完成排序。

提示：观察第 8 行和第 9 行数据的排序情况，如图 22-6 所示。

图 22-5 设置排序参数　　　　　　　　图 22-6 按两个不同字段排序后的结果

◆**技巧存储**

除了上述操作方法外，不管是简单排序还是高级排序，也可以直接在"开始"选项卡功能区中，单击"编辑"工具组中的工具按钮完成排序操作。单击"排序和筛选"命令，其中"升序"和"降序"命令用于简单排序，"自定义排序"用于高级排序，如图 22-7 所示。

图 22-7 "排序和筛选"按钮

【任务 2】 数 据 筛 选

◆**任务介绍**

数据清单创建完成后，对它进行的操作通常是从中查找和分析具备特定条件的记录，而筛选就是一种用于查找数据清单中数据的快速方法。经过筛选后的数据清单只显示包含指定条件的数据行，以供用户浏览、分析。Excel 2010 的数据筛选功能包括自动筛选、自定义筛选和高级筛选等 3 种方式。

◆**任务要求**

根据实际要求，对工作表中的数据进行自动筛选、自定义筛选和高级筛选操作。

◆**任务解析**

一、自动筛选

自动筛选为用户提供了在具有大量记录的数据清单中快速查找符合某种条件记录的功能。使用自动筛选功能筛选记录时，字段名称单元格右侧显示下拉箭头，使用其中的下拉菜单可以设置自动筛选的条件。

以"自动筛选.xlsx"为例，使用自动筛选功能筛选其中"录取"的人的相关信息。

操作步骤：

(1) 单击工作表中数据区域任一单元格。

(2) 单击"数据"选项卡中"排序和筛选"组中的"筛选"命令，如图 22-8 所示，此时可以看到在各字段名的单元格右侧均显示一个向下的箭头，如图 22-9 所示。

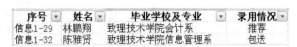

图 22-8　"筛选"按钮　　　　　　图 22-9　自动筛选后字段名的变化

(3) 单击"录用情况"右侧的下拉箭头按钮▼，打开下拉菜单，取消"全选"，只选择"录取"项，单击"确定"按钮，如图 22-10 所示。

(4) 操作结果如图 22-11 所示。

图 22-10　自动筛选下拉菜单　　　　　图 22-11　执行"自动筛选"结果

二、自定义筛选

使用 Excel 2010 中自带的筛选条件，可以快速完成对数据的筛选操作。但是当自带的筛选条件无法满足需要时，也可以根据需要自定义筛选条件。

以"自定义筛选.xlsx"为例，筛选出年龄大于 30 岁且小于 40 岁的员工信息。

操作步骤：

(1) 单击"年龄"字段右侧的▼，选择"数字筛选"菜单中的"自定义筛选"命令，如图 22-12 所示。

(2) 在"自定义自动筛选方式"对话框中，如图 22-13 所示输入筛选条件。单击"确定"按钮即可。

三、高级筛选

前面提到的"自定义自动筛选"只适用于对单一字段设定条件。如果工作表中的字段比较多，筛选的条件也比较多，自定义筛选就显得十分麻烦。在筛选条件较多的情况下，可以使用高级筛选功能来处理。高级筛选可以实现更加复杂的筛选，同时可在保留原数据显示的情况下，将筛选出来的记录显示到工作表的指定位置。

以"营销部门人员通讯簿.xlsx"为例，筛选出"年龄在 40 岁以上且工龄在 10 年以上"的人员信息。

图 22-12　自定义筛选下拉命令

图 22-13　"自定义筛选"对话框

操作步骤：

(1) 首先在工作表中建立"条件区"，按规定格式输入筛选条件，如图 22-14 所示。("条件区"可以是当前工作表中数据清单之外的任意空白区域。)

(2) 单击"排序和筛选"工具组中的"高级"按钮，如图 22-15 所示。

图 22-14　条件区域内容 　　　　　　　　图 22-15　高级筛选按钮

(3) 在"高级筛选"对话框中，首先选择筛选结果的存放位置，本例选择"在原有区域显示筛选结果"，"列表区域"栏中自动显示数据清单所在的区域名，单击切换按钮可以重新选择数据清单区域，按同样的方法填写"条件区域"。正确设置数据区域和条件区域后，效果如图 22-16 所示。

(4) 设置完毕后，单击"确定"按钮，筛选后的结果如图 22-17 所示。

图 22-16　"高级筛选"对话框

图 22-17　高级筛选后结果

◆知识拓展

一、取消自动筛选

筛选只是暂时隐藏那些不满足条件的记录。如果想取消筛选结果，只需在该列的筛选条件列表中选择"显示全部"即可。如果想取消自动筛选状态，再次单击"筛选"命令即可，则所有字段右边的下拉按钮将取消，所有记录恢复显示。

二、高级筛选

1．高级筛选条件

1）书写时应遵循的格式

（1）字段名复制到条件区的第一行。

（2）每一个条件的字段名和条件值都应写在同一列的不同单元格中。

（3）多个条件之间的逻辑关系是"与"关系时，条件值应写在同一行，为"或"关系时，条件值应写在不同行，且在条件区内不能有空行。

2）"与"、"或"关系

（1）"与"关系的条件必须出现在同一行，例如，表示条件"年龄在 40 岁以上"，并且"工龄在 10 年以上"，如表 22-1 所示。

（2）"或"关系的条件不能出现在同一行，例如，表示条件"年龄在 40 岁以上"，或者"工龄在 10 年以上"，如表 22-2 所示。

2．"高级筛选"对话框

"方式"栏用于选择将筛选结果在指定位置显示，可选"在原有区域显示筛选结果"，也可选"将筛选结果复制到其他位置"。通常选中"将筛选结果复制到其他位置"单选框，则应在"复制到"文本框中指定放置筛选结果的数据区域。图 22-18 指出复制到区域是 $A\$17:\$I\$25$，筛选结果将从单元格 A17 开始显示。

表 22-1 "与"关系示例

年 龄	工 龄
>40	>10

表 22-2 "或"关系示例

年 龄	工 龄
>40	
	>10

图 22-18 "高级筛选"对话框

"列表区域"用于指定参与筛选的数据位置，用单元格绝对引用地址表示。

"条件区域"用于指定自定义设置筛选条件的位置，用单元格绝对引用地址表示。

在数据区域或条件区域中设置时可将鼠标光标定位于相应的文本框中，再用鼠标在表格中拖动选定相关区域。

【任务 3】 数据分类汇总

◆任务介绍

分类汇总是对数据清单进行数据分析的一种方法。分类汇总对数据库中指定的字段进行分类，然后统计同一类记录的有关信息。统计的内容可以由用户指定，也可以统计同一类记录的记录条数，还可以对某些数值段求和、求平均值、求极值等。

◆**任务要求**

学会利用记录单进行分类汇总。

◆**任务解析**

Excel 2010 可以在工作表中自动计算分类汇总及总计值。用户只需指定需要进行分类汇总的数据项、待汇总的数值和用于计算的函数(例如"求和"函数)即可。如果要使用自动分类汇总,工作表必须组织成具有列标志的数据清单。在创建分类汇总之前,用户必须先根据需要进行分类汇总的数据列对数据清单排序。

在"成绩表.xlsx"中,将介绍按照"性别"进行分类,来汇总出男、女的总分合计分别是多少。把分类的依据字段称为分类字段。

操作步骤:

(1) 按分类字段"性别"进行排序,如图 22-19 所示。(这是进行分类汇总操作必须首先要进行的步骤。)

(2) 选定数据清单中的任意单元格。

(3) 切换到"数据"选项卡功能区,单击"分级显示"工具组中的"分类汇总"按钮,如图 22-20 所示。

图 22-19 分类汇总前先按性别排序　　　　图 22-20 "分类汇总"按钮

(4) 在"分类字段"下拉列表里选定需要进行汇总的字段名"性别";"汇总方式"选择"求和";"选定汇总项"选择"总评分",如图 22-21 所示。

(5) 单击"确定"按钮,完成分类汇总,结果如图 22-22 所示。

图 22-21 "分类汇总"对话框　　　　　　图 22-22 "分类汇总"后结果

◆**技巧存储**

(1) 分类汇总之前必须先按分类汇总字段进行排序。

(2) 若是在"分类汇总"对话框中选取"汇总结果显示在数据下方"选项,那么分类汇总将"总计"信息放在最后一个分类汇总结果的下方。

(3) 若是在"分类汇总"对话框中选取"每组数据分页"选项，则分类汇总结果会自动根据组合将分类汇总结果分页，可以单击"视图"选项卡"工作簿视图"组中的"分页预览"命令查看执行情形。

◆**知识拓展**

一、"分类汇总"对话框

(1) 分类字段：按字段值进行排序的字段。

(2) 汇总方式：用于指定汇总的函数，如求和、计数、平均值等。

(3) 选定汇总项：参加汇总的字段，同一汇总方式可选定多个字段。

(4) "替换当前分类汇总"复选框：选中表示用此次分类汇总结果替换已存在的分类汇总结果。

二、隐藏或显示分类汇总结果

为了方便查看数据，可将分类汇总后暂时不需要使用的数据隐藏起来，减小界面的占用空间。当需要查看隐藏的数据时，可再将其显示。方法是单击行号左边的"+"、"-"来伸展或压缩显示内容。

在进行分类汇总时，Excel 会自动对列表中数据分级显示，在工作表窗口左边会出现分级显示区，列出一些分级显示符号，允许对数据的显示进行控制。在列标识的左端用数字 1、2、3 表示分为三级，单击数字 1，只显示总计项；单击数字 2，显示男、女的汇总项；单击数字 3，全部显示明细、汇总项和总计项。

三、删除分类汇总

由于分类汇总操作的结果一般显示在原表位置上，如果想返回到原表，可以对汇总结果进行删除操作。其步骤是直接单击快速访问工具栏的"撤消 ⟲"命令，返回到原表。如果因为已做过其他修改，"撤消"命令不可再用时，可以单击"分类汇总"命令，打开"分类汇总"对话框，单击对话框下部的"全部删除"按钮，返回到原表。

【任务4】 创 建 图 表

◆**任务介绍**

使用 Excel 2010 对工作表中的数据进行计算、统计等操作后，得到的计算和统计结果还不能更好地显示出它的发展趋势或分布状况。为了能更加直观地表达工作表中的数据，可将数据以图表的形式表示。通过图表可以清楚地了解各个数据的大小以及数据的变化情况，方便对数据进行对比和分析。在 Excel 2010 中，用户可以轻松地完成各种图表的创建、编辑和修改工作。

◆**任务要求**

学会利用已有资料建立图表，直观地表达数据的大小及变化情况。

◆**任务解析**

Excel 提供的图表，有柱形图、折线图、饼图、条形图、面积图、散点图等，各种图表各有优点，适用于不同的场合。不同的用户可以根据各自的行业需求选取不同类型的图表。以"图表-1.xlsx"为例，建立标准类型的饼图，说明如何根据已有的数据生成统计图表。

创建图表的操作步骤如下：

（1）选定要绘制成图表的单元格数据区域，即数据源，这里选择区域为：A3:B7，如图 22-23 所示。

（2）单击"插入"选项卡"图表"组中的"饼图"按钮，在"二维饼图"子图表类型里点选第一个图，如图 22-24 所示。

图 22-23　选择数据源　　　　　　　图 22-24　"图表"组中的饼图

（3）一个饼图基本完成，结果如图 22-25 所示。

（4）单击选择标题"业务部"文本，输入新的标题，如"业务部各季度业绩情况图"，在"图例"处单击鼠标右键，选择"设置图例格式"命令，单击"底部"，最后单击"关闭"按钮，结果如图 22-26 所示。

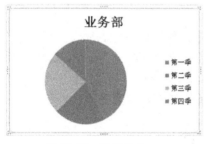

图 22-25　饼图完成　　　　　图 22-26　重新设置标题及图例位置后的饼图

◆ **技巧存储**

　　分离图表：在上例中，若想将第一季度从饼图中分离出来，先单击第一季扇区，约经过 0.5 秒再单击就可以选取第一季扇区，用鼠标将第一季扇区拖曳出适当的距离就可以将扇区分离出来了。

◆ **知识拓展**

　　一、图表

　　1．数据系列和数据点

　　数据系列是一组相关的数据，通常是工作表的一行或一列。图表中同一系列的数据用同一种方式表示。数据点是数据系列中的一个独立数据，通常来源于一个单元格。

　　2．图表的组成

　　图表的基本结构都是由以下几个部分组成：图表区、绘图区、图表标题、数据系列、数值轴、分类轴、网络线、图例等，如图 22-27 所示。

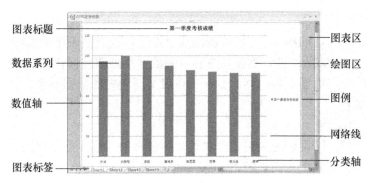

图 22-27　图表的组成

3．图表的类型

Excel 2010 提供的图表有柱形图、折线图、饼图、条形图、面积图、散点图、股价图、曲面图、圆环图、气泡图、雷达图等十几种类型。而且每种图表还有若干个子类型。

柱形图：用于一个或多个数据系列中的自得值的比较。

折线图：显示一种趋势，在某一段时间内的相关值。

饼图：着重部分与整体间的相对大小关系，没有 *X* 轴、*Y* 轴。

条形图：实际上是翻转了的柱形图。

XY 散点图：一般用于科学计算。

面积图：显示在某一段时间内累计变化。

二、编辑图表

一个图表中包含了许多图表对象，同时，图表和数据源之间直接存在着一种链接关系。编辑图表就是指对图表、图表对象以及图表的数据源所进行的各种数据修改、图表类型的变更和图表外观的格式化等。

1．设置图表大小

与设置图片、剪贴画等对象一样，设置图表大小的常用方法也有两种：一种是拖动图表外边框放大或缩小图表尺寸，另一种是使用图表工具"格式"选项卡"大小"组中的"形状高度"和"形状宽度"微调框进行准确设置，如图 22-28 所示。

图 22-28　设置图表大小

2．移动图表

选定图表后(选中的图表四角及四边的中央有黑色的标记)，拖动图表将其放置于适当的位置后释放按键。在 Excel 2010 的图表中，图表区、绘图区以及图例等组成部分的位置都不是固定不变的，可以拖动它们的位置，以便让图表更加美观与合理。

3．复制图表

选定图表后，按住<Ctrl>键将图表拖到某一位置后释放按键可复制图表。

4．删除图表

选定图表后，按<Delete>键，可以删除整个图表；选定图表中要删除的数据系列图中的任意一个，按<Delete>键，则删除图表中的数据系列图并保留工作表中的相应数据；删除工作表中的相应数据，可以同时删除工作表及图表中的数据系列。

三、美化图表

1．更改图表类型

若图表的类型无法确切地展现工作表数据所包含的信息，如使用圆柱图来表现数据的走势等，此时就需要更改图表类型，"更改图表类型"对话框如图 22-29 所示。

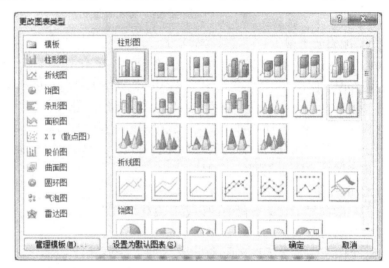

图 22-29　"更改图表类型"对话框

2．修改图表中文字的格式

若对创建图表时默认使用的文字格式不满意，则可以重新设置文字格式，如可以改变文字的字体和大小，还可以设置文字的对齐方式和旋转方向等。在 Excel 2010 中，默认创建图表的形状样式很普通，用户可以为图表各部分设置形状填充、形状轮廓以及形状效果等，让图表变得更加美观和引人注目。在图表中右击文字，在弹出的"格式"工具栏中可以设置文字的格式，如图 22-30 所示。

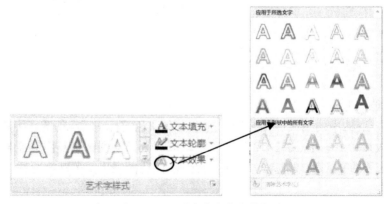

图 22-30　图表中文字的格式

3．设置图表布局

选定图表后，Excel 2010 会自动打开"图表工具"的"布局"选项卡。在该选项卡中可以完成设置图表的标签、坐标轴、背景等操作，还可以为图表添加趋势线，如图 22-31 所示。

图 22-31 "图表工具"的"布局"选项卡

1) 设置图表标签

在"布局"选项卡功能区的"标签"工具组中，可以设置图表标题、坐标轴标题、图例、数据标签以及数据表等相关属性。

2) 设置坐标轴

在"布局"选项卡功能区的"坐标轴"工具组中，可以设置坐标轴的样式、刻度等属性，还可以设置图表中的网格线属性。

3) 设置图表背景

在"布局"选项卡功能区的"背景"工具组中，可以设置图表背景墙与基底的显示效果，还可以对图表进行三维旋转，如图 22-32 所示。

4) 添加趋势线

趋势线就是用图形的方式显示数据的预测趋势，并可用于预测分析，也叫做回归分析。利用趋势线可以在图表中扩展趋势线，根据实际数据预测未来数据。切换到"图表工具"的"布局"选项卡功能区，在"分析"工具组中可以为图表添加趋势线，如图 22-32 所示。

图 22-32 图表中的"背景"工具组和"分析"工具组

【任务 5】 创建数据透视表

◆任务介绍

数据透视表是一种对大量数据快速汇总和建立交叉列表的交互式表格，它不仅可以转换行和列以查看源数据的不同汇总结果，也可以显示不同页面以筛选数据，还可以根据需要显示区域中的细节数据。一旦建立好数据透视表之后，就可以通过拖曳字段及项目来显示并组织数据。

◆任务要求

对现有数据建立数据透视表，全面地对数据清单重新组织和统计数据。

◆任务解析

数据透视表会自动将数据源中的数据按用户设置的布局进行分类，从而方便用户分析表中的数据。尽管数据透视表的功能非常强大，但是创建的过程却非常简单。

建立数据透视表的操作步骤如下：

(1) 打开"数据透视表.xlsx"，将光标定位于表格数据源中任意有内容的单元格，或者将整个数据源区域选中。

(2) 切换到"插入"选项卡功能区，单击"数据透视表"按钮，如图 22-33 所示。

(3) 在弹出的"创建数据透视表"对话框中，"请选择要分析的数据"一项已经自动选中了光标所处位置的整个连续数据区域，也可以在此对话框中重新选择想要分析的数据区域。"选择放置数据透视表的位置"项，可以在新的工作表中创建数据透视表，也可以将数据透视表放置在当前的某个工作表中，如图 22-34 所示。

图 22-33 "数据透视表"命令按钮　　　　图 22-34 "创建数据透视表"对话框

(4) 单击"确定"按钮。

(5) 从"数据透视表字段列表"中，将所需的字段拖曳到图表的"行标签"和"列标签"处，将要汇总其数据的字段拖曳到"数值"区，如图 22-35 所示。本例：将"业务姓名"拖曳到"行标签"，"交易年"拖曳到"列标签"，"数量"拖曳到"∑数值"区域。

图 22-35 数据透视表字段列表

238

(6) 完成结果如图 22-36 所示。

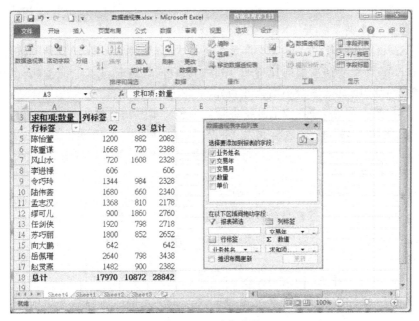

图 22-36 确定字段

◆**技巧存储**

数据透视图可以看作是数据透视表和图表的结合，它以图形的形式表示数据透视表中的数据。在 Excel 2010 中，可以根据数据透视表快速创建数据透视图，更加直观地显示数据透视表中的数据，方便用户对其进行分析。

通级知识练一练(四)

第一套

1. 在考生文件夹下打开 EXCEL01.xlsx 文件：

(1) 将 Sheet1 工作表的 A1:E1 单元格合并为一个单元格，内容水平居中；按"销售额 = 销售数量*单价"计算"销售额"列的内容(数值型，保留小数点后 0 位)和"总销售额"(置 D12 单元格内)；计算"所占百分比"列的内容(所占百分比 = 销售额/总销售额，百分比型，保留小数点后 2 位)。

(2) 选取"产品型号"列(A2：A11)和"所占百分比"列(E2:E11)数据区域的内容建立"分享型三维饼图"(系列产生在"列")，图表标题为"产品销量统计图"，图像位置靠左，数据标志中表命名为"产品销量统计表"，保存 EXCEL01.xlsx 文件。

2. 打开工作簿文件 EXC01.xlsx：

对工作表"产品销售情况表"内数据清单的内容按主要关键字"季度"的升序次序和次要关键字"产品名称"的降序次序进行排序，对排序后的数据进行高级筛选(筛选条件有 2 个，条件一：名称为"手机"，条件区域为 D41：D42；条件二：销售排名为前 15

名，条件区域为 H41:H42)，工作表名不变，保存 EXC01.xlsx 工作簿。

第二套

1. 在考生文件夹下打开 EXCEL02.xlsx 文件：

(1) 将 Sheet1 工作表的 A1：C1 单元格合并内容(销售额=单价*数量，数值型，保留小数点后 0 位)：计算"销售额同比增长"列的内容(同比增长=(本月销售额−上月销售额)/上月销售额，百分比型，保留小数点 1 位)。

(2) 选取"产品型号"列、"上月销售量"列和"本月销售量"列内容，建立"簇状柱形图"(系列产生在"列")，图表标题为"销售情况统计图"，图例置底部；将图插入到表的 A14：E27 单元格区域内，将工作表命名为"情况统计表"，保存 EXCEL02.xlsx 文件。

2. 打开工作簿文件 EXC.xlsx：

对工作表"产品销售情况表"内部数据清单的内容按主要关键字"产品名称"的降序次序和次要关键字"分公司"的降序次序进行排序，完成对各产品销售额总和分类汇总，汇总结果显示在数据下方，工作表名不变，保存 EXC.xlsx 工作簿。

第三套

1. 打开工作簿文件 EXCEL03.xlsx：

将工作表 Shee1 的 A1：D1 单元格合并为一个单元格，内容水平居中，计算"平均值"行的内容，将工作表命名为"员工工资情况表"。

2. 打开工作簿文件 EXC03.xlsx：

对工作表"选修课程成绩单"内的数据清单的内容进行自动筛选，条件为"课程名称为人工智能"，选取筛选后的"姓名"列和"成绩"列内容，建立"三维簇状柱形图"(系列产生在"列")，图表标题为"人工智能成绩图"，图例置右上角；将图插入到名为"人工智能成绩图"的新工作表中，保存 EXC03.xlsx 工作簿文件。

第四套

1. 打开工作簿文件 EXCEL04.xlsx，将工作表 Sheet1 的 A1：F1 单元格合并为一个单元格，内容水平居中，计算"季度平均值"列的内容，将工作表命名为"季度销售数量情况表"。

2. 选取"季度销售数量情况表"的"产品名称"列和"季度平均值"列的单元格内容，建立"簇状柱形图"，X 轴上的项为产品名称(系列产生在"列")，图表标题为"季度销售数量情况图"，插入到表的 A7:F18 单元格区域内。

第五套

1. 打开工作簿文件 EXCEL05.xlsx，将下列两种类型的股票价格随时间变化的数据建成一个数据表(存入在 A1:E7 的区域内，保留小数点后一位)，其数据表保存在 Shee1 工作表中。

股票各类	时间	盘高	盘低	收盘价
A	10:30	114.2	113.2	113.5
A	12:20	215.2	210.3	212.1
B	12:20	120.5	119.2	119.5
B	14:30	222.0	221.0	221.5

2. 对建立的数据表选择"盘高"、"盘低"、"收盘价"数据，建立"盘高-盘低-收盘

图"，图表标题为"股票价格走势图"，并将其嵌入到工作表的 A7:F17 区域中。

3. 将工作表 Sheet1 更名为"股票价格走势表"。

第六套

1. 打开工作簿文件 EXCEL06.xlsx，将下列某健康医疗机构对一定数目的自愿者进行健康调查的数据建成一个数据表(存入在 A1:C4 的区域内)，其数据表保存在 Sheet1 工作表中。

统计项目	非饮酒者	经常饮酒者
统计人数	8979	9879
肝炎发病率	43%	32%
心血管发病率	56%	23%

2. 对建立的数据表选择"统计项目"、"非饮酒者"、"经常饮酒者"三列数据，建立"折线图"，系列产生在"列"，图表标题为"自愿者健康调查图，并将其嵌入到工作表的 A6:F20 区域中。

3. 将工作表 Sheet1 更名为"健康调查表"。

第七套

1. 打开工作簿文件 EXCEL07.xlsx，将工作表 Sheet1 的 A1:D1 单元格合并为一个单元格，内容水平居中，计算"增长比例"列的内容，增长比例=(当年人数-去年人数)/去年人数，将工作表命名为"招生人数情况表"。

2. 选取"招生人数情况表"的"专业名称"列和增长比例"列的单元格内容，建立"柱形圆锥图"，X 轴上的项为专业名称(系列产生在"列")，图表标题为"招生人数情况图"，插入到表的 A7:F18 单元格区域内。

第八套

1. 打开工作簿文件 EXCEL08.xlsx，将下列某种放射性元素衰变的测试结果数据建成一个数据表(数值型、1 位小数、存入在 A1:D6 的区域内)，求出实测值与预测值之间的误差的绝对值，其数据表保存在 Sheet1 工作表中。

时间(小时)	实测值	预测值	误差
0	16.5	20.5	
10	27.2	25.8	
12	38.3	40.0	
18	66.9	68.8	
30	83.4	80.0	

2. 在"误差"列右侧增加"预测准确度"列，并在 E2:E6 单元格按照给出的评估规则给出预测准确度。评估规则为："误差"低于或等于"实测值"10%的，"预测准确度"为"高"；"误差"大于"实测值"10%的，"预测准确度"为"低"(使用 IF 函数)。

3. 对建立的数据表选择"实测值"、"预测值"两列数据建立"数据点折线图"，系列产生在"列"，图表标题为"测试结果误差图"，并将其嵌入到工作表的 A8: E18 区域中。将工作表 Sheet1 更名为"测试结果误差表"。

第九套

1. 打开工作簿文件 EXCEL.xlsx，将下列数据建成一个数据表(存入在 A1:E5 区域内)，并求出个人工资的浮动额以及原来工资和浮动额的"总计"(保留小数点后面两位)，其计算公式是：浮动额＝原来工资*浮动率，其数据表保存在 Sheet1 工作表中。

序号	姓名	原来工资	浮动率	浮动额
1	张三	2500	0.5%	
2	王五	9800	15%	
3	李红	2400	1.2%	
总计				

2. 对建立的数据表，选择"姓名"、"原来工资"、"浮动额"(不含总计行)三列数据，建立"柱形圆柱图"图表，设置分类(X)轴为"姓名"，数值(Z)轴为"原来工资"，图表标题为"职工工资浮动额的情况"，嵌入在工作表 A7:F17 区域中。

3. 将工作表 Sheet1 更名为"浮动额情况表"。

第十套

1. 在考生文件夹下打开 EXCEL10.xlsx 文件：

(1) 将 Sheet1 工作表的 A1:F1 单元格合并为一个单元格，内容水平居中；计算学生的"平均成绩"列的内容(数值型，保留小数点后 2 位)；如果"数学"、"语文"、"英语"的成绩均大于等于 100，在"备注"列内给出"优良"信息，否则内容为"/"(利用 IF 函数)。

(2) 选取"学号"和"平均成绩统计图"，清除图例；将图插入到表的 A14:G27 单元格区域内，将工作表命名为"平均成绩统计表"，保存 EXCEL10.xlsx 文件。

2. 打开工作簿文件 EXC10.xlsx，对工作表"产品销售情况表"内数据清单的内容进行自动筛选，条件依次为第 2 季度、第 1 或第 3 分店、销售额大于或等于 15 万元，工作表名不变，保存 EXC10.xlsx 工作簿。

第十一套

1. 打开工作簿文件 EXCEL11.xlsx，将下列某县学生的大学升学和分配情况数据建成一个数据表(存入 A1:D6 区域内)，并求出"考取/分配回县比率"(分配回县人数/考取人数)，其数据表保存在 Sheet1 工作表中。

时间	考取	分配回县人数	考取/分配回县比率
1994	232	152	
1995	353	162	
1996	450	239	
1997	586	267	
1998	705	280	

2. 选"时间"和"考取/分配回县比率"两列数据，创建"平滑线散点图"图表，设置分类(X)轴为"时间"，数值(Y)轴为"考取/分配回县比率"，图表标题为"考取/分配回县散点图"，嵌入在工作表的 A8: F18 区域中。

3. 将 Sheet1 更名为"回县比率表"。

第十二套

1. 打开工作簿文件 EXCEL12.xlsx，将工作表 Sheet1 的 A1:D1 单元格合并为一个单元格，内容水平居中；计算"销售额"列的内容(销售额＝销售数量×单价)，将工作表命名为"图书销售情况表"。

2. 打开工作簿文件 EXC12.xlsx,对工作表"选修课程成绩单"内的数据清单内容进行自动筛选(自定义),条件为"成绩大于或等于 60 并且小于或等于 80",筛选后的工作表还保存在 EXC12.xlsx 工作簿文件中,工作表名不变。

第十三套

1. 在考生文件夹下打开 EXCEL13.xlsx 文件:

(1) 将 Sheet1 工作表的 A1: H1 单元格合并为一个单元格,内容水平居中;计算"年平均值"列的内容(数值型,保留小数点后 2 位),计算"月最高值"行和"月最低值"行的内容(利用 MAX 函数和 MIN 函数);将 A2:H7 数据区域设置为自动套用格式"古典 2"。

(2) 选取 A2:G5 数据区域的内容建立"数据点拆线图"(系列产生在"行"),图表标题为"平均降雨统计图";将图插入到表的 A9: G22 单元格区域,将工作表命名为"平均降雨统计表",保存 EXCEL13.xlsx 文件。

2. 打开工作簿文件 EXC13.xlsx,对工作表"产品销售情况表"内数据清单的内容按主要关键字"产品名称"的降序次序和次要关键字"分店名称"的升序次序进行排序,完成对各产品(按产品名称)销售额总计的分类汇总,汇总结果显示在数据下方,工作表名不变,保存 EXC13.xlsx 工作簿。

第十四套

1. 在考生文件夹下打开 EXCEL14.XLSX 文件:

(1) 将 Sheet1 工作表 A1: F1 单元格合并为一个单元格,内容水平居中;计算学生的"总成绩"列的内容(保留小数点后 0 位),计算两组学生人数(置于 G5 单元格内,利用 SUMIF 函数);利用条件格式将 C3: E12 区域内数值大于或等于 85 的单元格的字体颜色设置为淡紫色。

(2) 选取"学号"和"总成绩"列内容,建立"柱形圆锥图"(系列产生在"列"),图标题为"总成绩统计图",清除图例;将图插入到表的 A14: G28 单元格区域内,将工作表命名为"成绩统计表",保存 EXCEL14.xlsx 文件。

2. 打开工作簿文件 EXC14.xlsx,对工作表"图书销售情况表"内数据清单的内容进行自动筛选,条件为第 1 分部和第 3 分部、社科类和少儿类图书,工作表名不变,保存 EXC14.xlsx 工作簿。

第十五套

1. 打开工作簿文件 EXCEL15.xlsx。将工作表 Sheet1 的 A1:D1 单元格合并为一个单元格、内容水平居中,计算"金额"列的内容(金额 = 单价×订购数量),将工作表命名为"图书订购情况表"。

2. 打开工作簿文件 EXC15.xlsx,对工作表"选修课程成绩单"内的数据清单的内容进行分类汇总(提示:分类汇总前先按主要关键字"课程名称"升序排序),分类字段为"课程名称",汇总方式为"计数",汇总项为"课程名称",汇总结果显示在数据下面,将执行分类汇总后的工作表还保存在 EXC15.xlsx 工作簿文件中,工作表名不变。

模块六　PowerPoint 2010 演示文稿

项目二十三　PowerPoint 2010 基本操作

【学习要点】
■任务 1 PowerPoint 2010 基本操作
■任务 2 演示文稿的编辑与浏览

PowerPoint 2010 是 Office 2010 办公软件中的主要组件之一，主要用于演示文稿的制作，在演讲、教学、产品演示等方面得到广泛的应用。

PowerPoint 2010 是一款演示文稿制作软件，使用它可以快速地创建并制作出极具感染力的动态演示文稿，以满足用户的各种需要。

演示文稿一般由多张幻灯片组成。在每张幻灯片中加入文字、图片、声音和视频等内容，通过处理产生动画效果，创建多媒体文件，最后可以将制作好的演示文稿通过计算机屏幕放映，或通过连接的投影仪在银幕上进行展示。通过这种方法创建的演示文稿，可以用来代替类似于产品介绍或演讲提纲等内容的计算机文档，使理论化、枯燥的传统演讲、演示、展示变得更形象、更生动、更具感染力。

【任务 1】　启动与退出 PowerPoint 2010 程序

◆任务介绍

我们在召开会议时，常常需要布置主席台背景，使用 PowerPoint 2010 制作一个会议背景幻灯片，然后使用投影机进行投影是一种简便节约且实用美观的方式。

◆任务要求

学会启动和退出 PowerPoint 2010 程序，认识 PowerPoint 2010 工作界面的组成部分。

◆任务解析

1. 启动 PowerPoint 2010 程序

执行"开始"→"所有程序"→"Microsoft Office"→"Microsoft Office PowerPoint 2010"命令，打开启动 PowerPoint 2010 程序。

此时程序自动建立了一个空白幻灯片，如图 23-1 所示。

2. 输入文本内容

在"单击此处添加标题"文本框中单击，输入会议主标题：2012 年度总结报告会；

在"单击此处添加副标题"文本框中单击，输入会议副标题：天启星销售公司。输入文本后如图 23-2 所示。

图 23-1　启动 PowerPoint 2010 程序　　　　　图 23-2　输入文本

3．格式化文本

选择会议标题文本，在窗口上方的"字体"工具组中单击打开"字体"下拉列表，在列表中选择所需要的主题字体：华文新魏，如图 23-3 所示；在"字号"下拉列表中选择合适字号。副标题文本同样进行相应的格式化操作。最后效果如图 23-4 所示。

图 23-3　格式化文本　　　　　　　　图 23-4　格式化文本完成效果

4．应用主题

单击 "设计"选项卡，在"主题"工具组中单击主题列表框右侧的下拉按钮，如图 23-5 所示；选择"浏览主题"，如图 23-6 所示。

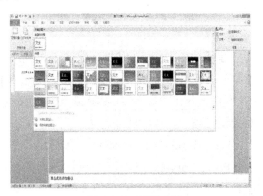

图 23-5　选择主题下拉按钮　　　　　　　　图 23-6　浏览主题

在弹出的对话框中选择"会议主题.ppt"文件主题,如图 23-7 所示;完成效果如图 23-8 所示。

图 23-7　选择"会议主题.ppt"文件主题　　　　　　图 23-8　应用主题

5. 演示文稿保存

单击窗口左上侧的"文件"菜单,弹出"文件"菜单如图 23-9 所示,单击选择"保存"命令，弹出"另存为"对话框,如图 23-10 所示。输出文件名称,单击"保存"按钮,完成演示文稿的保存操作。

图 23-9　"文件"菜单　　　　　　　　　图 23-10　"另存为"对话框

提示:PowerPoint 2010 的演示文稿文件扩展名为".pptx",在 PowerPoint 2003 中不能打开,所以根据播放环境的需要,可以在保存文件时,选择保存类型为"PowerPoint 97-2003(*.ppt)",这样在更换播放环境或编辑环境时更灵活。

◆知识拓展

PowerPoint 2010 工作界面介绍:

PowerPoint 2010 中除了我们熟悉的标题栏、菜单栏、工具栏、状态栏和任务窗格外,还具有前面两个软件没有的大纲窗口、幻灯片编辑区和备注窗格,操作界面和组成部分如图 23-11 所示。

一、PowerPoint 2010 的工作区

PowerPoint 2010 的工作区由大纲窗口(包括"幻灯片"选项卡和"大纲"选项卡)、幻灯片编辑区及备注窗格等部分组成。工作区用于设计演示文稿。

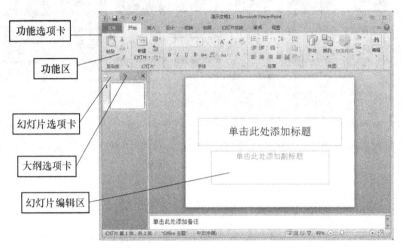

图 23-11　PowerPoint 2010 工作界面

1．大纲窗口

大纲窗口中列出了演示文稿中的所有幻灯片,用于组织和开发演示文稿中的内容,可以输入演示文稿中的所有文本,然后重新排列项目符号、段落和幻灯片。

其中大纲窗口中有两个选项卡,"大纲"和"幻灯片"选项卡。大纲选项卡中显示各幻灯片的具体文本内容,"幻灯片"选项卡显示各级幻灯片的缩略图。

2．幻灯片编辑区

该编辑区位于主界面之内,其中显示的是大纲窗口中选中的幻灯片,用户可以在这里详细地查看、编辑每张幻灯片。

3．备注窗格

备注窗格位于幻灯片编辑区的下方,在该窗格中可以对幻灯片加上注释说明。幻灯片放映视图:在该视图中,从选定的幻灯片开始放映幻灯片。

二、PowerPoint 2010 的状态区

PowerPoint 2010 的状态区由状态栏、视图切换区、显示比例调节区等部分组成。

1．状态栏

主要用于显示当前工作的状态,可以切换幻灯片的各种视图状态。

2．视图切换区

在视图切换区有 3 种视图状态切换按钮:普通视图、幻灯片放映、幻灯片浏览。

(1) 普通视图：用于编辑及设计幻灯片。

(2) 幻灯片放映视图：在整个屏幕上显示幻灯片,用于预览实际的播放效果。

(3) 幻灯片浏览：以缩略图的形式显示幻灯片,使整个演示文稿以缩略图的形式显示,如图 23-12 所示。

图 23-12 幻灯片浏览

【任务 2】 演示文稿的编辑与浏览

◆任务介绍

我们在一些会议、聚会、求职等场合，常常需要简单地做一些自我介绍，如果条件允许，使用一个简单的幻灯片进行辅助，清晰明了，会取得意想不到的效果。

◆任务要求

制作一个自我介绍的演示文稿。

◆任务解析

一、幻灯片操作

1. 启动 PowerPoint 2010 程序

执行"开始"→"所有程序"→"Microsoft Office"→"Microsoft Office PowerPoint 2010"命令打开启动 PowerPoint 2010 程序。

此时程序自动建立了一个空白幻灯片，如图 23-13 所示。

2．输入文本内容

在"单击此处添加标题"文本框中单击，输入主标题：自我介绍，在"单击此处添加副标题"文本框中单击，输入副标题：乐观真诚的我。输入文本后如图 23-14 所示。

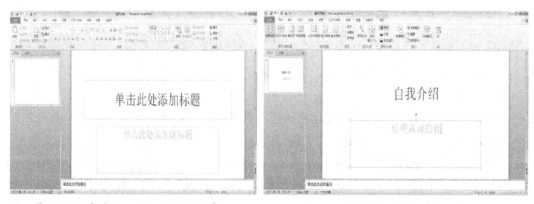

图 23-13 启动 PowerPoint 2010 程序   图 23-14 输入文本

3．插入新幻灯片

(1) 定位插入点。把光标定位于大纲窗口第一张幻灯片的后面，此时第一张幻灯片后面有一条闪动横线，如图 23-15 所示。

(2) 插入新幻灯片。按键盘上的<Enter>键，新建了一张幻灯片，如图 23-16 所示。

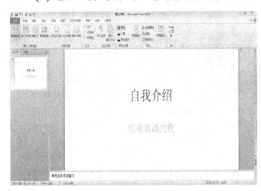

图 23-15　定位插入点

图 23-16　新建第二张幻灯片

4．输入文本

输入第二张幻灯片文本，主标题为：基本资料，其余如图 23-17 所示。

5．插入第三张幻灯片

在大纲窗口中把光标定位于第二张幻灯片后，单击"开始"选项卡下"幻灯片"工具组中的"新建幻灯片"按钮下端下半部分，弹出新幻灯片版式选择对话框，如图 23-18 所示。

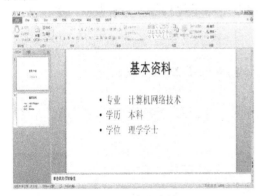

图 23-17　"基本资料"

图 23-18　选择新幻灯片版式

单击选择"两栏内容"版式，新建第三张幻灯片，如图 23-19 所示；输入内容如图 23-20 所示。

6．复制第二张幻灯片

在大纲窗口中单击选择第二张幻灯片，此时该幻灯片在大纲窗口中的缩略图左边变为黄色，右击该缩略图，出现快捷菜单，如图 23-21 所示。

在快捷菜单中单击选择"复制"命令，把光标定位于第三张幻灯片后，右键单击，选择"粘贴"命令，此时完成了把第二张幻灯片复制为第四张幻灯片的操作，如图 23-22 所示。

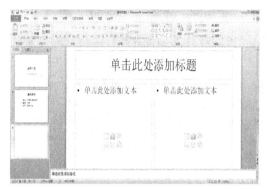

图 23-19 "两栏内容"版式　　　　　　　图 23-20 "我的特长"

图 23-21 复制幻灯片

图 23-22 粘贴幻灯片

提示：如果选择的是"复制幻灯片"，则直接在第二张幻灯片后复制出第三张幻灯片，原第三张幻灯片自动变为第四张。

7．第四张幻灯片文本输入

将幻灯片主标题改为：工作经历，其余文本内容如图 23-23 所示。

8．第三、四张幻灯片交换位置

单击"视图切换区"的"幻灯片浏览"按钮▦，将视图切换到"幻灯片浏览"视图，如图 23-24 所示。

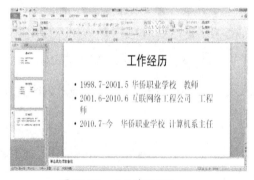

图 23-23 "工作经历"

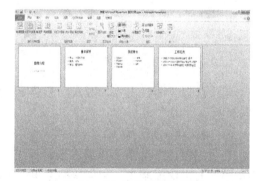

图 23-24 "幻灯片浏览"视图

在"幻灯片浏览"视图中单击按住第四张幻灯片，拖到第二、三张幻灯片之间放开鼠标，第三、四张幻灯片就交换了位置，如图 23-25、图 23-26 所示。

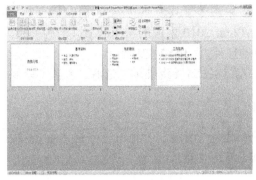
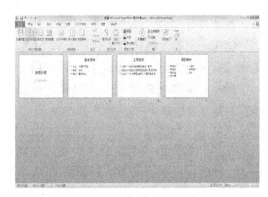

图 23-25　拖动幻灯片缩略图　　　　　　　　　图 23-26　幻灯片交换位置

二、设置文本格式

(1) 单击"视图切换区"的"普通视图"按钮 🔲，将视图切换到"普通"视图。

(2) 在大纲窗口中单击选择第一张幻灯片，在幻灯片编辑区中选择主标题文本，鼠标指针移到文本区外，会自动弹出文本属性设置浮动工具栏，如图 23-27 所示，选择合适字体、字号、颜色即完成文本设置。

(3) 用同样方式完成其余幻灯片中文本的设置。

图 23-27　设置文本格式

◆知识拓展

一、幻灯片版式

幻灯片版式指的是幻灯片内容在幻灯片上的排列方式。通过幻灯片版式的应用可以对文字、图片等更加合理简洁地完成布局。版式由占位符(占位符：一种带有虚线或阴影线边缘的框，绝大部分幻灯片版式中都有这种框。在这些框内可以放置标题及正文，或者是图表、表格和图片等对象)组成，而占位符可放置文字(例如，标题和项目符号列表)和幻灯片内容(例如，表格、图表、图片、形状和剪贴画等)。

版式的种类如下：

(1) 由标题和项目符号列表的占位符组成的基本版式。

(2) 由三个占位符组成的版式：标题占位符、项目符号列表占位符和内容占位符(例如，表格、图示、图表或剪贴画)。

在"开始"选项卡的"幻灯片"工具组中，单击"版式"下拉列表按钮，弹出"Office 主题"版式列表窗口，里面是 PowerPoint 2010 内置的常用版式(11 种)列表，单击选择某一版式，该版式就可以应用于当前幻灯片，如图 23-28 所示。

提示：右键单击任意一张幻灯片的空白处，在弹出的快捷菜单中选择"版式"命令，也可出现"Office 主题"版式列表窗口。

二、文本设置

在"开始"选项卡功能区中有"字体"工具组和"段落"工具组，分别如图 23-29、图 23-30 所示，设置文本或段落的方式与 Word 中操作相同。

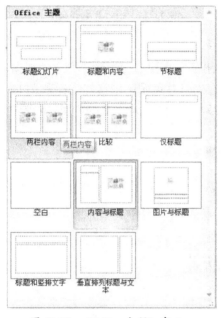

图 23-28　"Office 主题"窗口

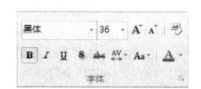

图 23-29　"字体"工具组

图 23-30　"段落"工具组

项目二十四　修饰演示文稿

【学习要点】
　　■任务 1 应用幻灯片主题
　　■任务 2 应用幻灯片母版

【任务 1】　应用幻灯片主题

◆**任务介绍**

　　当我们制作完成一个演示文稿后，在最后阶段必须统一整个演示文稿的设计风格，对每一张幻灯片进行格式设置，以美化演示文稿，增强幻灯片的放映感染力。采用 PowerPoint 2010 中"主题"的方法可以有效减少工作量，且容易达到较好的效果。

◆**任务要求**

　　学会使用主题模板对幻灯片进行修饰，会设置幻灯片主题的颜色。

◆**任务解析**

　　(1) 打开"自我介绍.ppt"演示文稿，如图 24-1 所示。

　　(2) 单击"设计"选项卡，在功能区中可以看到"主题"选项列表框，里面列出当前可使用的内置主题模板，单击想要的模板就可以把相应"主题"应用于当前演示文稿，如图 24-2 所示。

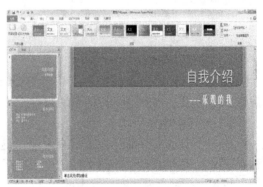

图 24-1　"自我介绍"演示文稿　　　　图 24-2　应用"沉稳"主题

　　(3) 单击"主题"工具组的"颜色"按钮，弹出内置的主题颜色样式列表，移动鼠标指针到想要的颜色样式上，当前幻灯片立刻会显示相应效果，如图 24-3 所示。

　　(4) 单击想要的颜色样式，整个演示文稿就都按要求更改了颜色搭配，如图 24-4 所示。

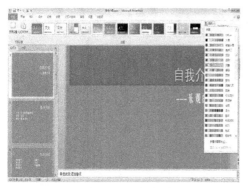
图 24-3　预览主题的颜色样式

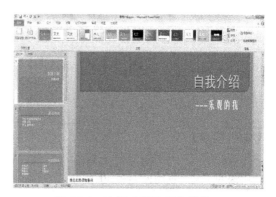
图 24-4　选择主题的颜色样式

◆**知识拓展**

PowerPoint 2010 的主题：

PowerPoint 2010 的主题分内置和外部两种，单击"主题"列表框右侧的"其他"下拉按钮，弹出"所有主题"列表框，如图 24-5 所示。

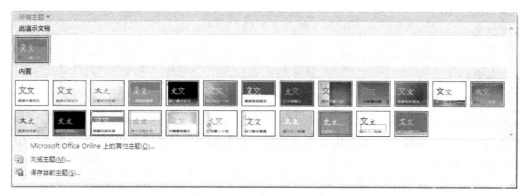
图 24-5　"所有主题"列表框

1．内置主题

PowerPoint 2010 系统提供了自带的 24 种内置主题，是一些常用的经典搭配组合，一般情况下可以基本满足我们的普通设计需要，可以方便地直接应用。

2．外部主题

每一个演示文稿都存在于一个主题，这样我们在设计过程中可以把自己设计的搭配保存下来，保存为一个外部文件，便于以后需要时反复调用。

单击"所有主题"列表框中的"浏览主题"链接按钮，可以打开如图 24-6 所示的"选择主题或主题文档"对话框，可以选择需要的主题文件。在 Microsoft Office Excel 2010、Microsoft Office PowerPoint 2010、Microsoft Office Word 2010 和 Microsoft Office Outlook 2010 中的主题是可以通用的。

单击"所有主题"列表框中的"保存当前主题"链接按钮，可以打开如图 24-7 所示的"保存当前主题"对话框，可以保存当前演示文稿的主题为外部文件。

图 24-6　"选择主题或主题文档"对话框　　　　　图 24-7　"保存当前主题"对话框

【任务 2】　应用幻灯片母版

◆任务介绍

　　刚到"东风汽车公司"任职，工作岗位要求经常制作一些公司的宣传、演讲、会议等展示幻灯片，这些幻灯片的主题与版式基本是一致的。另外，由于所制作演示文稿的幻灯片数目比较多，当要进行一些全局性的修改时，按以前的做法工作量就会非常大，影响工作效率。使用 PowerPoint 2010 的母版可以有效解决这一问题。

◆任务要求

　　理解母版的含义，会设计母版、应用母版于实际工作。

◆任务解析

　　1. 启动 PowerPoint 2010 程序

　　执行"开始"→"程序"→"Microsoft Office"→"Microsoft　Office PowerPoint 2010"命令，打开启动 PowerPoint 2010 程序。

　　此时程序自动建立了一个空白幻灯片，如图 24-8 所示。

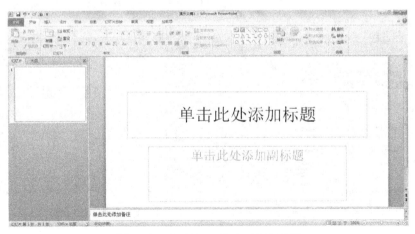

图 24-8　启动 PowerPoint 2010 程序

　　2. 打开幻灯片母版

　　单击"视图"选项卡的"幻灯片母版"按钮，如图 24-9 所示。进入幻灯片母版编辑状态，如图 24-10 所示。此时编辑的是标题幻灯片的母版版式。

图 24-9　"母版视图"功能区状态　　　　图 24-10　幻灯片母版编辑状态

3．插入图片

单击"插入"选项卡下的"图片"按钮，如图 24-11 所示。弹出"插入图片"对话框，如图 24-12 所示，选择需要用的图片，单击"打开"按钮，把图片插入当前幻灯片。同样方法插入其他图片，图片插入后摆放效果如图 24-13 所示。

图 24-11　"插入"选项卡

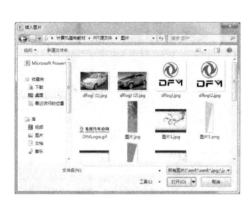

图 24-12　"插入图片"对话框

图 24-13　插入图片

4．绘制装饰图形

单击"开始"选项卡，在 "绘图"工具组中单击的"直线"工具按钮，如图 24-14 所示。在幻灯片中绘制用于装饰的直线，如图 24-15 所示。

256

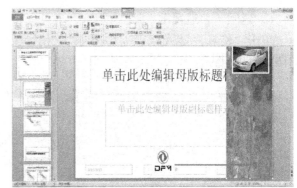

图 24-15　绘直线

图 24-14　"绘图"工具组

同理绘制矩形并输入公司名称，如图 24-16 所示，完成了标题幻灯母版的设计。

5．制作内页母版

在"大纲"窗口中单击选择第三张幻灯片母版，如图 24-17 所示。在"母版版式"工具栏中取消"标题"和"页脚"两个复选项。

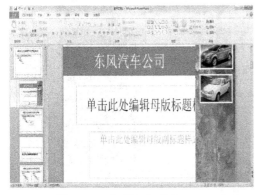

图 24-16　标题幻灯母版

图 24-17　内页幻灯片母版编辑

使用与制作标题幻灯片母版相同的方法完成内页幻灯片母版的制作，如图 24-18 所示。

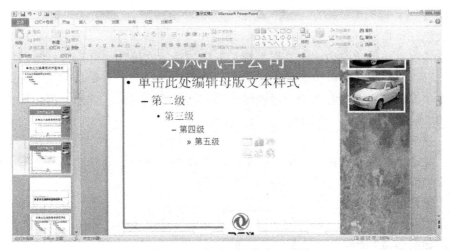

图 24-18　内页幻灯片母版效果

6. 返回"普通视图"

单击"幻灯片母版"工具组中的"关闭母版视图"按钮，返回"普通视图"状态，如图 24-19、图 24-20 所示。

图 24-19 "关闭母版视图"按钮

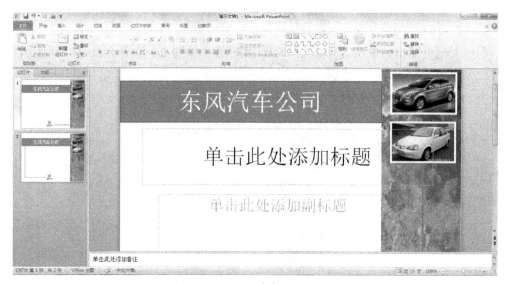

图 24-20 "公司简介"母版效果

7. "公司简介"母版制作完成，保存待用

◆ **知识拓展**

修改幻灯片背景：

默认情况下，以"空白演示文稿"模板建立的演示文稿的幻灯片背景是白色。我们可以自己动手，修改这种单调的背景样式。

单击"设计"列表框右侧的"背景样式"下拉按钮，弹出"背景样式"列表框，如图 24-21 所示。

一、应用背景样式库

在"背景样式"列表中默认列出系统自带的 12 种背景样式，直接单击选择一种就可以应用于当前打开的演示文稿，如图 24-22 所示。

二、填充背景

单击"背景样式"列表框中的"设置背景格式"链接按钮，弹出"设置背景格式"对话框，如图 24-23 所示，默认是纯色填充背景。

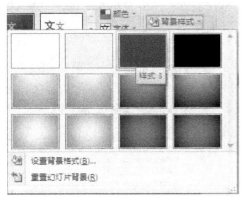

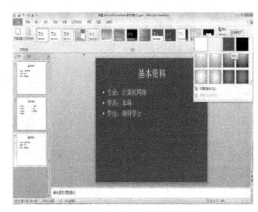

图 24-21 "背景样式"列表框　　　　　图 24-22 应用内置背景样式

1. 纯色填充

纯色填充只使用单一颜色进行填充背景，单击"颜色"按钮，可在弹出的调色板中选择主题颜色，如图 24-24 所示。还可以拖动"透明度"旁的滑块更改背景的透明度。

图 24-23 "设置背景格式"对话框　　　　图 24-24 更改主题颜色

2. 渐变填充

单击选择"渐变填充"单选项，可以在对话框中进行背景的"渐变填充"颜色设置，如图 24-25 所示。

3. 纹理填充

在"图片或纹理填充"背景对话框中，可以选择系统自带的"纹理"及各种参数设置，如图 24-26 所示。

4. 图片背景

我们在修饰幻灯片时，可以拍摄一些好的图片或者通过一些图像处理软件制作符合自己要求的幻灯片背景图片，然后把这些图片设置为幻灯片背景。

选择"图片或纹理填充"单选项，单击"文件"按钮，弹出如图 24-27 所示的"插入图片"对话框，选择需要的图片，单击"打开"按钮，就可以设置需要的图片为幻灯片背景。

259

图 24-25 "渐变填充"背景

图 24-26 "图片或纹理填充"背景

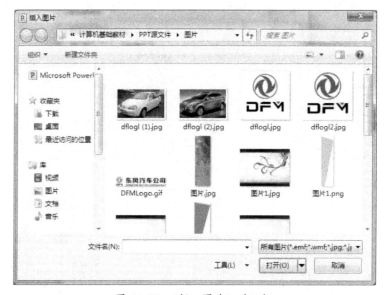

图 24-27 "插入图片"对话框

项目二十五 编辑演示文稿对象

【学习要点】

■任务 1 制作公司简介演示文稿

■任务 2 制作汇报型演示文稿

【任务 1】 制作公司简介演示文稿

◆任务介绍

公司简介是对新员工培训、对外宣传、行业交流的要求，通过简洁明了的语言，就可以让初识者对公司有个整体概要地了解，便于开展工作。本任务以东风汽车公司简介为例讲解制作幻灯片演示文稿的方法。

◆任务要求

要求掌握在幻灯片中插入文本框、图片、表格、图表及自选图形的方法，并且学会简单的属性修改。强调理论联系实际，注重学习 PowerPoint 2010 基本功能的实际应用。

◆任务解析

1．制作封面页

(1) 打开"东风汽车母版.pptx"文件，该文件已经制作了封面和内页的母版，如图25-1 所示。

(2) 在封面页中，单击选择"插入"选项卡，在"文本"工具组中单击"文本框"按钮，选择"横排文本框"命令，如图 25-2 所示。

图 25-1 打开"东风汽车母版.pptx"

图 25-2 "横排文本框"命令

(3) 在封面页中单击鼠标确定插入点，如图25-3所示，输入文本"——公司简介"。选择文本，在"开始"选项卡下 "字体"工具组中更改字体为"黑体"，字号为24号，如图25-4所示。

图 25-3　插入文本　　　　　　　　　　　图 25-4　文本格式化

(4) 在"插入"选项卡下"图像"工具组中单击"图片"按钮，如图 25-5 所示。弹出"插入图片"对话框，如图 25-6 所示。选择"全景效果"文件，单击"打开"按钮，图片即插入了幻灯片，如图 25-7 所示。

图 25-5　"图像"工具组　　　　　　　　图 25-6　"插入图片"对话框

(5) 用鼠标拖动图片四周的调整点(共 8 个)，可以调整图片的大小、位置。然后单击选择"格式"选项卡，在"图片样式"工具组中单击选择"图片效果"下拉菜单按钮，在下拉菜单中选择 25 磅的"柔化边线"效果，如图 25-8 所示，封面页完成效果如图 25-9所示。

图 25-7　插入图片　　　　　　　　　　　图 25-8　"柔化边线"效果

2．制作公司简介目录

选择"插入"选项卡，在"绘图"工具组中单击按下"圆周矩形"按钮，如图 25-10 所示。然后在幻灯片中绘制一个圆周矩形，如图 25-11 所示。

图 25-9　封面页效果

图 25-10　"绘图"工具组

选择圆周矩形，在"格式"选项卡下，"形状样式"工具组中(如图 25-12 所示)单击"其他"按钮，选择合适的图形样式，如图 25-13 所示。调整大小，并进行复制，如图 25-14 所示。

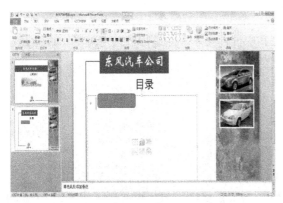

图 25-11　绘制一个圆周矩形

图 25-12　"形状样式"工具组

图 25-13　选择图形样式

图 25-14　整体效果

263

使用插入文本的方法，在8个圆周矩形中插入文本，并进行文本格式化，效果如图 25-15 所示。

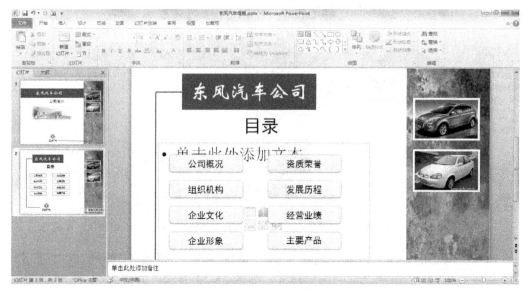

图 25-15　插入文本

3．制作"公司概况"内页

插入一张新幻灯片，如图 25-16 所示。在其中插入文本，并进行格式化调整，如图 25-17 所示。

图 25-16　插入新幻灯片

图 25-17　"公司概况"效果

4．制作"组织机构"内页

插入一张新幻灯片，再插入用绘图方式绘制组织机构图，并在框图中添加文本(也可用其他软件(如 CorelDRAW)把框图制作成图片，再整张图插入)，效果如图 25-18 所示。

5．制作"企业文化"内页

"企业文化"内页文本内容如图 25-19 所示。要修改项目符号时，选择文本之后，可单击选择"开始"选项卡下"段落"工具组中的"项目符号"下拉按钮，在弹出的列表中进行选择，如图 25-20、图 25-21 所示。

图 25-18　"组织机构"效果

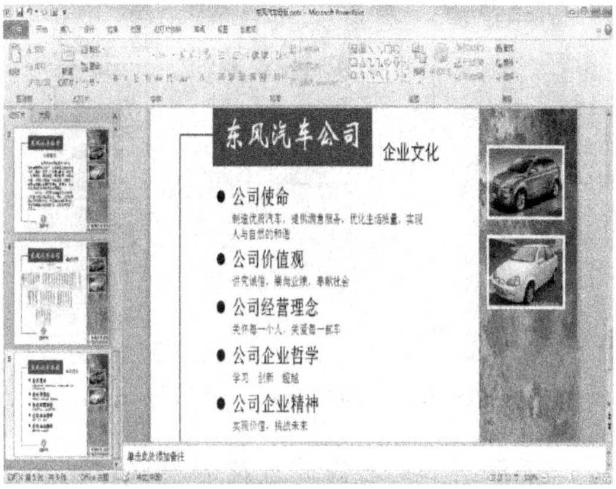

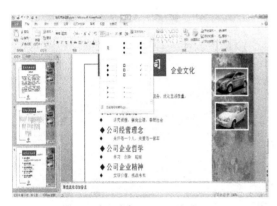

图 25-20　选择"项目符号"

图 25-19　"企业文化"内容

图 25-21　"企业文化"效果

6．制作"企业形象"内页

"企业形象"内页效果如图 25-22 所示。

7．制作"资质荣誉"内页

插入新幻灯片，如图 25-23 所示。单击幻灯片中的"表格"占位符按钮，弹出"插入表格"对话框，如图 25-24 所示。输入行数为 5，列数为 2，单击"确定"按钮，插入表格如图 25-25 所示。

图 25-22　"企业形象"效果

图 25-23　插入新幻灯片

图 25-24　"插入表格"对话框

图 25-25　插入表格

提示：如果要修改表格的样式，选择表格后，在"设计"选项卡中的"表格样式"工具组中选择内置的表格样式。

调整表格，并插入相关内容，"资质荣誉"内页效果如图 25-26 所示。

8. 制作"发展历程"内页

"发展历程"内页效果如图 25-27 所示。

图 25-26　"资质荣誉"效果

图 25-27　"发展历程"效果

提示：用 CorelDRAW 制作图片，然后插入幻灯片。

9. 制作"经营业绩"内页

插入新幻灯片，并输入标题为：经营业绩，如图 25-28 所示。单击幻灯片中的"图表"占位符按钮，弹出默认图表效果及其相应数据源(数据表)，如图 25-29 所示。

图 25-28　插入新幻灯片

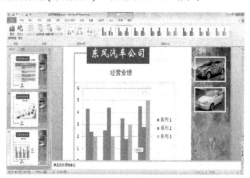
图 25-29　默认图表

在数据表中修改数据，如图 25-30 所示。修改完成后单击数据表右上角的"关闭"按钮，将数据表关闭显示。

		A	B	C	D	E
		2007	2008	2009	2010	
1	销售车辆（万辆）	113	132	192	262	
2						
3						
4						

图 25-30　数据表

提示：此图表与 Excel 2010 中的图表基本一致，修改方法也基本相同，请参照 Excel 2010 的相关章节进行学习。

图表修改后效果如图 25-31 所示。

10．制作"主要产品"内页

插入新幻灯片，然后插入图片及文本，标题为：主要产品，效果如图 25-32 所示。

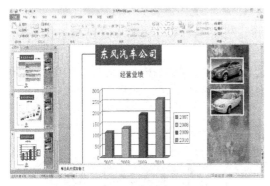

图 25-31　"经营业绩"效果

图 25-32　"主要产品"效果

11．制作"封底"页

插入新幻灯片，然后插入图片及文本，效果如图 25-33 所示。

图 25-33　"封底"效果

267

【任务2】 制作汇报型演示文稿

◆**任务介绍**

在各种会议、交流、汇报中经常会采用幻灯片辅助的形式，在幻灯片中绘制各种图形来配合讲解，能够直观且清晰地表述各种关系，使受者易于了解表达意图。

◆**任务要求**

掌握插入及修改 SmartArt 图形的方法；学会设置 AmartArt 图形的基本格式；掌握超链接的方式应用。

◆**任务解析**

一、制作母版

(1) 单击"视图"选项卡功能区的"幻灯片母版"按钮，进入幻灯片母版编辑状态，制作标题幻灯片的母版版式。

(2) 在"幻灯片母版"选项卡功能区中，将"母版版式"工具栏的"标题"、"页脚"复选项取消。

绘制圆角矩形作为背景。单击"插入"选项卡的"形状"按钮，选择其中的"圆角矩形"，如图 25-34 所示，在标题幻灯片母版中绘制一个圆角矩形，如图 25-35 所示。

图 25-34 插入圆角矩形

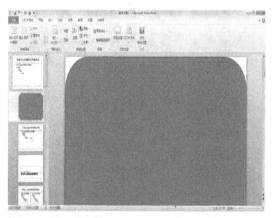
图 25-35 绘制圆角矩形

(3) 调整圆角矩形的圆角。用鼠标拖动圆角矩形左上角的黄色菱形控制点，适当调整圆角大小，如图 25-36 所示。

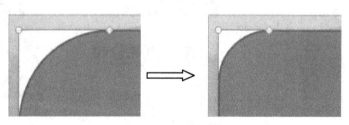
图 25-36 调整圆角

(4) 导入图片作为圆角矩形的背景。单击"开始"选项卡下"绘图"工具组中的"形状填充"下拉按钮，选择"图片"选项，如图 25-37 所示。在弹出的"插入图片"对话框中选择背景图片，如图 25-38 所示，然后单击"打开"按钮完成背景图片的插入。

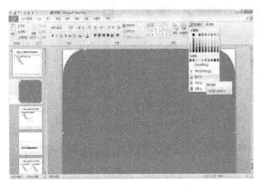

图 25-37　设置圆角矩形的背景　　　　　图 25-38　"插入图片"对话框

以上操作完成了标题幻灯片母版式的制作，由于演示文稿内页只使用空白版式的幻灯片，所以以下制作空白版式的母版。

(5) 在大纲窗口中选择"空白版式幻灯片"母版，如图 25-39 所示，同上操作方法插入图片背景，效果如图 25-40 所示。

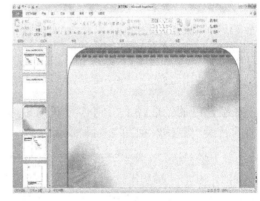

图 25-39　选择"空白版式幻灯片母版"　　　　图 25-40　插入背景图片

(6) 单击"关闭母版视图"按钮，退出母版编辑状态，回到幻灯片编辑状态，如图 25-41 所示。

二、制作幻灯片

1．制作封面幻灯片

插入标题等各项文本，格式化并调整位置，如图 25-42 所示。

2．制作目录内页 1

单击"开始"选项卡下的"新建幻灯片"按钮，在弹出的列表中选择新建"空白"版式的幻灯片，如图 25-43 所示。

图 25-41　幻灯片编辑状态

图 25-42　封面

图 25-43　新建"空白"版式幻灯片

在新建好的幻灯片上绘制 4 个圆角矩形，设置合适的形状效果，并插入文本，完成文稿的目录页制作，如图 25-44 所示。

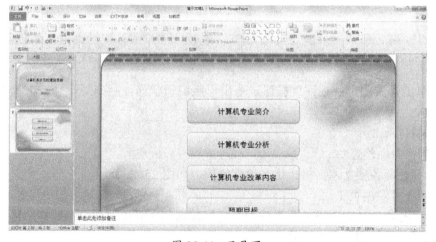

图 25-44　目录页

3．"简介"页制作

插入新的"空白"版式幻灯片，输入标题："(一)计算机系简介。"

单击"插入"选项卡下"插图"工具组中的"SmartArt"按钮，如图 25-45 所示。在弹出的"选择 SmartArt 图形"对话框中选择如图 25-46 所示的"层次结构"图形，单击"确定"按钮。

图 25-45　"SmartArt"按钮

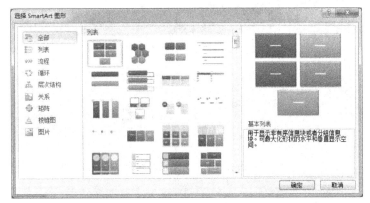

图 25-46　"选择 SmartArt 图形"对话框

选择已经插入的"层次结构"图形，单击图形左边的弹出按钮，弹出"SmartArt"图形的"文本窗格"，如图 25-47、图 25-48 所示。

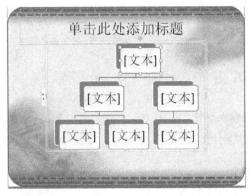

图 25-47　插入空白"层次结构"图形

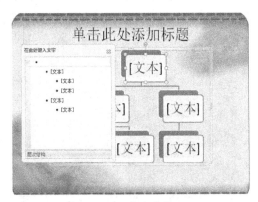

图 25-48　"文本窗格"

在"文本窗格"中输入各级文本内容，如图 25-49 所示。如果需要调整某级文本的级别时，可以单击"设计"选项卡下"创建图形"中的"升级"或"降级"按钮，如图 25-50 所示。在"SmartArt 样式"工具组中选择图形的样式，如图 25-51 所示。最后效果如图 25-52 所示。

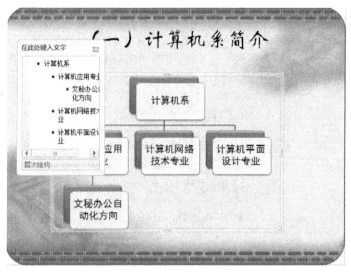

图 25-49　输入"文本窗格"内容

图 25-50　调整文本级别

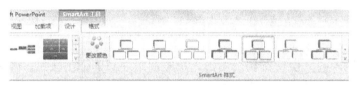

图 25-51　SmartArt 样式

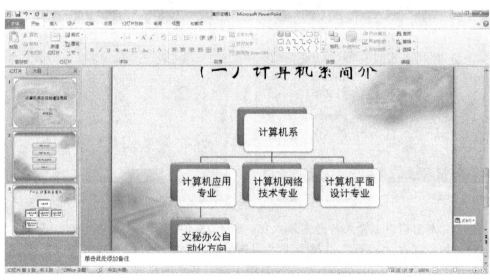

图 25-52　"简介"页效果

4. "差距分析"页制作

"差距分析"页效果如图 25-53 所示。"SmartArt"用的是"向上箭头"图形。

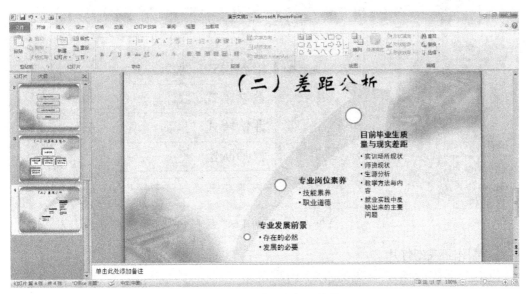

图 25-53 "差距分析"效果

5. "改革内容"页制作

"改革内容"页面效果如图 25-54 所示。"SmartArt"用的是"分离射线"图形。

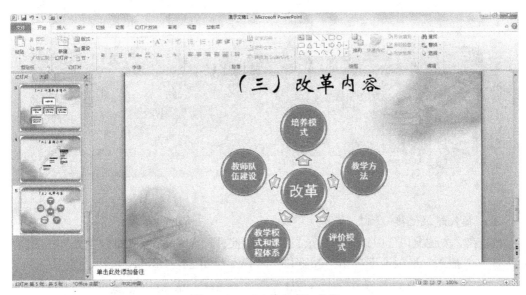

图 25-54 "改革内容"效果

6. "预期目标"页制作

"预期目标"页面效果如图 25-55 所示。"SmartArt"用的是"目标图列表"图形。

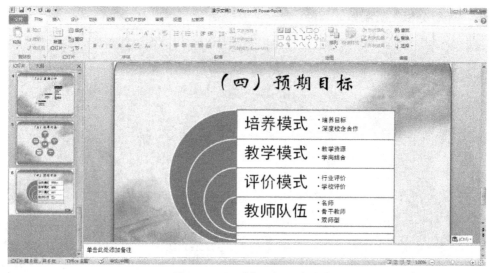

图 25-55　"预期目标"效果

7. 制作封底幻灯片

使用"标题"母版，效果如图 25-56 所示。

图 25-56　封底

三、插入超级链接

(1) 在"大纲窗口"中选择"目录"页，单击选择"计算机专业简介"页所在的圆角矩形，在"插入"选项卡下单击"超链接"按钮，如图 25-57 所示。

图 25-57　"超链接"按钮

弹出图 25-58 所示的"插入超链接"对话框,在其中单击"本文档中的位置"按钮,在"请选择文档中的位置"中选择链接到"3.(一)计算机系简介"幻灯片,单击"确定"按钮,设置完成后,目录中的圆角矩形就和"3.(一)计算机系简介"幻灯片建立了超链接。

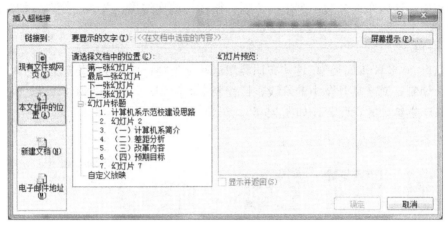

图 25-58 "插入超链接"对话框

(2) 用同样方法建立"差距分析"、"改革内容"、"预期目标"四张幻灯片的超链接。

(3) 在 4 张幻灯片右下角绘制一个圆角矩形,其中输入"返回"字样,作为返回按钮,都分别与"目录"页建立超链接,如图 25-59 所示。汇报演示文稿制作完成。

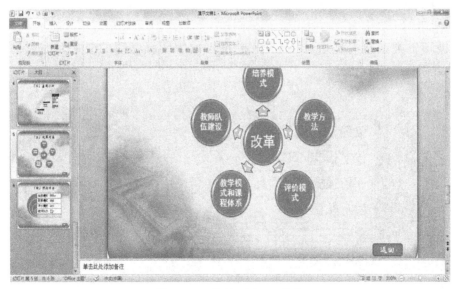

图 25-59 绘制"返回"按钮

◆知识拓展

Office2010 的 SmartArt 图形:

PowerPoint 2010 引入了 SmartArt 图形来为幻灯片内容添加图解,能够直观地显示流程、概念、层次结构和关系等内容。

275

SmartArt 图形是由图形和文字组成的一个整体，因此，PowerPoint 2010 允许用户对整个 SmartArt 图形、文字和构成 SmartArt 的子图形分别进行设置和修改。SmartArt 图形可通用于 PowerPoint 2010、Word 2010 以及 Excel 2010。SmartArt 图形提供了 80 多种布局结构。在"选择 SmartArt 图形"对话框内的"全部"类别中完整地收集了 SmartArt 图形的布局，这些布局分为：列表、流程、循环、层次结构、关系、矩阵、棱锥图等几种类型。

1．流程

流程有 30 多种布局类型，这些布局类型通常都包括连接箭头，用于显示方向或进度，无论是计划制定或产品开发中的阶段、日程表中的时间点，还是关于如何以任何方式合并元素来产生结果的说明等，如图 25-60、图 25-61 所示。

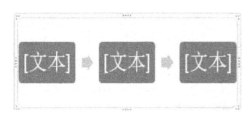

图 25-60　流程 1

图 25-61　流程 2

2．列表

对于需要进行分组但不遵循分步流程的项目，通常适合采用"列表"类型布局，如图 25-62 所示。

3．循环

"循环"类型布局是通过 SmartArt 图形内容阐释循环的或重复的流程，如图 25-63 所示。

图 25-62　列表

图 25-63　循环

4．层次结构

"层次结构"类型布局的典型用途是绘制公司组织结构图。图片中所使用的布局最适合显示公司的职位层次结构，如图 25-64 所示。

5．关系

"关系"类型布局包含一系列图示类型，其中包括射线图、维恩图和目标图。这些图示类型通常描绘两组或更多组事物或信息之间的关系，如图 25-65 所示。

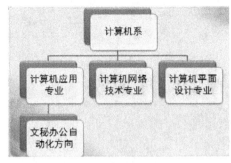

图 25-64 层次结构

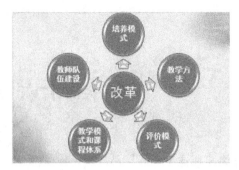

图 25-65 关系

6. 矩阵

"矩阵"类型布局显示组件与整体之间的关系，并且可以用轴来描述更复杂的关系，例如图 25-66 示例中的关系。此布局称为"网格矩阵"。每条轴的作用是按照成本和工艺显示某个范围。布局本身由"象限"和"轴"组成，但建立此布局的目的是为了让您能够在轴的外部添加适用的任何标签。

7. 棱锥图

"棱锥图"类型的布局显示比例关系、基于基础的关系或层次关系，或者显示通常向上发展的流程。

图 25-67 显示了一个不断改进的流程，此流程最初从收集未经筛选的数据开始(如底部所示)，然后向上继续筛分数据，直到最后得出相关结论。

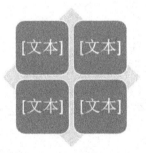

图 25-66 矩阵

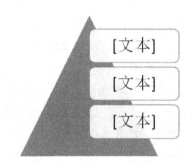

图 25-67 棱锥图

项目二十六　设置幻灯片放映

【学习要点】
■任务 1 设置幻灯片动画
■任务 2 设置幻灯片放映
■任务 3 打包演示文稿

【任务 1】　设置幻灯片动画

◆任务介绍

一个好的演示文稿，除了画面设计精美，最后还需要以动画的形式播放出来，所以好的演示文稿要有好的动画播放效果，就必须进行一些有助于体现文稿主题的动画设置。

◆任务要求

学习幻灯片的切换方式动画效果和内容显示动画效果设置方法。

◆任务解析

(1) 打开"汇报型演示文稿.pptx"，选择"封面"页。

(2) 单击选择"切换"选项卡，在"切换到此幻灯片"工具组中已经列出了常用的幻灯片切换方式，如图 26-1 所示。单击选择其中之一即可设置当前"封面"页的动画方式。这里单击"其他"按钮，弹出更多的切换方式供选择，在"选项效果"中单击选择"中央向左右展开"切换动画，如图 26-2 所示。

图 26-1　"切换到此幻灯片"工具组

(3) 幻灯片切换时，可通过"计时"来调整速度，如图 26-3 所示。

(4) 幻灯片内容设置，可通过"动画"选项卡来实现，如图 26-4 所示。

(5) 单击选择"计算机专业简介"文本所在的圆角矩形，此时"动画"选项卡下的"动画"工具组中可以设置当前所选择的对象的出现动画。

单击"动画"右侧的下拉按钮，在下拉菜单中选择相应动画效果，如图 26-5 所示。同理，设置其余对象的出现动画效果。

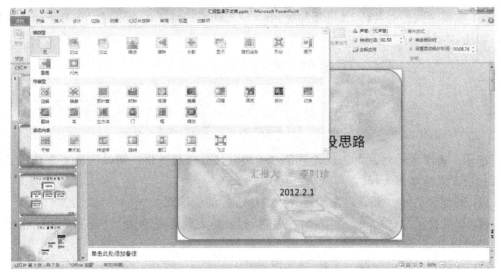

图 26-2　选择切换方式

图 26-3　设置切换速度和换片方式

图 26-4　第二张幻灯片设置

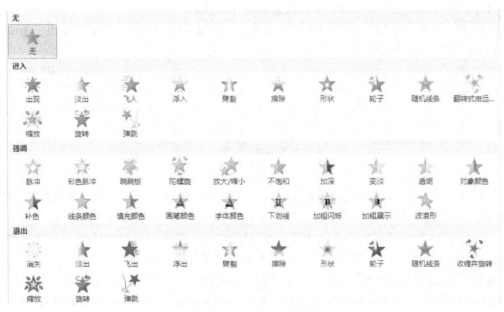

图 26-5　预置的动画效果

(6) 在第三张幻灯片(计算机系简介)中，设置切换动画和内容动画，重复上面操作即可，如图 26-6 所示。

图 26-6 "计算机系简介"页动画设置

提示：由于本幻灯片中已经设置了"返回"按钮的超链接，所以"换片方式"中的两项切换方式均取消选择。

(7) 同理对第四、五、六张幻灯片的幻灯进行动画设置。

(8) 在"目录"页绘制一个"下一步"按钮，然后设置超链接到"结束"页，整个幻灯片动画设置完成。

(9) 保存为"汇报型演示文稿-动画设置.pptx"。

【任务 2】 设置幻灯片放映

◆任务介绍

制作演示文稿，最终便是要播放给观众看。通过幻灯片放映，可以将精心创建的演示文稿展示给观众或客户，以正确表达自己想要说明的问题，使观众更好地观看并接受、理解演示文稿。那在放映前，还必须对演示文稿的方式进行一定的设置。

◆任务要求

学习设置幻灯片按要求和时间进行自动播放。

◆任务解析

(1) 打开"汇报型演示文稿-动画设置.pptx"文件。

(2) 在"幻灯片放映"选项卡下的"设置"工具组中单击"排练记时"按钮，激活排练方式，如图 26-7 所示。

图 26-7 "幻灯片放映"选项卡

(3) 此时幻灯片放映开始，同时计时系统启动，如图 26-8 所示。按实际的速度和顺序播放完整个幻灯片，计时系统将会把每张幻灯片播放的时间及顺序记录下来。

(4) "预演"工具栏如图 26-9 所示，重新计时可以单击"重复"按钮，暂停可以单击"暂停"按钮，如果要继续就再一次单击"重复"按钮。

(5) 当播放完最后一张幻灯片后，系统会自动弹出一个提示框。如果选择"是"，那么上述操作所记录的时间就会保留下来，并在以后播放这一组幻灯片时，以此次记录下来的时间放映，如图 26-10 所示。

图 26-8 "预演"屏幕

图 26-9 "预演"工具栏

图 26-10 "提示"对话框

(6) 在"提示"对话框中选择"是"保留新的幻灯片排练时间，将弹出"幻灯片浏览"视图，如图 26-11 所示，在窗口中每张幻灯片浏览图左下端显示出了该幻灯片放映的对应时间长度。

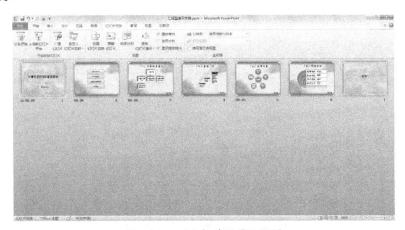

图 26-11 "幻灯片浏览"视图

(7) 单击"幻灯片放映"选项卡下的"设置幻灯片放映"按钮，如图 26-12 所示。

(8) 在弹出的"设置放映方式"对话框中，"换片方式"确定选择的是："如果存在排练时间，则使用它"，如图 26-13 所示。

(9) 单击"幻灯片放映"按钮，幻灯片将按照排练时间自动播放。

图 26-12 "设置幻灯片放映"按钮

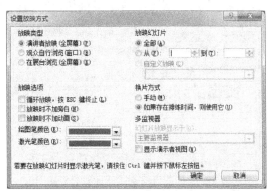

图 26-13 "设置放映方式"对话框

【任务3】 打包演示文稿

◆**任务介绍**

使用 PowerPoint 2010 的"发布"功能，可以将演示文稿连同支持文件一起复制到一个文件夹或者 CD 数据光盘中，防止丢失链接的文件，方便在没有安装 PowerPoint 的计算机中放映演示文稿。

◆**任务要求**

学会将演示文稿的所有相关链接文件一起打包复制。

◆**任务解析**

(1) 打开"汇报型演示文稿-动画设置.pptx"文件。

(2) 单击 "文件"菜单，在弹出的"文件"菜单中单击选择"保存并发送"命令，弹出"保存并发送"子菜单，如图 26-14 所示。

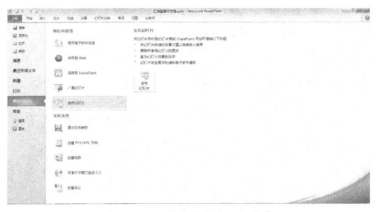

图 26-14　"保存并发送"子菜单

(3) 在子菜单中单击"将演示文稿打包成 CD"命令，弹出"打包成 CD"对话框，如图 26-15 所示。

(4) 单击"复制到文件夹"按钮，在弹出的对话框中选择保存打包文件的文件夹，如图 26-16 所示。确定好文件夹后单击"确定"按钮，弹出如图 26-17 所示的"提示"对话框。单击"是"按钮，系统将自动完成相关文件的复制。

图 26-15　"打包成 CD"对话框

图 26-16　复制到文件夹

图 26-17　"提示"对话框

（5）打包完成后，打开保存打包文件夹，可以看到文件夹中保存了原演示文稿及其相关的一些文件，如图 26-18 所示。将此文件夹的所有内容随同演示文稿一起复制，就可以到没有安装 PowerPoint 软件的计算机上播放演示。

图 26-18　打包文件夹

提示：如果本地计算机中安装了刻录机，可以直接在"打包成 CD"对话框中单击"复制到 CD"按钮进行刻录。

模块七 多媒体软件应用

项目二十七 了解多媒体的基础知识

【学习要点】
- ■任务 1 了解多媒体的有关知识
- ■任务 2 ACDSee 的使用
- ■任务 3 千千静听的使用
- ■任务 4 暴风影音的使用

【任务 1】 了解多媒体的有关知识

◆任务介绍

多媒体技术诞生于 20 世纪 80 年代，虽然时间不长，但发展迅速，它改变了计算机单一的输入/输出文字、数据的功能，使计算机的应用变得丰富多彩，也对计算机的使用普及起到了非常重大的作用。近年来，随着多媒体技术的发展，以其为核心的数字图像、MP3、MP4、网络影音、电脑游戏、虚拟现实等技术的应用更是让我们的生活变得丰富多彩，耳目一新。

◆任务要求

了解什么是媒体(Media)、多媒体(Multimedia)、多媒体技术及多媒体计算机。

◆任务解析

媒体就是指承载信息的载体，如文本、声音、图像、动画、视频等，是实现信息交流的中介，简单地说，就是信息的载体。

多媒体指的是两种或两种以上媒体的信息交流和传播的载体，即多种信息载体的表现形式和传递方式。

多媒体技术则是指利用计算机技术将多媒体信息(文本、声音、图像、动画、视频等)交互混合，进行综合处理的计算机技术。习惯上，我们常把"多媒体"当成"计算机多媒体技术"。

多媒体计算机是指能够对文字、声音、图像、视频、动画等多媒体信息进行综合处理的计算机。多媒体个人计算机(MPC)，其主要功能是把多媒体信息和计算机交互式地控制起来，实行综合处理。传统计算机硬件系统是由主机、显示器、键盘、鼠标等组成，而多媒体计算机则需要在较高配置的硬件基础上添置光盘驱动器、多媒体适配卡(声卡、视频输入采集卡等)，并根据需要接入多媒体扩展设备。常见多媒体设备如表 27-1 所示。

表 27-1 常见的多媒体设备

名称及图示	说　明
 扫描仪	扫描仪是一种计算机外部仪器设备，通过捕获图像并将之转换成计算机可以显示、编辑、储存和输出的数字化输入设备。 扫描仪可分为三大类型：滚筒式扫描仪、平面扫描仪以及近几年出现的笔式扫描仪。 技术指标：分辨率、灰度级、色彩数、扫描速度、扫描幅等
 触摸屏	触摸屏是一种新型的计算机输入设备，既简单、方便、自然，又适应于国内多媒体信息查询的基本国情。触摸屏具有坚固耐用、反应速度快、节省空间、易于交流等许多优点。用户只要用手指轻轻地触碰计算机显示屏上的图像或文字，就能实现对主机的操作，使人机交互变得更为直截了当，极大地方便了那些不懂计算机操作的用户。 从技术原理来区别触摸屏，可分为五个基本种类：矢量压力传感技术触摸屏、电阻技术触摸屏、电容技术触摸屏、红外线技术触摸屏、表面声波技术触摸屏。 主要性能指标有分辨率和反应时间等
 手写板	手写绘图输入设备，最常见的是手写板(也叫手写仪)，其作用和键盘类似。当然，基本上只局限于输入文字或者绘画，也带有一些鼠标的功能。除用于文字、符号、图形等输入外，还可提供光标定位功能，从而手写板可以同时替代键盘与鼠标，成为一种独立的输入工具。 从技术原理来区别手写板，有电磁压感式和电容式手写板。 主要性能指标有：精度、压感级数等
数码相机(DC)	数码相机(Digital Camera，DC)，又名"数字式相机"，是一种利用电子传感器把光学影像转换成电子数据的照相机。它集成了影像信息的转换、存储和传输等部件，具有数字化存取模式、与计算机交互处理和实时拍摄等特点。 按用途分为单反相机、卡片相机、长焦相机和家用相机等。 主要性能指标有照片分辨率、镜头焦距等
数码摄像机(DV)	数码摄像机(Digital Video，DV)，中文是"数字视频"的意思，是一种能够拍摄动态影像并以数字式存放的特殊摄像机。具有清晰度高、色彩纯正、音质好、无损复制、体积小、质量轻等特点。 按使用用途可分为广播级机型、专业级机型、消费级机型。 按存储介质可分为磁带式、光盘式、硬盘式、存储卡式。 主要性能指标有清晰度、灵敏度和最低照度等

名称及图示	说　　明
麦克风	麦克风学名为传声器，是将声音信号转换为电信号的能量转换器件，由 Microphone 翻译而来，也称话筒、微音器。在计算机中主要用于采集声音信息，然后由声卡将反映声音信息的模拟电信号转化为数字声音信号。在笔记本电脑上一般都设置有内置的麦克风。 按工作原理分有动圈式、电容式、驻极体和硅微传声等类型。 主要性能指标有灵敏度、阻抗、电流损耗和插针类型等
数字摄像头	摄像头(CAMERA)又称为电脑相机、电脑眼等，是一种依靠软件与硬件配合的多媒体输入设备，被广泛运用于视频会议、远程医疗及实时监控等方面。它体积小，质量轻，成像原理与数码摄像机类似，但光电转换器分辨率要差一些。 按传感器类型可分为 CCD 摄像头和 CMOS 摄像头两种。 主要性能指标有像素值、分辨率、解析度等
音箱	音箱又名扬声器，是把音频电能转换成相应的声能的转换设备。在多媒体计算机中，用于将声卡转换后的模拟电信号进行放大，并转化为声音和音乐。 主要性能指标有频响范围、灵敏度和功率等
投影仪	投影仪又称投影机，可与录像机、摄像机、影碟机和多媒体计算机系统等多种信号输入设备相连接，将信号放大投影到大面积的屏幕上，获得大幅面、逼真清晰的画面，广泛应用于教学、会议、广告展示等领域。 按显示技术可分为液晶(LCD)投影仪和数码(DLP)投影仪两种。 主要性能指标有分辨率、亮度、灯泡使用寿命等

【任务 2】 ACDSee 的使用

◆ **任务介绍**

　　ACDSee 是现阶段使用较为广泛的图像文件浏览工具软件。另外，当采集到图像素材后，原始的数码照片不一定符合要求，要通过一些小的处理才能符合要求，ACDSee 可以帮助我们来完成这些常见的处理工作。

◆ **任务要求**

　　对一幅数字图像进行裁剪、亮度和颜色变化、图像大小以及添加文字及艺术效果等操作。

◆ **任务解析**

一、图片基本操作

要调整一张图片就像我们编辑 Word 一样，都需要先掌握对应用软件的打开、关闭，对文件的输入、输出及编辑。打开、关闭软件与以前学习的方法类似，打开软件只需要双击桌面的图标就可以，但是如果要打开图像文件，该文件的格式必须是 ACDSee 所能够识别的图像文件格式。

(1) 打开 ACDSee 软件，进入要处理的图像文件夹，选择要处理的图像文件。

在左栏树形文件夹列表中选择要浏览的图片文件，右栏就可显示所选择图片的缩略图，如图 27-1 所示。

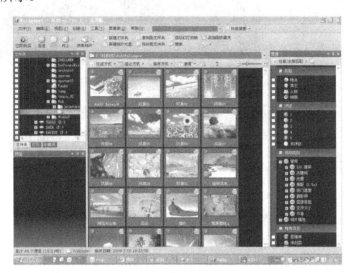

图 27-1 启动 ACDSee

选择喜欢的图片，可以在预览面板中显示，双击可以放大显示。按<Esc>键可以退出放大显示。

(2) 在选择的图片上右击鼠标，在弹出的快捷菜单中选择"编辑"命令，或按组合键<Ctrl+E>，进入图像编辑状态，如图 27-2、图 27-3 所示。

图 27-2 ACDSee 选择"编辑"命令

图 27-3　ACDSee 软件的编辑状态

　　(3) 裁剪图像。选择"编辑"面板主菜单下的"裁剪"命令，进入图像裁剪状态，移动裁剪窗口并调整其边界(8 个小方块)使其加亮显示裁剪所要选择的图像区域，然后单击"完成"按钮，即可完成裁剪操作，如图 27-4～图 27-6 所示。

图 27-4　ACDSee 的图像裁剪状态

图 27-5　对图像进行裁剪调整

　　(4) 调整亮度和颜色。选择"编辑"面板主菜单下的"颜色"命令，进入图像颜色编辑状态。选择左上角的"HSL"编辑选项，调整色调、饱和度和亮度等值，查看图像效果的变化。直到满意后单击"完成"按钮。

　　提示：色调是调整图像颜色的配比，饱和度是调整图像颜色的鲜艳程度，亮度是调整图像的明暗(图 27-7)。

　　图像的基本知识：

　　① 色调：也称色相，用于表示颜色的差别。

　　② 饱和度：即颜色的纯度，用于表示颜色的深浅程度。

图 27-6　图像裁剪完成

图 27-7　选择"HSL"编辑状态

③ 亮度：图像画面的明暗程度。

（可以通过鼠标拉动来调整画面的色彩情况，并通过预览来了解其效果，可以反复调整。）

(5) 变换图像大小。选择"编辑"面板主菜单下的"调整大小"命令，进入调整图像大小编辑状态，选择"保持纵横比"复选框，设定选项为"原始"，然后在"宽度"栏内输入 800，"高度"栏中的数值也相应发生变化，视图内的图像大小也发生变化。直到满意后单击"完成"按钮，如图 27-8、图 27-9 所示。

图 27-8　大小调整前

(6) 制作艺术效果。选择"编辑"面板主菜单下的"效果"命令，进入效果编辑状态，在"选择类别"下拉列表框中选择"艺术效果"选项，然后选择效果集中的"浮雕"命令，实现浮雕效果。调整"仰角"、"深浅"、"方位"等参数，直到满意后连续单击两次"完成"按钮，如图 27-10、图 27-11 所示。

图 27-9　大小调整后

图 27-10　没有艺术效果

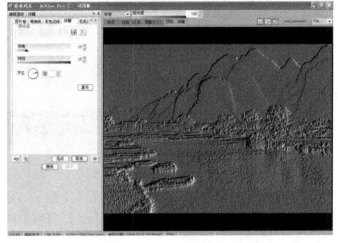

图 27-11　选择浮雕艺术效果后

(7) 添加文字。选择"编辑"面板主菜单下的"添加文字"命令，进入添加文字编辑状态，在标有"文本"的列表框内输入文字"桂林山水的漂雕处理"四个字，设置字体为"楷体"、大小为60、字形加粗、在"阴影"和"倾斜"复选框前打"√"，然后调整文字在图像中的位置，满意后单击"完成"按钮，如图27-12、图27-13所示。

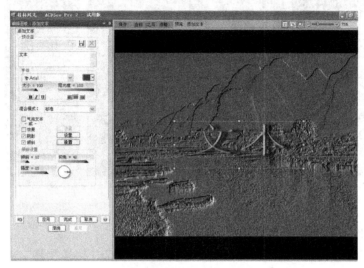

图27-12　选择添加文字命令

图27-13　输入文字后效果

(8) 选择"编辑"面板主菜单下的"完成编辑"命令，在弹出的"保存更改"对话框中单击"另存为"按钮，在打开的"图像另存为"对话框中输入新文件名，然后单击"保存"按钮，就完成图像的处理。在ACDSee中可以浏览刚处理好的图像(图27-14)。

图像的基本知识：

① 对比度：白色与黑色亮度的比值，对比度越高，画面层次感越鲜明。

② 色阶：图像色彩的丰满度和精细度，用于表示图像的明暗关系。

③ 色偏：图像的色调发生变化称为色偏。

④ 羽化：柔化图像边缘使之融合到背景中。

⑤ 清晰度：图像边缘的对比度。清晰度越高，图像的边缘越清晰。

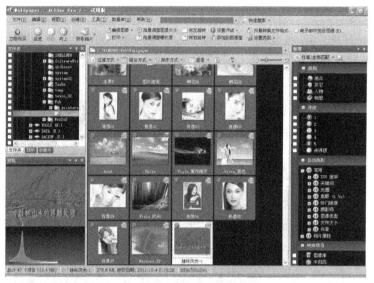

图 27-14 保存更改

二、批量格式转换

我们处理单个的文件比较简单，操作步骤也不太复杂，只需要将文件导入到操作台按需求进行操作即可。但有时可能会把多张照片全部进行同样的处理，比如说要把图片进行批量的格式转换。这时该怎么做呢？同样地，首先需要打开 ACDSee 软件，然后再进行操作，具体的步骤如下：

(1) 启动 ACDSee 软件，进入要处理的图像文件夹，选择要处理的图像文件(图 27-15)。

① 在左栏树形文件夹列表中选择要浏览的图片文件夹，右栏就可显示所选择图片的缩略图(图 27-15)。

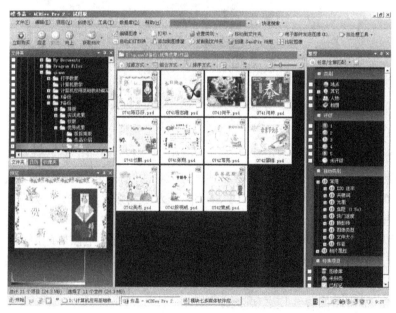

图 27-15　启动 ACDSee 软件

292

② 选择所操作的多个图像文件。

方法一：用鼠标拖曳框住选择。

方法二：单击第一个图像文件，按<Shift>键不放，再单击最后一个图像文件。

(2) 右键单击选择的图片，在弹出的快捷菜单中选择"批处理工具"命令，或单击"工具"菜单中的相应命令(图 27-16)。

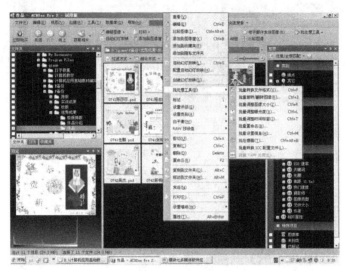

图 27-16　选择"批处理工具"

常用的批量处理命令有：批量处理格式、批量旋转/翻转图像、批量调整图像大小、批量调整曝光度、批量调整时间标注、批量重命名等(以下以"批量处理格式"操作为例进行讲解)。

(3) 选择"批量处理格式"命令(或按快捷键<Ctrl+F>)，进入操作界面。选取转换格式"JPEG"后，单击"下一步"按钮，再选择存放"目的地"为"放入源文件夹"，其余为默认值，单击"下一步"按钮(图 27-17、图 27-18)。

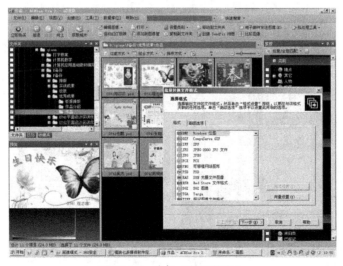

图 27-17　选择"转换格式"

293

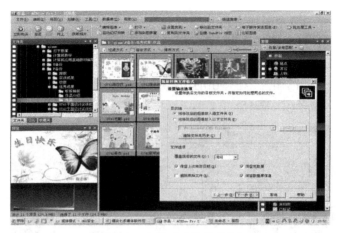

图 27-18　选择"存放目的地"

（4）单击"开始转换"按钮进行转换，如图 27-19、图 27-20 所示。

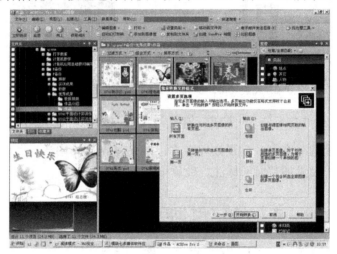

图 27-19　开始转换前

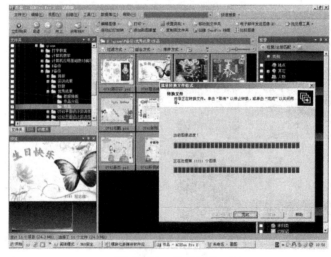

图 27-20　开始转换

(5) 在此文件夹下就可浏览未转换前及转换后的所有图片信息(图 27-21)。

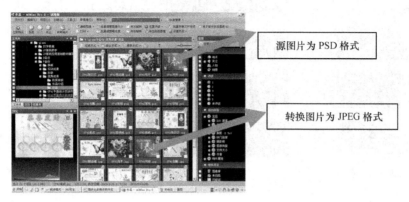

源图片为 PSD 格式

转换图片为 JPEG 格式

图 27-21　浏览所有图片

◆**知识拓展**

图形处理软件还有很多，例如：Photoshop、美图秀秀、QQ 影像、CorelDRAW 等。我们掌握了 ACDSee 软件之后，其他软件的使用类似，基本上都具有同样常用的功能，调整图片的一些属性，得到某种特殊的效果。掌握了一个软件的使用后对以后的软件学习具有很好的指导性作用。

【任务 3】　千千静听的使用

◆**任务介绍**

如今多媒体技术的不断革新应用，也主要是音、视频技术的应用。目前，为了使一些音、视频播放更方便，需要创建一个播放列表把人们喜欢或经常需要使用的音、视频文件放在一起。一些常用的音、视频播放软件能兼容大多数的音、视频格式文件。有时为了实现音、视频资源的方便使用，需要进行文件格式的转换，此时就可以通过"千千静听"软件来完成。

◆**任务要求**

建立一个播放列表，学会将一种音频文件转换为其他格式的音频文件。

◆**任务解析**

(1) 安装并启动千千静听后，选择播放列表视图中的"添加"/"文件(F)…"命令，进入存放音乐的目录，选择多个音频文件，将选择的音频文件添加进播放列表，如图 27-22、图 27-23 所示。

(2) 在选择的音频文件上右击鼠标，在弹出的快捷菜单中选择"转换格式"命令，如图 27-24、图 27-25 所示。

(3) 在打开的"转换格式"对话框内，选择"输出格式"为"Wave 文件输出"，设置输出音频文件的目标文件夹，并单击"立即转换"按钮，就可将所选择的音频文件转换为同名的 WAV 格式文件，如图 27-26 所示。

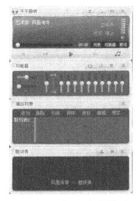

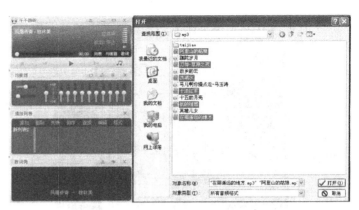

图 27-22　启动千千静听　　　　　　　　图 27-23　打开文件建立播放列表

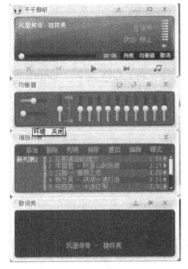

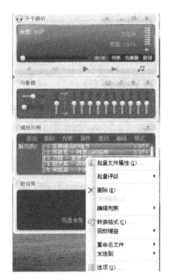

图 27-24　建立列表　　　　　　　　　　图 27-25　转换音频

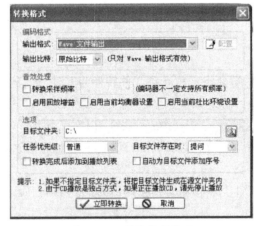

图 27-26　转换格式设置

◆知识拓展

(1) 如果批量转换多个文件，可以在千千静听的播放列表中使用<Shift>或<Ctrl>键选择多个音频文件，然后右击鼠标，在快捷菜单中选择"转换格式"命令即可一次转换多个音频文件。我们不仅可把文件转换为"WAV"格式，还可以转换为"MP3"、"WMA"等格式，只需要在"输出格式"中选择相应格式即可。

(2) 千千静听还提供了多种播放模式，只要单击播放列表中的"模式"按钮，在下拉列表栏中选择不同的播放模式即可。

(3) 音频格式分为波形音频格式、压缩音频文件格式和 MIDI 音乐文件格式。

波形音频文件格式常用的文件格式有 WAV、AU 等，通过麦克风输入、音频软件的截取就可以获取文件，一般使用录音机播放。由于保留所有的音乐组成，所以文件一般较大。

压缩音频文件格式常用的文件格式有 MP3、WMA、RM、APE 等，可以使用千千静听等软件进行播放，或在 MP3 播放器中进行播放。由于压缩过程中舍弃了一部分音乐元素，所以文件一般较小。

MIDI 音乐文件常用的文件格式有 MID、MIDI 等，一般通过专业的 MIDI 音乐制作软件获取。由于仅仅只获取自己需要的音乐元素，文件更小。

【任务 4】 暴风影音的使用

◆任务介绍

如今由于多媒体技术不断发展，我们的视频文件也需要有一个能播放多种视频格式、方便实用的软件来创建播放列表，进行音频与视频设置，全屏播放视频。

◆任务要求

全面了解"暴风影音"软件的使用。

◆任务解析

(1) 安装并启动暴风影音，单击播放列表视图中的"添加到播放列表"按钮，选择一个视频文件打开，将其添加进播放列表，还可以多次添加其他的音、视频文件至播放列表，如图 27-27、图 27-28 所示。

图 27-27 启动暴风影音

图 27-28　添加文件至播放列表

(2) 右键单击软件屏幕，启动快捷菜单，对暴风影音进行有关设置。单击下方的"播放"按钮，开始播放。播放时可以再单击"暂停"按钮进行暂停，或进行有关设置，如图27-29 所示。

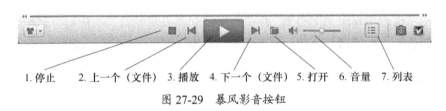

1. 停止　2. 上一个（文件）　3. 播放　4. 下一个（文件）　5. 打开　6. 音量　7. 列表

图 27-29　暴风影音按钮

(3) 还可以通过右键单击，在快捷菜单中选择"全屏"命令或单击软件左上方的"全"按钮，进行全屏播放。按<Esc>键则可以退出全屏播放效果，如图 27-30、图 27-31 所示。

图 27-30　未全屏播放

图 27-31　全屏播放

◆**知识拓展**

　　视频格式常用的文件格式有 AV、WMV、MPEG、MP4、RM 等，一般通过数码摄像机、数字摄像头、视频采集卡等获取文件，然后再通过专用的视频软件进行播放。例如：暴风影音、超级解霸等。

项目二十八 获取多媒体素材

【学习要点】
- ■ 任务 1 获取音频素材
- ■ 任务 2 获取图片素材
- ■ 任务 3 获取视频素材

【任务 1】 获取音频素材

◆任务要求

使用录音机软件，获取音频。

◆任务解析

(1) 首先安装麦克风。将麦克风插头插入计算机的 MIC 输入插口。

(2) 在 Windows 操作系统中单击"开始"按钮，选择"程序"菜单下的"附件/娱乐/录音机"命令打开"录音机"软件，如图 28-1 所示。

(3) 单击"录音"按钮，开始录音，对麦克风讲话，可以发现录音机波形窗口的声音波发生变化，单击"停止"按钮，停止录音。单击"播放"按钮可以回放刚才录制的声音，如图 28-2 所示。

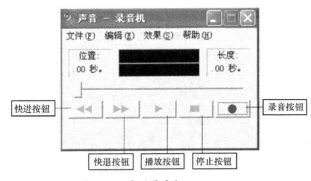

图 28-1 启动录音机(Windows)

图 28-2 录音状态

◆知识拓展

(1) 现在的计算机，一般都有集成声卡，因此在计算机的机箱或主板上都装有音频输入和输出接口，通常为 IN(信号接入)、OUT(信号输出)、MIC(麦克风)。音箱和耳机都接在 OUT 插口，而麦克风必须接在 MIC 插口上。

(2) 音频格式分为波形音频格式(如录音机播放)、压缩音频(如 MP3 播放)和 MIDI 音乐文件格式(如 MIDI 音乐制作专业软件)。

300

【任务2】 获取图片素材

◆任务介绍

生活中我们可以拍摄许多相片，一般由数码相机生成后，通过 USB 或存储卡的方式复制到计算机上就可以了。如果要在计算机上截取一张屏幕图片，可以通过键盘上的 <PrintScreen>键来实现，或者通过一些具有屏幕截图功能的软件来实现，如常用的 QQ 就可以。

◆任务要求

使用 QQ 软件的屏幕截图功能来获取图片素材。

◆任务解析

(1) 下载安装 QQ 软件并登录 QQ(如图 28-3 所示)。

(2) 双击一个好友的头像，会打开与其交流的对话框(是否在线都可以)，如图 28-4 所示。

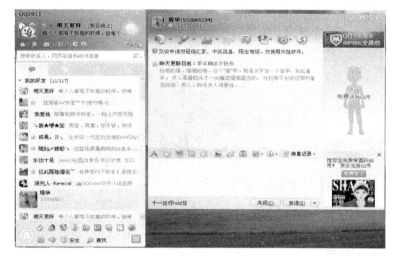

图 28-3　启动 QQ 软件　　　　　　图 28-4　打开一个好友对话框

(3) 单击工具栏中 "屏幕截图"工具右侧的下拉按钮，在下拉菜单中选择"截图时隐藏当前窗口"选项。单击该图标，此时鼠标指针变为彩色，并在鼠标箭头的下方出现一个小方框，代表可以截图了。屏幕处于备选状态，如图 28-5、图 28-6 所示。

注：在截图前必须把准备截图的窗口或图像打开，使其在屏幕上显示，不能处于隐藏或最小化状态。

(4) 截取屏幕上的图像。在要截取图像的屏幕上按下鼠标左键不放并拖动，这时屏幕上显示一个由 8 个控点环绕的区域，双击该区域，所截取的图像就会自动保存到所打开的 QQ 对话框的编辑栏中，如图 28-7 所示。

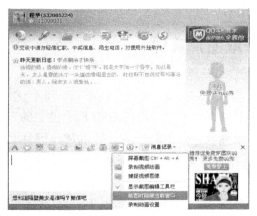

图 28-5　选择隐藏模式

图 28-6　启动截图按钮

(5) 保存图片。右键单击编辑栏中已经截取的图片，在弹出的快捷菜单中选择"另存为"命令，将图片保存到指定位置，如图 28-8 所示。

图 28-7　截取当前显示屏幕

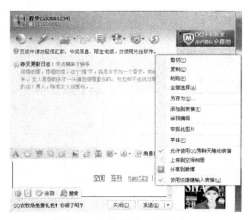

图 28-8　快捷菜单"另存为(S)"

◆技巧存储

QQ 屏幕截图也可以使用快捷键<Ctrl+Alt+A>。

◆知识拓展

屏幕截图还可以直接使用键盘上的快捷键<PrintScreen>截取整个屏幕图片，然后将其粘贴到指定位置或者软件(如"画图"软件)中，再保存成相应文件即可。

如果是一个现成的图片，可以使用扫描仪扫描到计算机中，或者用数码设备将其再摄像一次从而生成一个新的图像文件。

【任务 3】　获取视频素材

◆任务介绍

随着生活质量的提高，数码摄像机等一些数码产品也进入了我们的生活，我们可以经常拍摄一些小的视频片断，但如何对它们进行剪辑，如何制作出一些优美好看的视频呢？可以通过一些专门的软件来对其进行处理。这里介绍一下"会声会影 X4"。

◆**任务要求**

使用"会声会影"获取视频素材。

◆**任务解析**

(1) 安装并运行"会声会影 X4"软件，如图 28-9 所示。

图 28-9　启动"会声会影 X4"

将已有的视频文件导入"会声会影 X4"进行编辑时的界面，如图 28-10 所示。

图 28-10　连接有摄像头的会声会影

(2) 选择"捕获"按钮，进入捕获界面，如图 28-11 所示。

(3) 单击"捕获视频"，可以在左上角的视频预览窗口内看到数码摄像头所拍摄的图像(图 28-12)。

图 28-11　选择"1 捕获"

图 28-12　捕获视频

(4) 将"格式"选项设置为"MPEG"，将"捕获文件夹"选项设置为捕获的视频文件的存放位置。单击"██ 捕获视频"按钮，开始捕获并录制视频。调整数码摄像头的拍摄角度，即可拍摄到动态的视频。然后单击"██ 停止捕获"按钮结束视频的捕获。

(5) 关闭会声会影软件，进入视频文件存放目录，使用"暴风影音"或"Media Player"等软件播放刚才所捕获的视频，这样就可以看到刚才所捕获的视频。

◆**知识拓展**

所使用的数码产品，可以是数码摄像机，也可只使用数码摄像头，二者都可以达到相同的效果。